Flugzeuge der Welt 2018

Coverfoto: Der Airbus A380, dessen Produktion für weitere Jahre gesichert werden konnte.
Dreiseitenrisse: Aeromedia Anton E. Wettstein, Mattes Kettner, Samuel Ehrat
Diverse Fotos wurden in verdankenswerter Weise von diversen Herstellerfirmen und mehreren Fotografen zur Verfügung gestellt, u. a. von Guido Bühlmann und Rolf Nyffeler. Da die Bilder jeweils klein sind, wäre eine Referenzierung auf dem Bild nicht lesbar. Daher sind sie hier pauschal genannt.

ISBN 978-3-613-04036-6
www.motorbuch-verlag.de
Druck und Bindung: Graspo CZ, 76302 Zlin
Printed in Czech Republic

FLUGZEUGE DER WELT 2018

Claudio Müller

Motor buch Verlag

Seit 58 Jahren erscheint das Jahrbuch »Flugzeuge der Welt«. Wie üblich, präsentiere ich jene Typen, die sich derzeit in Produktion befinden oder ältere Modelle, welche einer wesentlichen Modernisierung unterzogen werden. Am interessantesten sind jedoch jeweils die Muster, die voraussichtlich im 2018 ihren Erstflug absolvieren. Auch in diesem Jahr kann von einigen attraktiven Neuerscheinungen berichtet werden.

Der diesjährige Schwerpunkt gilt den kommerziellen Verkehrsflugzeugen. Neue Modelle beginnen den weitgehend etablierten Markt aufzumischen. Dabei fällt auf, dass neben den traditionellen Herstellern sich ganz neue Player diesem umkämpften Markt stellen. Neuentwicklungen aus Russland, China, Japan später vielleicht sogar aus Indien und Iran könnten das Potenzial zu einem kommerziellen Erfolg haben. 2017 war sowohl für Airbus mit rekordhohen 718 gebauten Flugzeugen und für Boeing mit deren 763 ein sehr gutes Jahr. Was aber auffällt ist, dass die Bestellungen seit einigen Jahren deutlich abnehmen. Bei anderen Herstellern läuft der Verkauf nicht wie gewünscht wie beispielsweise bei Bombardier mit der CS100/300 oder bei Suchoj mit der Su-100. Ganz zu schweigen von Mitsubishi, dessen Neuentwicklung MRJ weiterhin mit technischen Schwierigkeiten zu kämpfen hat. Als große Überraschung im vergangenen Jahr gilt sicherlich die Übernahme der Mehrheit durch Airbus am CS100/300-Programm. Boeing scheint nun mit einer möglichen Beteiligung an EMBRAER ein Gleiches versuchen zu wollen.

Für viele Luftfahrtgesellschaften kam 2017 das Ende. Rund 50 mussten den Betrieb einstellen. Bekannte Opfer waren nebst Air Berlin auch Monarch, Niki, Darwin und Belair. Trotz guter Konjunkturlage kämpfen weitere ums Überleben, allen voran die Alitalia. Etihad, die nationale Luftfahrtgesellschaft von Abu Dhabi, hat in den letzten Jahren versucht, durch Beteiligungen an mehreren Airlines in Schwierigkeiten ein Netzsystem aufzubauen. Diese Strategie ist – wie schon vor vielen Jahren jene der untergegangenen Swissair – grandios gescheitert. Den Konkursen steht aber eine ähnliche Zahl von Neugründungen gegenüber.

Bei den Businessjets gibt es derzeit nur wenige Neuentwicklungen. Der Markt ist weiterhin sehr flau. »Business Jets – tough times« schrieb beispielsweise die Luftfahrtzeitschrift Flight in ihrer Ausgabe vom 3. Oktober 2017. Die guten Zeiten mit hohen Verkaufszahlen scheinen weiterhin für lange Zeit vorbei zu sein. Dassault musste zudem das Programm Falcon 5X mindestens vorläufig einstellen, da das neu entwickelte Triebwerk weiterhin große Probleme schafft. Dank der 2017 erhaltenen Zulassung von Single-Engine-Flugzeugen für den Passagierverkehr in Europa ohne Einschränkungen hat dieses Segment einen weiteren Aufschwung erfahren. Profiteur ist dabei nicht zuletzt die Pilatus PC-12.

Auch der Hubschraubermarkt, besonders der zivile, kommt nicht auf Touren. Hauptgrund ist dabei weiterhin der gedrückte Ölpreis, welcher die Investitionen in Neuerschliessungen von Ölfeldern einschränkt und somit auch weniger Hubschrauber benötigt werden.

Die Militärluftfahrt müsste nun eigentlich von den weltweit laufend erhöhten Verteidigungsbudgets profitieren. Dies ist aber bisher nur marginal der Fall. Inskünftig sollen beispielsweise alle NATO-Staaten ihre Verteidigungsbudgets auf rund 2% des Brutto-Inlandprodukts erhöhen. Davon sind aber die meisten Länder noch weit entfernt. Deutschland beispielsweise müsste, um dieses Kriterium zu erfüllen, ihr Verteidigungsbudget fast verdoppeln! Eher realistisch wird es bei moderaten Erhöhungen bleiben. Angesichts der teilweise erschreckend tiefen Einsatzbereitschaft der meisten Kampfflugzeuge wird vermutlich das meiste Geld verständlicherweise in die Verbesserung der Einsatzbereitschaft und weniger in die Beschaffung von neuen Modellen fließen.

Bei der Entwicklung von sog. Unmanned Aerial Vehicles (UAV) bzw. Drohnen zeigt sich die Volksrepublik China besonders dynamisch. Derzeit ist nicht überschaubar, wie viele Projekte es gibt, vermutlich mindestens ein halbes Dutzend. Bei welchen es sich um Prototypen bzw. Erprobungsträger handelt und welche in Serienfertigung sind oder kommen werden, ist im Moment nicht durchschaubar.

Boykotte aller Art haben langfristig meist genau den gegenteiligen Effekt als von den Auslösern gedacht. Zwei Beispiele dafür sind Iran und Russland. In Iran haben die Einfuhrbeschränkungen dazu geführt, dass eine eigene immer leistungsfähigere Luftfahrtindustrie aufgebaut wurde, welche mittlerweile vom Ausland weitgehend unabhängig ist. Neue Kampfflugzeuge und UAV's, ein neuer Trainer, ein kleiner Hubschrauber und vielleicht bald einmal auch ein Verkehrsflugzeug drängen nun auf den internationalen Markt. In Russland sind ähnliche Entwicklungen zu beobachten. In der Zivilluftfahrt versucht man, immer weniger vom Ausland abhängig zu werden. So sollen 2018 oder 2019 die bekannten und weiter entwickelten Modelle Il-114 und Il-96-400 neu lanciert werden. Aber auch ganz neue revolutionäre Modelle sind zu erwarten, wie die unter der Rubrik »Flugzeuge von morgen« vorgestellte Frigate Ecojet. Die verstärkte Zusammenarbeit zwischen Russland und China lässt in den nächsten Jahren weitere interessante Neuentwicklungen, darunter ein Widebody-Verkehrsflugzeug sowie einen Schwergewichtshubschrauber erwarten.

Manchmal kann man sich auch fragen, warum es im Vergleich z. B. zur Fahrzeugindustrie pro Jahr so wenige Neuerscheinungen gibt. Dafür gibt es einige klare Antworten: Investments in neue Flugzeuge sind meist enorm, die Risiken hoch und die Lebensdauer der meisten Typen lang. Einzelne Modelle fliegen 30 und mehr Jahre. Und was die Produktion angeht, so gibt es Modelle, die seit mehr als 50 Jahren gebaut werden, allen voran die Lockheed (Martin) C-130 Hercules. Diese wird seit 1954 ununterbrochen gebaut oder die Pilatus PC-6 Porter, deren Produktion 2019 nach über 60 Jahren Bauzeit eingestellt wird.

Claudio Müller

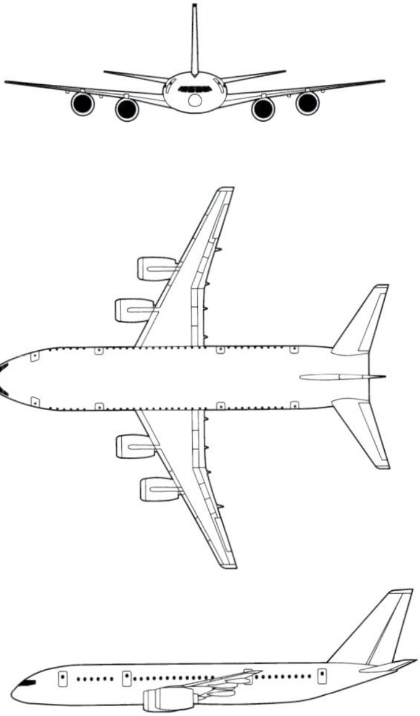

Abmessungen:
Spannweite 48,53 m
Länge 49,65 m.

FRIGATE ECOJET

Ursprungsland: Russland.
Kategorie: Breitrumpf-Mittelstreckenverkehrsflugzeug.
Triebwerke: Vier Mantelstromtriebwerke beispielsweise Aviadvigatel PD-14, Pratt & Whitney PW1100G oder CFM International Leap in der Leistungsklasse von 15000 kp (137 kN) Standschub.
Leistungen (noch sehr provisorische Angaben): Höchstgeschwindigkeit Mach 0,8; Reisegeschwindigkeit 820 km/h; Reichweite mit max. Nutzlast rund 3500 km, max. Reichweite 4500 km.
Gewichte: Max. Startgewicht 123000 kg.
Zuladung: Zwei Mann Cockpitbesatzung und je nach Mehrklassen-Innenausstattung zwischen 260 und 352 Passagiere, bei Einklassenbestuhlung bis zu 400 Passagiere; max. Nutzlast 33400 kg.
Entwicklungsstand: Noch steht die Freigabe des Projekts aus. Die Entwickler sind aber entschlossen, das Projekt zur Serienfertigung weiter zu führen, allenfalls mit einem Partner aus der Volksrepublik China.
Bemerkungen: Noch sind sehr wenige Informationen über den geplanten Ecojet erhältlich. Somit muss man alle Angaben mit Vorsicht genießen. Unter der Schirmherrschaft des Rosavia-Konsortiums haben erste Modellversuche stattgefunden. Mit involviert am Projekt ist auch die deutsche ThyssenKrupp. Das absolut neue an diesem Typen ist der elliptische Breitrumpf. Der große Vorteil dieses Konzepts besteht darin, dass bei ähnlicher Rumpflänge anderer Muster wesentlich mehr Passagiere mitgeführt werden können bzw. es ergeben sich völlig neue Möglichkeiten der Inneneinrichtung. Wählt man beispielsweise in der Economy-Klasse eine Bestuhlung 2-3-3-2 mit drei Mittelgängen, können Sitze mit einer Breite von 500 mm (20 inches) eingebaut werden, was Klassenrekord darstellen würde. Der Frachtraum nimmt standardisierte LD3-Container auf. Aus welchen Werkstoffen Rumpf und Flügel bestehen, wurde noch nicht bekanntgegeben. Erste Fotomontagen zeigen ein dem heutigem Standard entsprechendes Cockpit. Das Flugzeug soll nach den europäischen EASA-Normen zertifiziert werden. Damit erhofft man sich auch international einen kommerziellen Erfolg. Ende 2017 hat man entschieden, den Ecojet mit vier statt nur zwei Triebwerken auszustatten.
Hersteller: JSC Russian Avia Consortium Corp., Moskau, Werk noch offen, Russland.

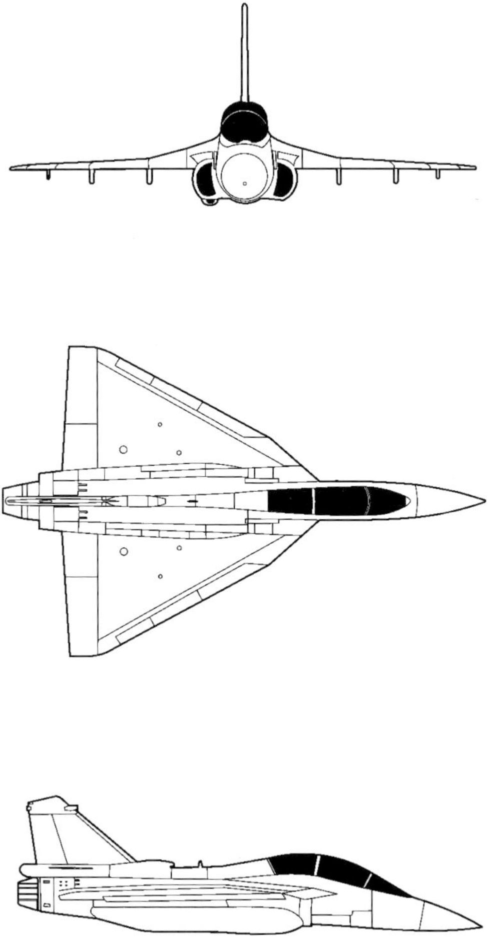

Abmessungen (Mk. 1A):
Spannweite 8,20 m
Länge 13,20 m
Höhe 4,40 m
Flügelfläche 38,40 m².

ADA (HAL) TEJAS/NAVAL TEJAS

Ursprungsland: Indien.
Kategorie: Ein- und zweisitziger leichter Mehrzweckjäger.
Triebwerke: (Mk.1A): Ein Mantelstromtriebwerk General Electric F404-IN20 mit 8210 kp (80,50 kN) Standschub mit Nachbrenner; Mk.2 ein leistungsfähigeres Mantelstromtriebwerk F414-INS6 mit 9800 kp (96,10 kN) Standschub mit Nachbrenner.
Leistungen (Mk.1A nach Angaben des Herstellers): Höchstgeschwindigkeit in großen Höhen Mach 1,6; Dienstgipfelhöhe 15250 m; Aktionsradius 800 km; Reichweite mit internem Kraftstoff 2000 km.
Gewichte (Mk.1A): Leergewicht 6560 kg; Startgewicht ohne Außenlasten 9500 kg, mit Außenlasten bis zu 13200 kg.
Bewaffnung: Eine doppelläufige 23-mm-Kanone GSh-23 mit 200 Schuss sowie an sieben Aufhängepunkten Waffenlasten bis zu 4000 kg.
Entwicklungsstand: Der erste von zwei Erprobungsträgern TD-1 nahm die Flugerprobung am 6. Januar 2001 auf, gefolgt vom ersten eigentlichen Prototypen PV1 am 25. November 2003. Im April 2007 hatte auch das erste Serienflugzeug Mk.1 den Erstflug. Der erste von zwei Prototypen der Marineausführung Naval Tejas (siehe Dreiseitenriss) nahm am 27. April 2012 die Flugerprobung auf. Die Indische Luftwaffe will rund 200 Einheiten (bisher 123 Mk. 1A bestellt) beschaffen, die Indische Marine 40 Naval Tejas (9 davon bestellt). Nach langen technisch bedingten Verzögerungen erfolgte die Indienststellung am 1. Juli 2016. Ab 2018 sollen jährlich 18 Maschinen gebaut werden.
Bemerkungen: Die Version Tejas Mk.2 wird erst ab der 124. Maschine eingeführt. Aufgrund der mit der Mk.1 gemachten Erfahrungen sind wesentliche Änderungen vorgesehen, beispielsweise auf 14,2 m verlängerter Rumpf, damit u. a. mehr Platz für zusätzliche Avionik gewonnen wird. Das Seitenleitwerk sowie die Fläche des Tragflügels sind größer. Zum Einbau gelangt das leistungsstärkere F414-GE-INS6-Triebwerk. Von dieser Ausführung will die Indische Luftwaffe 83 erwerben. Wann der Erstflug stattfindet, ist noch nicht bekannt. Ob die Marineversion Naval Tejas über die bereits bestellten weitergeführt wird, ist derzeit noch offen.
Hersteller: ADA Aeronautical Development Agency der Hindustan Aeronautics Ltd., Bangalore, Indien.

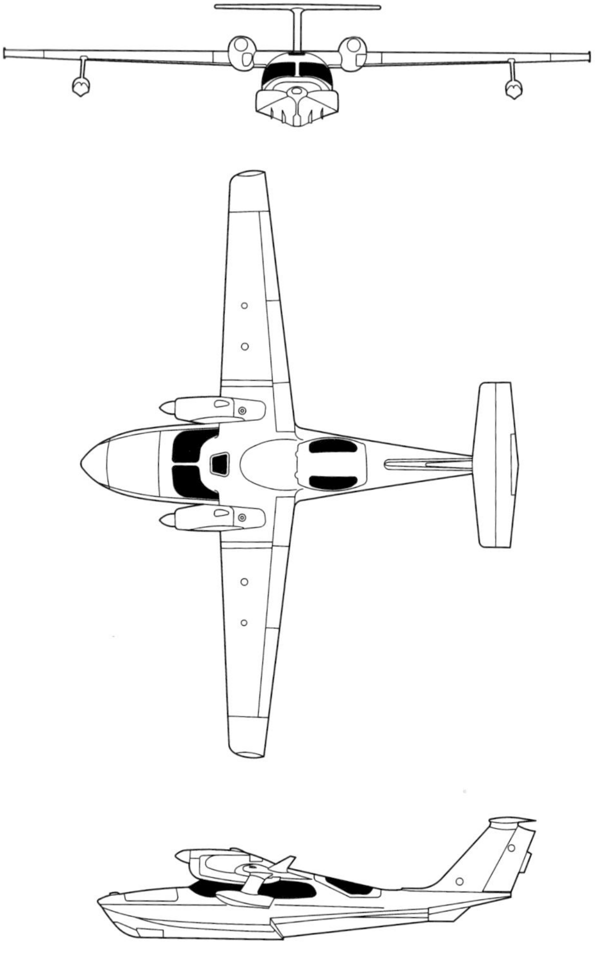

Abmessungen:
Spannweite 14,00 m
Länge 11,00 m
Höhe 3,40 m
Flügelfläche 20,20 m^2.

AEROVOLGA LA-8

Ursprungsland: Russland.
Kategorie: Mehrzweck-Amphibienflugzeug.
Triebwerke: Die Basisversion ist mit zwei luftgekühlten Sechszylinder-Boxermotoren LOM Praha M337C-AV von je 235 PS (175 kW) Leistung ausgestattet. Weitere Optionen: Sechszylinder-Boxermotoren Lycoming O-540 oder TIO-540 mit zwischen 235 und 310 PS (175 kW bis 271 kW). Auch ist der Einbau von Propellerturbinen des Typs TP-100 (250 WPS bzw. 186 kW) oder AI-450 (300 WPS bzw. 223 kW) möglich.
Leistungen (mit Boxermotoren): Max. Reisegeschwindigkeit 270 km/h; normale Reisegeschwindigkeit bei 65% Triebwerkleistung 220 km/h; Anfangssteiggeschwindigkeit 6 m/Sek; Dienstgipfelhöhe 4500 m; normale Reichweite mit einer Nutzlast von 630 kg 1400 km; max. Reichweite (Version RS) 4000 km; max. Flugdauer 20 Std.
Gewichte: Rüstgewicht Basismodell 1685 kg; max. Startgewicht 2720 kg.
Zuladung: Ein bis zwei Piloten und bis zu sieben Passagiere; als Frachter maximale Nutzlast 1035 kg.
Entwicklungsstand: Erstmals an der AERO 2017 vorgestellt, fliegt ein erster Prototyp schon seit 2005. Bisher sollen 30 Einheiten gebaut worden sein.
Bemerkungen: Das einfache und robuste Amphibienflugzeug ist für eine Vielzahl von Aufgaben geeignet, u. a. für Passagier- und Frachttransporte, Luftpolizei- und generelle Überwachungsaufgaben sowie für Sanitätseinsätze. Es kann von Seen wie auch von Meeren starten und landen sowie dank des robusten Fahrwerks auch von Naturpisten, selbst wenn sie schneebedeckt sind. Die LA-8 ist ein freitragender Hochdecker mit T-Leitwerk und einziehbarem Fahrwerk. Der Rumpf besteht aus Verbundwerkstoffen und wurde entsprechend dem Einsatzzweck mit einem salzwasserresistenten Anstrich versehen. In der nicht druckbelüfteten Kabine können diverse Einrichtungen gewählt werden. Die Basisversion ist mit einer VFR-Avionik versehen, als Option kann aber eine GARMIN GTN-650 für IFR-Einsätze eingebaut werden. Eine leistungsfähigere Turboprop-Version wird ebenfalls angeboten, wurde aber bisher – soweit bekannt – noch nicht gebaut.
Hersteller: SPU AeroVolga, Krasnyi Yar Village, Samara, Russland.

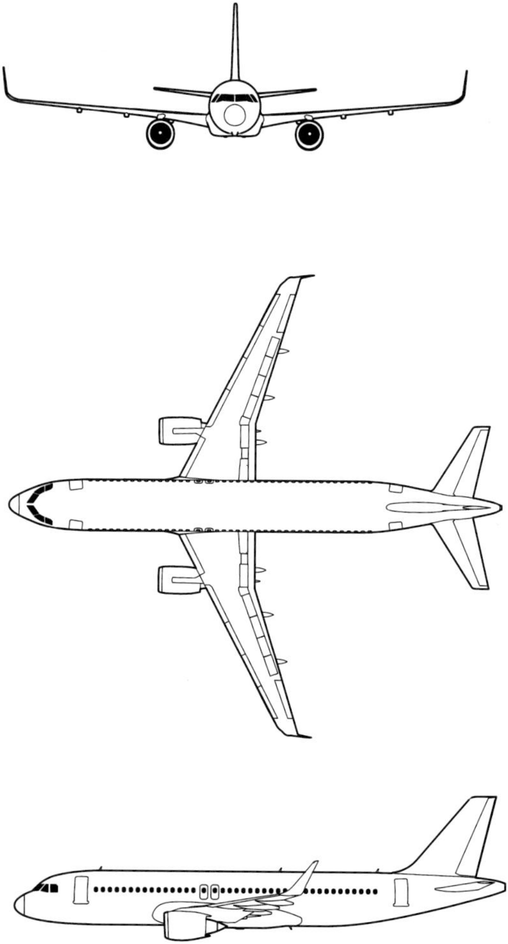

Abmessungen:
Spannweite 35,80 m
Länge (A320) 37,57 m, (A319) 33,84 m, (A321) 44,51 m
Höhe 11,76 m
Flügelfläche (A320) 122,40 m^2.

AIRBUS A319NEO/A320NEO/A321NEO

Ursprungsland: Europäisches Konsortium.
Kategorie: Mittelstrecken-Verkehrsflugzeug.
Triebwerke (A320neo): Zwei Mantelstromtriebwerke Pratt & Whitney PW1127G von je 11930 kp (117,20 kN) Standschub bzw. CFM International LEAP-1A von etwa gleicher Stärke.
Leistungen (A320neo): Max. Reisegeschwindigkeit 871 km/h (Mach 0,82) auf 11000 m, ökonom. Reisegeschwindigkeit 828 km/h; Dienstgipfelhöhe 11890 m; Reichweite mit max. Passagierzahl inkl. Reserven 6900 km.
Gewichte (A320neo): Rüstgewicht ca. 41800 kg; max. Startgewicht 79000 kg.
Zuladung (A321/A320neo): Zwei Mann Cockpitbesatzung und Mehrklassenbestuhlung für normalerweise 206/165 Passagiere. Einheitsklassen-Innenausstattung für max. 240 (High Density)/189 Passagiere.
Entwicklungsstand: Die neueste Variante A320neo hatte den Erstflug am 25. September 2014, gefolgt von der A321neo am 9. Februar 2016 und der A319neo am 31. März 2017. Vom Airbus-Bestseller A320 waren bis Dezember 2017 8805 bestellt und 4796 abgeliefert. Auch die A319neo/320neo/321neo weisen Ende 2017 ein rekordhohes Auftragspolster von 6141 Einheiten von über 80 Airlines auf. Angesichts der großen Nachfrage wurde 2016 die monatliche Produktionsrate auf 46 erhöht und steigt 2018 sogar auf 60 Einheiten! Bei Tianjin Zhongtian in der VR China sowie in Mobile, USA bestehen weitere Produktionsstraßen. Die erste 320neo wurde im Dezember 2015 ausgeliefert. Von der A318/A319/A320/A321-Familie zusammen sind bisher 14120 bestellt und 7979 abgeliefert worden. Jahresproduktion 2017: rekordhohe 558 Einheiten.
Bemerkungen: Die aktuellen neo-Versionen sind mit Triebwerken neuester Technologie und überarbeiteten Flügelenden mit Sharklets ausgerüstet. Man verspricht sich eine Reduktion des spezifischen Treibstoffverbrauchs von 15% sowie deutlich bessere Lärm- und Abgaswerte. Diese Variante erhielt die Musterzulassung im November 2015, später folgen die A321neo und die A319neo. Auch eine Businessjet-Ausführung ACJ-319neo wird gebaut (bisher sechs bestellt). Eine als A321neoLR bezeichnete Variante mit einer auf 240 Passagiere erhöhten Kapazität und größerer Reichweite wird als potenzieller Nachfolger der Boeing 757 (siehe Ausgabe 2004) angeboten.
Hersteller: Airbus, Teil der Airbus Group, Werke Toulouse-Blagnac, Frankreich und Hamburg-Finkenwerder, Deutschland.

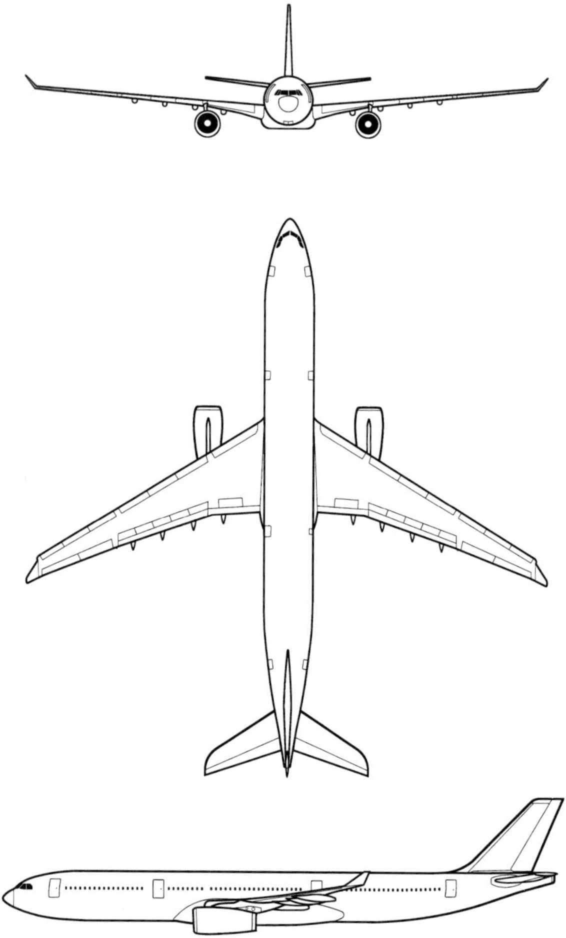

Abmessungen (A330-300/-200):
Spannweite 60,30 m, (-800/-900) inkl. Sharklets 64,00 m
Länge 63,70/58,98 m
Höhe 16,83/17,89 m
Flügelfläche 363,10 m^2.

AIRBUS A330-300/-200/A330NEO

Ursprungsland: Europäisches Konsortium.
Kategorie: Mittel- bis Langstrecken-Verkehrsflugzeug.
Triebwerke: (A330-200/-300) Zwei Mantelstromtriebwerke Rolls-Royce Trent 772, General Electric CF6-80E1 oder Pratt & Whitney PW4168 von zwischen 28500 und 31000 kp (279 und 316 kN) Standschub; (neo-800/-900) Rolls Royce Trent 7000 von zwischen 30800 und 32650 kp (302-320 kN).
Leistungen (A330-900): Max. Reisegeschwindigkeit 926 km/h (Mach 0,82); Dienstgipfelhöhe 12350 m; Reichweite 12130 km.
Gewichte (A330-300/200): Rüstgewichte 124000/120000 kg; max. Startgewichte 235000/238000 kg, (neo) bis zu 245000 kg.
Zuladung (A330-300/-200): Zwei Mann Cockpitbesatzung und bei üblicher Zweiklassenbestuhlung 30/36 Passagiere in der Business-Klasse und 305/205 in der Touristenklasse in Sechser- bzw. Achterreihen mit zwei Mittelgängen. Max. 440/380 Passagiere in Neunerreihen.
Entwicklungsstand: Die erste A330-300 nahm die Flugerprobung im Oktober 1992 auf, die erste A330-200 am 13. August 1997. Die Auslieferungen begannen Ende 1993 bzw. im April 1998. Von der A330-Reihe inkl. der neuen A330neo waren Ende 2017 1707 bestellt, aufgeteilt in 659 A330-200, 42 A330F, 782 A330-300, 6 A330-800 und 214 A330-900, abgeliefert waren 1390. Monatlich werden von allen Ausführungen acht Einheiten gebaut. Erstflug der A330-900 am 19. Oktober 2017.
Bemerkungen: Auch die A330-Familie wird kontinuierlich weiterentwickelt. Seit 2015 ist eine Ausführung mit auf 242000 kg erhöhtem Abfluggewicht erhältlich. Damit kann die Reichweite bei voller Nutzlast um rund 900 km ausgeweitet werden. Bei der A330-300 wird dafür ein weiterer Rumpftank eingebaut; Erstbesteller Delta Air Lines. Weiter ist eine leichtere Regionalversion mit geringerem Abfluggewicht und leistungsreduzierten Rolls-Royce-Trent 700-Triebwerken seit August 2016 im Einsatz. Ab 2018 wird die A330neo ausgeliefert, erhältlich in zwei Versionen: A330-800 mit Rumpflänge der A330-200 und die A330-900 mit jener der A330-300. Nebst vielen kleineren Verbesserungen, u.a. Flügel mit Sharklets sind die neuen Rolls-Royce Trent 7000-Triebwerke für deutlich günstigere Treibstoffwerte verantwortlich.
Hersteller: Airbus, Teil der Airbus Group, Werk Toulouse-Blagnac, Frankreich.

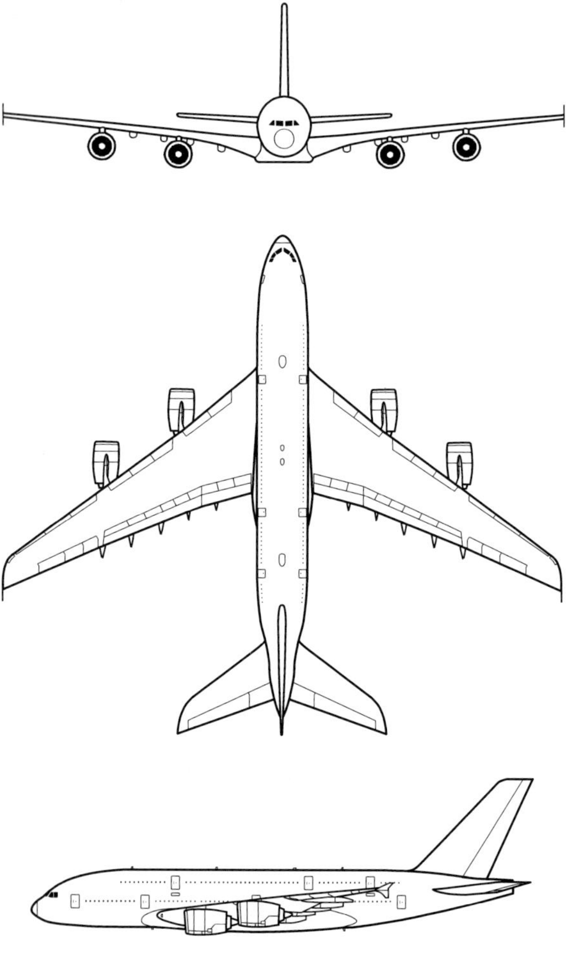

Abmessungen:
Spannweite inkl. Winglets 79,80 m
Länge 73,00 m
Höhe 24,10 m
Flügelfläche 845 m^2.

AIRBUS A380-800

Ursprungsland: Europäisches Konsortium.
Kategorie: Langstrecken-Verkehrsflugzeug.
Triebwerke: Vier Mantelstromtriebwerke Rolls Royce Trent 970 bzw. General Electric/Pratt & Whitney Engine Alliance GP7270 von je 31750 kp (312 kN) Standschub.
Leistungen: Max. Reisegeschwindigkeit Mach 0,89; ökonom. Reisegeschwindigkeit Mach 0,85; Dienstgipfelhöhe 13100 m; Reichweite mit normaler Passagierzahl 15000 km.
Gewichte: Rüstgewicht 276000 kg; max. Startgewicht (-800) 575000 kg.
Zuladung: Zwei Mann Cockpitbesatzung und in typischer Dreiklassenbestuhlung je nach Fluggesellschaft zwischen 407 und 544 Passagiere, mit Einheitsklasse theoretisch bis zu 853 Passagiere.
Entwicklungsstand: Das erste von vier Erprobungsmustern startete am 27. April 2005 zum Erstflug. Nach technisch bedingten Verzögerungen konnte der Erstkunde SIA die A380 erst im Oktober 2007 in Dienst nehmen. Bis Ende 2017 waren 317 von 18 Gesellschaften bestellt, rund 222 davon wurden abgeliefert. Die A380 leidet derzeit an einer Bestellungsflaute, weshalb die Jahresproduktion auf acht Einheiten reduziert wurde. Anfangs 2018 hat Emirates eine Folgebestellung über 24 Einheiten (+ 12 Optionen) bekanntgegeben.
Bemerkungen: Das weltgrößte Verkehrsflugzeug wird einstweilen nur noch in der Passagierversion A380-800 angeboten. Der Rumpf umfasst zwei Etagen durchgehend für Passagiere sowie einen Gepäck- und Frachtraum. Die ganze Konstruktion der A380 ist auf große Wirtschaftlichkeit ausgelegt. Es wurden die neuesten Technologien angewendet, um die Betriebskosten tief zu halten. So bestehen beispielsweise große Teile des Rumpfes aus Verbundwerkstoffen. Seit 2013 ist eine Weiterentwicklung erhältlich, die dank erhöhtem Startgewicht Reichweiten bis zu 15360 km oder eine um 1500 kg größere Nutzlast ermöglicht. 2017 hat Airbus eine leicht verbesserte Variante lanciert, ausgerüstet u. a. mit Winglets und ein auf 578000 kg erhöhtes Abfluggewicht. Dank Optimierung der Inneneinrichtung können bis zu 50 zusätzliche Passagiere befördert werden.
Hersteller: Airbus, Teil der Airbus Group, Werke Toulouse-Blagnac/Hamburg-Finkenwerder, Frankreich/Deutschland.

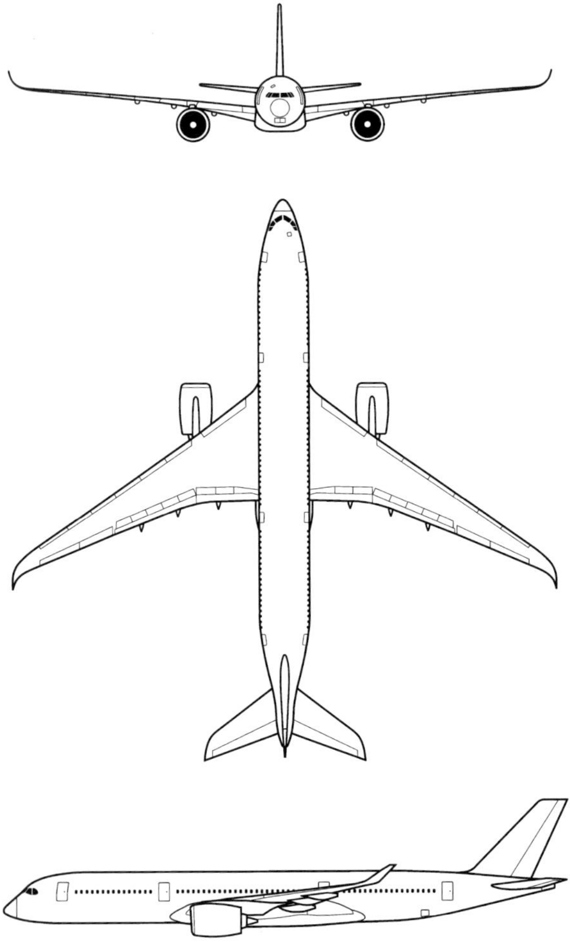

Abmessungen (A350-900/-1000):
Spannweite 64,75 m
Länge 66,89/73,88 m
Höhe 17,10 m
Flügelfläche (-900) 443 bzw. (-1000) 460 m^2.

AIRBUS A350

Ursprungsland: Europäisches Konsortium.
Kategorie: Langstrecken-Verkehrsflugzeug.
Triebwerke (A350-800/-900/-1000): Zwei Mantelstromtriebwerke Rolls-Royce Trent XWB von je 34360/38100/44100 kp (337/374/432 kN) Standschub.
Leistungen (A350-800/-900/-1000): Höchstgeschwindigkeit Mach 0,89; Reisegeschwindigkeit Mach 0,85; Dienstgipfelhöhe 13010 m; max. Reichweite 15700/15000/15600 km.
Gewichte (A350-800/-900/-1000): Max. Startgewichte 259000/275000/308000 kg.
Zuladung (A350-900/-1000): Zwei Mann Cockpitbesatzung und in einer üblichen Dreiklassenbestuhlung 314/350 Passagiere.
Entwicklungsstand: Der Prototyp der Erstvariante A350-900 flog erstmals am 14. Juni 2013, der zweite von insgesamt fünf folgte am 14. Oktober 2013. Die Kundenablieferungen haben Ende 2014 begonnen. Als nächste Ausführung folgte am 24. November 2016 die A350-1000, Ablieferungen ab Ende 2017. Bisher sind von 46 Luftverkehrs- und Leasinggesellschaften Aufträge für 854 Maschinen erteilt worden, aufgeteilt in 677 A350-900, 8 A350-800 und 169 A350-1000. Derzeit größter Besteller mit 80 Maschinen ist die Qatar Airlines. Ende 2017 waren 78 A350 abgeliefert.
Bemerkungen: Mit der A350-Familie unternimmt der Hersteller einen technologischen Sprung nach vorne und betritt in manchen Bereichen Neuland. Für rund 70% der Struktur verwendet man neueste Werkstoffe, womit deutlich Gewicht gespart wird. So besteht ein Großteil des Rumpfes aus Verbundwerkstoffen. Die Flügel sind nach neuesten aerodynamischen Gesichtspunkten optimiert. Alle diese Maßnahmen sollen laut Airbus eine Steigerung der wirtschaftlichen Effizienz von rund 25% bringen. Auch bezüglich Lärmpegel und CO2-Ausstoß werden Bestwerte erwartet. Zudem wird auch ein größerer Passagierkomfort angeboten. Von der A350-900 unterscheidet sich die derzeit größte Variante A350-1000 durch einen längeren Rumpf. Der Flügel wurde bei gleicher Spannweite um 4% vergrößert bzw. verbreitert. Eingebaut ist ein dreiachsiges Hauptfahrwerk. Schließlich erhält die A350-1000 wesentlich stärkere Triebwerke. Bereits prüft Airbus die Entwicklung einer noch größeren Version, die A350-2000.
Hersteller: Airbus, Teil der Airbus Group, Werk Toulouse-Blagnac, Frankreich.

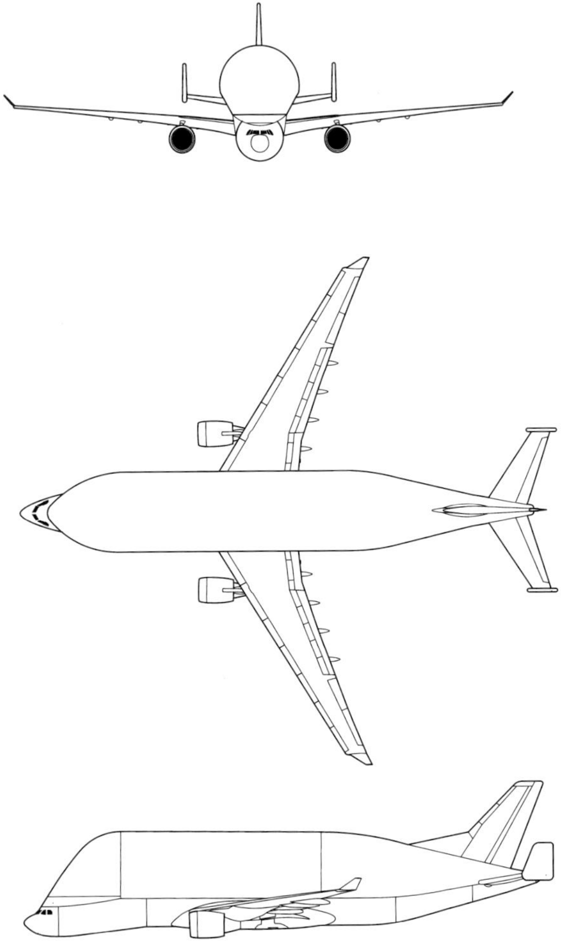

Abmessungen:
Spannweite 60,30 m
Länge 63,10 m
Höhe 18,90 m
Flügelfläche 361,60 m^2.

AIRBUS A330 BELUGA XL

Ursprungsland: Europäisches Konsortium.
Kategorie: Frachter zum Transport von übergroßen Elementen.
Triebwerke: Zwei Mantelstromtriebwerke Rolls Royce Trent 700 von je 32200 kp (316 kN) Standschub.
Leistungen: Außer der Angabe einer Reichweite bei max. Nutzlast von rund 4000 km sind noch keine weiteren Leistungsparameter bekannt gegeben worden.
Gewichte (provisorische Angaben): Leergewicht 125000 kg; max. Startgewicht 227000 kg.
Zuladung: Zwei Mann Cockpitbesatzung und eine maximale Nutzlast von 57000 kg.
Entwicklungsstand: Das erste Muster soll die Flugerprobung Mitte 2018 aufnehmen, kurz gefolgt von einer zweiten Beluga XL. Bisher sind fünf Einheiten von Airbus bestellt. Die Einsatzbereitschaft ist ab 2019 vorgesehen.
Bemerkungen: Die Beluga XL basiert auf dem Grundmodell der A330-200, wobei der Rumpf völlig neu konzipiert ist. Mit diesem Modell soll die alternde Flotte der bisher verwendeten Belugas anfänglich ergänzt, später ersetzt werden. Gegenüber diesen ist sie größer und kann mehr Nutzlast mitführen. Somit erhöht sich bei gleicher Anzahl an eingesetzten Flugzeugen die Frachtkapazität wesentlich. Ihre Hauptaufgabe ist der Transport von übergroßen Airbusteilen zwischen den einzelnen Werken innerhalb Europas. Der Rumpfdurchmesser von 8,80 m ist im Flugzeugbau bisher unerreicht. So kann der größere Rumpf beispielsweise einen kompletten Flügel-Satz der Airbus A350-1000 aufnehmen. Zum Ein- und Ausladen lässt sich der gesamte vordere Teil oberhalb des abgesenkten Cockpits nach oben schwenken.
Hersteller: Airbus, Teil der Airbus Group, Werk Toulouse-Blagnac, Frankreich.

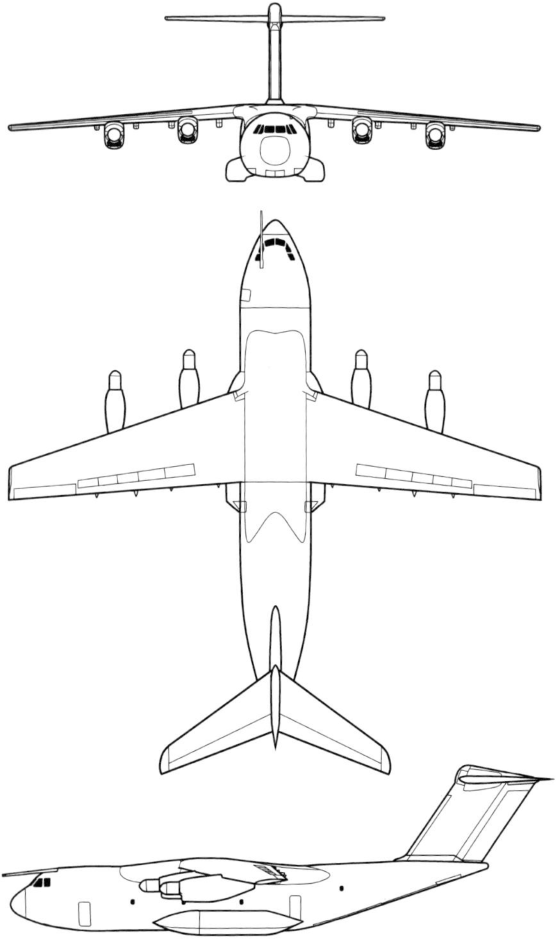

Abmessungen:
Spannweite 42,36 m
Länge 45,10 m
Höhe 14,70 m
Flügelfläche 221,50 m^2.

AIRBUS A400M ATLAS (GRIZZLY)

Ursprungsland: Europäisches Konsortium
Kategorie: Taktischer und strategischer Militärtransporter.
Triebwerke: Vier Propellerturbinen EuroProp International (EPI) TP400-D6 von je 13000 WPS, reduziert auf 11000 WPS (8200 kW) Leistung.
Leistungen: Max. Reisegeschwindigkeit 780 km/h, Mach 0,72, auf niedriger Höhe 555 km/h; Dienstgipfelhöhe 11300 m; Reichweite mit einer Nutzlast von 20 t 6390 km, mit 30 t 4535 km; Überführungsreichweite 8790 km.
Gewichte: Leergewicht 76820 kg; max. Startgewicht 141000 kg.
Zuladung: Zwei Mann Cockpitbesatzung und z. B. zwei Tiger-Kampfhubschrauber, ein Roland-SAM-System oder ein 12 m-Standard-Container; max. Nutzlast 31500 kg, mit Überlast 37000 kg.
Entwicklungsstand: Der erste von fünf Prototypen nahm die Flugerprobung am 11. Dezember 2009 auf, die erste Serienmaschine folgte am 6. März 2013. Die Indienststellung folgte im Oktober 2013 bei der Französischen Luftwaffe. Derzeit sind 174 Exemplare von folgenden Luftwaffen bestellt: Belgien 7, Deutschland nur noch 53, Frankreich 50, Großbritannien 22, Luxemburg 1, Malaysia 4, Spanien 27, Türkei 10. Ende 2017 waren über 50 A400M an die Luftwaffen Frankreichs, Deutschlands, Großbritanniens, Malaysias und der Türkei abgeliefert.
Bemerkungen: Beim Airbus A400M Grizzly (bei der RAF Atlas genannt) werden erstmals für einen Militärtransporter sowohl im Entwicklungs- wie auch im Fertigungsprozess kommerzielle Praktiken angewendet. Viele Elemente stammen von zivilen Modellen ab, so z. B. das Cockpit, welches weitgehend jenem der heutigen Airbus-Verkehrsflugzeuge entspricht. Die A400M löst vorab die C-160 Transall sowie die C-130 Hercules ab. Gegenüber diesen Mustern weist sie bei weitgehend gleich hohen Betriebskosten eine doppelte Nutzlast-/Volumenkapazität auf. Der Frachtraum ist 17,71 m lang (inkl. Rampe 23,11 m), 4,00 m breit sowie 3,85 m hoch. Nebst der Transportausführung ist auch eine Tankervariante geplant. Zudem soll die A400M dank im Frachtraum zu platzierenden modularen Ausrüstungselementen als Plattform für eine Vielzahl weiterer Aufgaben dienen.
Hersteller: Airbus Defense & Space, Teil der Airbus Group, Werk (Endmontage) San Pablo, Sevilla, Spanien.

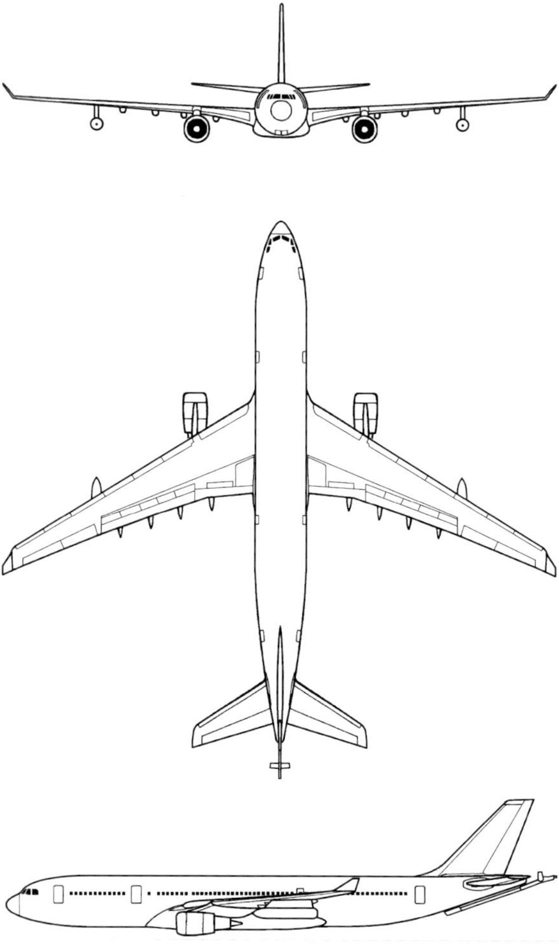

Abmessungen:
Spannweite inkl. Winglets 60,30 m
Länge ohne Luftbetankungsausleger 58,98 m, inkl. Tankausleger 59,69 m
Höhe 17,89 m
Flügelfläche 363,10 m^2.

AIRBUS A330-200 MRTT VOYAGER

Ursprungsland: Europäisches Konsortium.
Kategorie: Militärischer Transporter, Tanker und Frachter.
Triebwerke: Zwei Mantelstromtriebwerke Rolls-Royce Trent 772, General Electric CF6-80E1 oder Pratt & Whitney PW4168 von zwischen 29600 und 31000 kp (302 und 316 kN) Standschub.
Leistungen: Max. Reisegeschwindigkeit 900 km/h (Mach 0,86); ökonom. Reisegeschwindigkeit 880 km/h (Mach 0,82); Dienstgipfelhöhe 13000 m; Reichweite als Frachter mit Nutzlasten von 62000 kg bzw. 50000 kg 7780/9815 km, max. Reichweite 14800 km; als Tanker Aktionsradius von 1850 km bei Abgabe von 50000 kg Treibstoff.
Gewichte: Rüstgewicht 120000 kg; max. Startgewicht 233000 kg.
Zuladung: Zwei Mann Cockpitbesatzung und auf dem Hauptdeck 380 Soldaten oder 26 LD3-Container für Fracht; max. Nutzlast als Frachter 62000 kg, als Tanker eine Zuladung von 140000 kg. Für Sanitätseinsätze kann die MRTT mit bis zu 130 Tragen ausgerüstet werden.
Entwicklungsstand: Die erste für militärische Einsätze vorgesehene A330-200 MRTT begann die Flugerprobung am 24. Juni 2006. Aktueller Auftragsbestand: Australien 7, Großbritannien 14, Qatar 2, Saudi Arabien 6, Singapur 6, Südkorea 4, UAE 3. Großbritannien hat die als Voyager bezeichnete A330-200MRTT 2013 in Dienst genommen. Frankreich beschafft vorläufig 9, später eventuell 12 Einheiten. Die NATO-Staaten Deutschland, Luxemburg, Niederlande und Norwegen beschaffen einstweilen gemeinsam 7 MRTT. Bis Ende 2017 waren fast 40 Einheiten abgeliefert.
Bemerkungen: Airbus entwickelte aus der A330-Familie eine militärische Variante MRTT als Luftbetanker, die bis zu 140000 l Treibstoff mitführen kann. Die Tanks befinden sich in den Flügeln sowie im unteren Laderaum. So bleibt das Hauptdeck frei für Passagiere und Fracht. Die Treibstoffabgabe erfolgt entweder über zwei Stationen unter den Flügeln oder mittels eines Auslegers am Heck, der auf zwischen 11,6 und 17,8 m ausgefahren werden kann. Die Bedienung erfolgt an einer Konsole im Cockpitbereich. Am 30. September 2016 flog erstmals eine aufdatierte Ausführung der A330-200MRTT, die über ein erhöhtes Abfluggewicht verfügt. Bei ihr wurde zudem die Avionik der zivilen A330-Versionen angepasst.
Hersteller: Airbus Defence & Space, Teil der Airbus Group, Werke Toulouse-Blagnac/Getafe, Frankreich/Spanien.

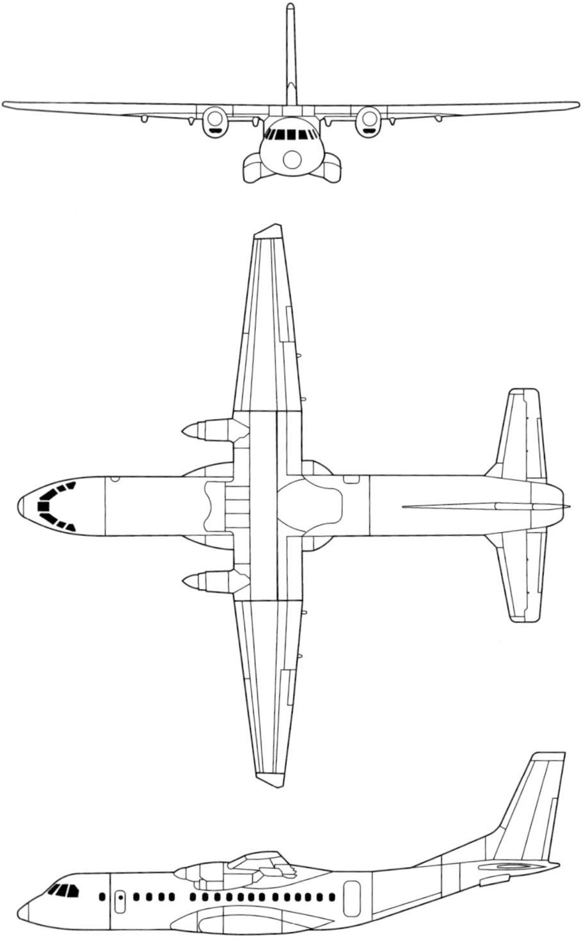

Abmessungen:
Spannweite 25,81 m
Länge 24,45 m
Höhe 8,60 m
Flügelfläche 59,10 m^2.

AIRBUS C295

Ursprungsland: Spanien.
Kategorie: Mehrzwecktransporter.
Triebwerke: Zwei Propellerturbinen Pratt & Whitney Canada PW127G von je 2645 WPS (1972 kW) Leistung, 2920 WPS (2177 kW) mit APR.
Leistungen: Max. Reisegeschwindigkeit 474 km/h auf 7620 m; Steigzeit auf Dienstgipfelhöhe von 7620 m 12 Min; Reichweite mit max. Nutzlast 1445 km, max. Reichweite 5278 km.
Gewichte: Leergewicht 11000 kg; max. Startgewicht 23200 kg.
Zuladung: Zwei Piloten und normalerweise 69 oder bis zu 78 voll ausgerüstete Soldaten; für Evakuationseinsätze 27 liegende Personen und vier Helfer; als Frachter fünf Standard-Container oder drei leichte Fahrzeuge; max. Nutzlast 9250 kg.
Entwicklungsstand: Der erste, bereits dem Serienstandard entsprechende Prototyp, nahm die Flugerprobung am 22. Dezember 1998 auf. Im Oktober 2001 begann CASA mit den Auslieferungen. 26 Nationen haben bisher Bestellungen für mehr als 200 C295 aufgegeben: U. a. Ägypten 20, Brasilien 12, Indonesien 9 (Lizenzbau). Indien plant 56 C295W in Lizenz herzustellen. Für die C295 MPA liegen folgende Aufträge vor: Brasilien 3 C295W MPA, Marine von Chile 6, Ecuador 1, Portugal 5 der 12 bestellten, UAE 4. Ende 2017 waren über 170 Einheiten ausgeliefert. Seit 2015 wird nur noch die Version C295W gebaut. Neu beschafft Kanada 16 C295W als SAR-Flugzeuge. Erstmals wurde 2017 die C295 auch von einem zivilen Operator bestellt.
Bemerkungen: Basierend auf der CN-235 (siehe Ausgabe 2014) wurde die C295 von CASA alleine entwickelt. Durch Einfügen von Rumpfsegmenten vor und hinter dem Flügel vergrößerte man die Außenlänge um 3,10 m, die Kabinenlänge um 3,00 m. Stärkere Triebwerke gelangen zum Einbau, verbunden mit Sechsblatt-Propellern neuester Technologie von Hamilton. Weiter mussten wegen der höheren Gewichte Flügel und Fahrwerk verstärkt werden. Dank dieser Maßnahmen steigt die Ladekapazität gegenüber dem Ausgangsmuster um rund 50%. Die C295 verfügt über eine neue Avionik Topdeck von Sextant und ist für Luftbetankungen ausgelegt. Die neuesten als C295W bezeichneten Maschinen sind alle mit Winglets ausgerüstet und erzielen bei reduziertem Treibstoffverbrauch bessere Flugleistungen. Eine Seeüberwachungs- und U-Bootbekämpfungsversion C295MPA „Persuader“ wird ebenfalls angeboten. Auch eine Tankerversion sowie eine bewaffnete Ausführung sind erhältlich.
Hersteller: Airbus Defence & Space, Teil der Airbus Group, Werk Sevilla, Madrid, Spanien.

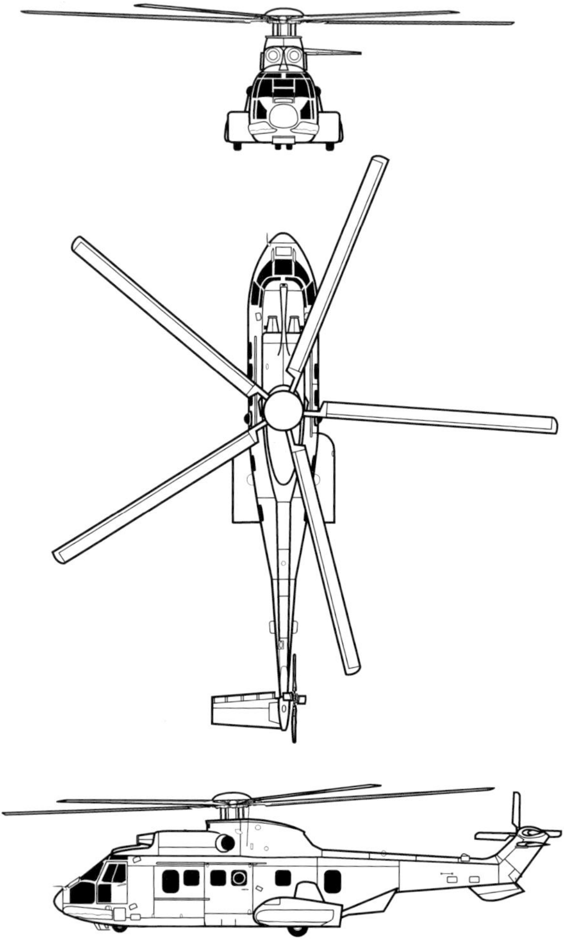

Abmessungen:
Rotordurchmesser 16,20 m
Rumpflänge inkl. Heckrotor 16,79 m
Höhe inkl. Rotorkopf 4,60 m, über Heckrotor 4,97 m.

AIRBUS HELICOPTERS H225/H225M/H215

Ursprungsland: Frankreich.
Kategorie: Mittelschwerer ziviler (H225/H215) und militärischer (H225M) Mehrzweckhubschrauber.
Triebwerke (H225): Zwei Gasturbinen Turboméca Makila 2A von je 2100 WPS (1566 kW) Leistung.
Leistungen (H225): Höchstgeschwindigkeit 324 km/h; Reisegeschwindigkeit 262 km/h auf Meereshöhe; max. Schrägsteiggeschwindigkeit 8,7 m/Sek; Schwebehöhe mit Bodeneffekt 3670 m, ohne Bodeneffekt 2481 m; Dienstgipfelhöhe 6095 m; Reichweite mit Standardtreibstoffzuladung 871 km; (H225e) Reichweite mit zehn Passagieren 556 km.
Gewichte (H225): Leer 5256 kg; max. Startgewicht 10400 kg, mit Außenlast 11200 kg.
Zuladung: Zwei Piloten und 24 Passagiere oder 29 Soldaten; max. Nutzlast 5457 kg.
Entwicklungsstand: Erstflug des Prototyps der Ursprungsausführung AS332 am 13. September 1978. Von allen Super Puma-Varianten sind bis heute über 900 Maschinen in Auftrag gegeben worden, davon rund zwei Drittel durch mehr als 40 militärische bzw. paramilitärische Organisationen. Neueste Bestellungen: (H225M) Luftwaffen von Kuwait 30, Singapur 16. Die aktuell angebotenen Versionen sind die zivile H225 (Erstflug 27. November 2000), die Militärausführung H225M in verschiedenen Untervarianten sowie die H215 bzw. H215M. Letztere soll von Rumänien beschafft werden. Der Auftragsbestand von EC225/EC725/H225(M)/H215 zusammen beläuft sich derzeit auf etwa 450 Hubschrauber.
Bemerkungen: Anfang 2014 lancierte Airbus Helicopter eine verbesserte Variante der H225e. Um eine größere Reichweite zu erzielen wird in einem Gepäckfach ein 370 Liter-Zusatztank eingebaut. Das maximale Abfluggewicht steigt auf 11500 kg. Dank stärkerer Triebwerke Makila 2A1 sind die Leistungswerte gegenüber dem Ausgangsmuster weitgehend gleich. Eine verbesserte Avionik soll die Belastung des Piloten reduzieren, insbesondere in der Anflugsphase. Weitere Ausführungen sind in früheren Ausgaben von Flugzeuge der Welt beschrieben. Die H225M lässt sich neu auch mit zwei Waffenstationen seitlich am Rumpf ausrüsten. 2016 präsentierte Airbus basierend auf der AS332C1e eine vereinfachte und günstigere Version H215, die in Brasov, Rumänien, gebaut wird, Produktionsstart 2018.
Hersteller: Airbus Helicopter, Teil der Airbus Group, Werk Marignane, Frankreich.

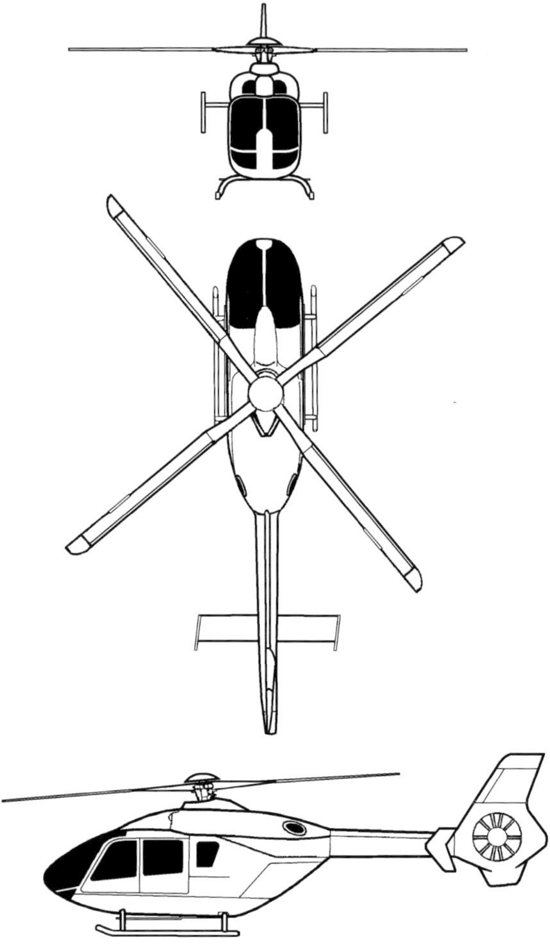

Abmessungen:
Rotordurchmesser 10,40 m
Länge inkl. Rotor 12,26 m
Rumpflänge 10,21 m, Höhe inkl. Rotorkopf 3,16 m
Höhe über alles 3,51 m.

AIRBUS HELICOPTERS H135/135M

Ursprungsland: Deutschland.
Kategorie: Leichter Mehrzweckhubschrauber.
Triebwerke: Zwei Gasturbinen (H135T3) Safran Arrius 2B2+ von je 660 WPS (492 kW) oder (H135P3) Pratt & Whitney Canada PW206B3 gleicher Leistung.
Leistungen (H135P3/T3): Höchstgeschwindigkeit 259 km/h; max. Reisegeschwindigkeit 252 km/h auf Meereshöhe; ökonom. Reisegeschwindigkeit 239 km/h; max. Vertikalsteiggeschwindigkeit 2,00 m/Sek; Dienstgipfelhöhe 6095 m; Schwebehöhe mit Bodeneffekt 4570, ohne 3880 m; max. Reichweite 609 km.
Gewichte (H135P3/T3): Leer 1482 kg; max. Startgewicht 2980 kg.
Zuladung: Sechs bis acht Personen; bei Rettungseinsätzen zwei Tragen und zwei Sanitäter; max. Nutzlast 1418 kg intern, extern 1200 kg.
Entwicklungsstand: Der erste Prototyp EC135 fliegt seit 15. Februar 1994; Beginn der Ablieferungen am 31. Juli 1996. Die neueste Version H135 begann die Flugerprobung im Juli 2012. Ende 2014 ist das erste Serienexemplar übergeben worden. Airbus Helicopters hat von allen Ausführungen bisher fast 1300 Einheiten gebaut. Unter den zahlreichen Operators befinden sich viele Polizeicorps und Rettungsorganisationen aus der ganzen Welt. Die militärische Ausführung heißt H135M und wird von verschiedenen Luftwaffen eingesetzt.
Bemerkungen: Derzeit werden die folgenden Versionen neu als H135 bezeichnet gebaut: EC135P2e/T2e, welche generell bessere Leistungswerte aufweisen. Eine veredelte Version wird unter der Bezeichnung EC135 Hermes vertrieben. Die militärische Ausführung H135M, ist – abgesehen von Zusatzausrüstungen – mit der zivilen jedoch weitgehend identisch. Ganz neu ist die H135P3/T3. Dank leistungsstärkerer Triebwerke kann sie größere Nutzlasten über weitere Strecken transportieren. Zudem sind die „hot-and-high“-Eigenschaften deutlich verbessert. Die Rotorblätter wurden um 10 cm verlängert. Das Cockpit ist weitgehend neu und umfasst eine integrale Avionik von Thales Avionics mit LCD-basierten Multi-Funktions-Displays und einem Navigations-/GPS-System Garmin GTN-750. Seit 2017 ist eine Ausführung der H135 bzw. H135M mit der Helionix-Digital-Avionics erhältlich, welche verschiedene Verbesserungen ausweist und mit jener der Modelle H145/H175 identisch ist. Inskünftig soll die H135 auch in der Volksrepublik China gebaut werden.
Hersteller: Airbus Helicopters, Teil der Airbus Group, Werk Donauwörth, Deutschland.

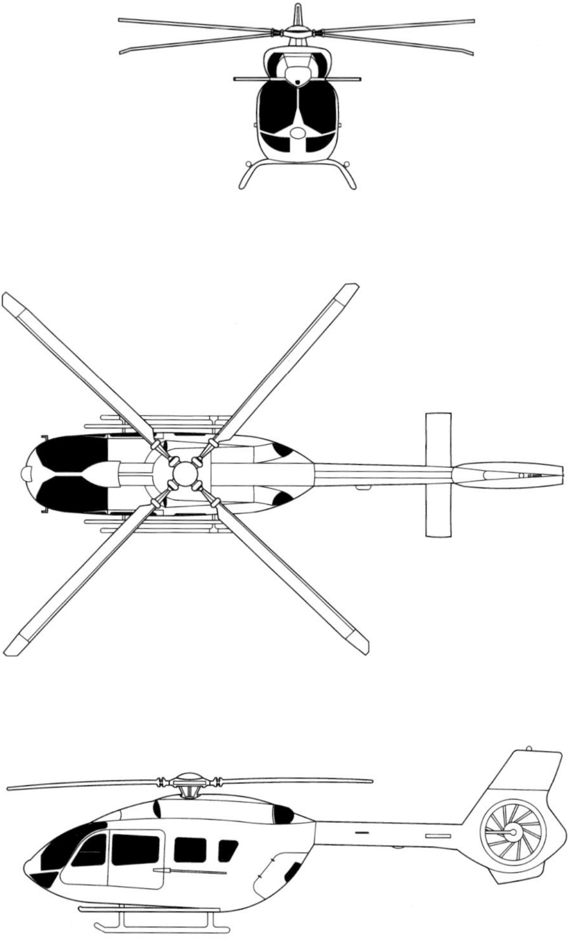

Abmessungen:
Rotordurchmesser 11,00 m
Rumpflänge 10,20 m, mit drehendem Rotor 13,00 m
Höhe inkl. Rotorkopf 3,96 m.

AIRBUS HELICOPTERS H145/UH-72A LAKOTA

Ursprungsland: Deutschland und Japan.
Kategorie: Ziviler (H145) und militärischer (H145M) Mehrzweckhubschrauber.
Triebwerke: Zwei Gasturbinen Turboméca Arriel 2E von je 1038 WPS (775 kW) Leistung.
Leistungen: Höchstgeschwindigkeit 268 km/h auf Meereshöhe; Reisegeschwindigkeit 244 km/h, max. Schrägsteiggeschwindigkeit 8,4 m/Sek; Dienstgipfelhöhe 5486 m; Schwebehöhe mit Bodeneffekt 3932 m, ohne Bodeneffekt 3139 m; normale Reichweite 650 km; Einsatzdauer 3,30 Std.
Gewichte: Leergewicht 1742 kg; max. Startgewicht 3650 kg.
Zuladung: Acht bis zwölf Personen inkl. Piloten; bei EMS-Einsätzen zwei liegende Verletzte und zwei Sanitäter; max. Nutzlast 1731 kg.
Entwicklungsstand: Erstflug der EC145 am 12. Juni 1999. Die Ablieferungen begannen Mitte 2001. Aktuell sind über 1400 H145/EC145/BK117 im Einsatz, darunter französische Sécurité Civile 32, Gendarmerie 15, ADAC 2. Weitere Großbesteller: Republik Kazakhstan 45, neu Serbien 9, DRF Luftrettung 25 T2 sowie Deutsche Luftwaffe 15 H145M für Kommando-Operationen, Saudi Arabien 23 H145. 412 UH-72A Lakota (Ende 2017 davon etwa 400 abgeliefert) werden durch die US Army beschafft (Lizenzbau). 100 davon sind neu als Trainingshubschrauber TH-72A vorgesehen, weitere 87 UH-72A werden in diese Version umgebaut. Die schweizerische REGA beschafft sechs H145 der neuesten Ausführung.
Bemerkungen: Seit Juni 2010 fliegt die EC145T2 (neu als H145 bezeichnet) mit wesentlich stärkeren Triebwerken, überarbeitetem Getriebe, Fenestron-Heckrotor aus Verbundwerkstoff sowie neuer integraler Avionik Helionix. Damit verbessern sich alle Flugleistungen, insbesondere in hohen und heißen Gebieten; Ablieferung ab 2013. Unter der Bezeichnung UH-72A Lakota betreibt die US Army eine Weiterentwicklung der Basisversion mit spezifischer Ausrüstung. Seit 2015 wird eine vereinfachte Version der H145 angeboten, die dank geringerem Leergewicht und erhöhtem Abfluggewicht rund 145 kg mehr Zuladung mitführen kann. Bei der H145M handelt es sich um die Militärausführung, welche mit Maschinengewehren an den Türen sowie an separat montierbaren Seitenauslegern Waffen bis zu einem Gewicht von je 210 kg ausgerüstet werden kann.
Hersteller: Airbus Helicopters, Teil der Airbus Group, Werke Donauwörth, Deutschland, sowie Kawasaki Heavy Industries Ltd., Gifu, Japan.

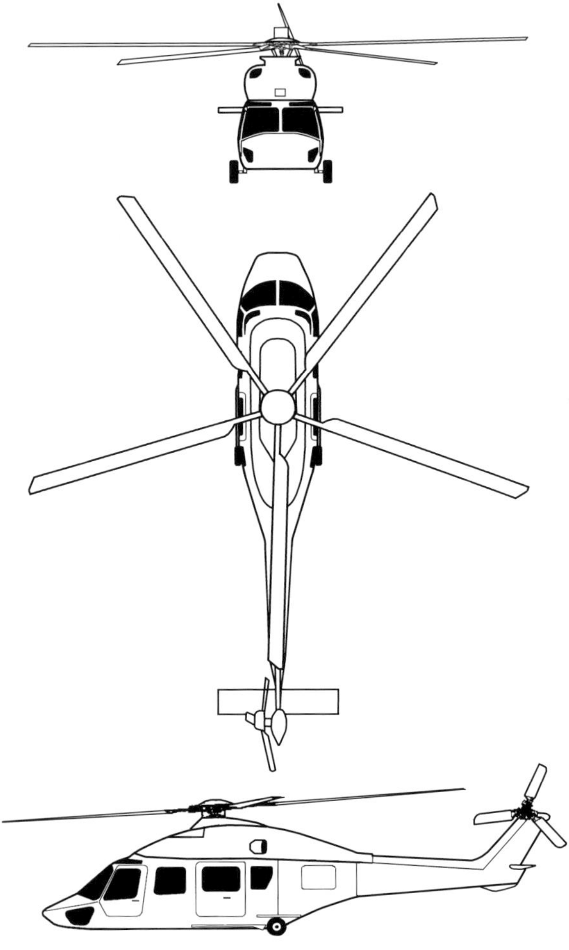

Abmessungen:
Rotordurchmesser 14,80 m
Rumpflänge 15,68 m
Höhe über Rotorkopf 3,47 m, über Heckrotor 5,34 m.

AIRBUS HELICOPTERS H175/AC352

Ursprungsland: Frankreich und Volksrepublik China.
Kategorie: Ziviler Mehrzweckhubschrauber.
Triebwerke: Zwei Gasturbinen Pratt & Whitney Canada PT6C-67E von je 1775 WPS (1325 kW) Leistung.
Leistungen: Höchstgeschwindigkeit 305 km/h; Reisegeschwindigkeit 278 km/h; Dienstgipfelhöhe 6000 m, Aktionsradius mit 16 Passagieren bei Offshore-Einsätzen 250 km, Reichweite 1175 km; max. Flugzeit 4 Std. 19 Min.
Gewichte: Leergewicht 4630 kg; max. Startgewicht rund 7800 kg.
Zuladung: Zwei Piloten und 16 Passagiere.
Entwicklungsstand: Die Flugerprobung des ersten Prototyps begann am 17. Dezember 2009, der zweite startete genau ein Jahr später. Das erste Serienmuster fliegt seit Dezember 2012. Aus technischen Gründen verzögerte sich der Beginn der Auslieferungen an Kunden auf Ende 2014. Bisher sind über 50 Festbestellungen (+ Optionen) von 18 Betreibern bekannt gegeben worden, darunter von Bristow (17), Héli Union (4), Milestone Aviation (5) und Hong Kong Gvt. Flying Service (7). Die H175 wird parallel in Frankreich wie auch in China endmontiert, die Teileherstellung erfolgt jeweils nur an einem Ort. Momentan werden jährlich nur rund zehn Einheiten gebaut.
Bemerkungen: Die H175 ist ein 50:50-Joint-Venture zwischen Frankreich und der Volksrepublik China. Dieses neue Muster zeichnet sich durch eine breite Einsatzmöglichkeit aus. Dazu weist es eine vergleichsweise sehr große Kabine auf. Weitere Attribute sind hohe Sicherheit und dank reduzierten Wartungskosten auch eine gute Wirtschaftlichkeit. Konstruktion wie auch eingebaute Systeme entsprechen der heutigen State-of-the-Art. Weite Teile des Rumpfes sind aus Verbundwerkstoffen. Eingebaut ist die neueste Avionik Helionix. Was Platzverhältnisse, Reisekomfort, Vibrations- und Lärmwerte wie auch Emissionslasten angeht, sollen Bestwerte erreicht werden. In der Volksrepublik China baut AVIC diesen Typ unter der Bezeichnung AC352 (Erstflug Dezember 2016), angetrieben durch einheimische WZ16-Triebwerke, einer Ableitung der französischen Aridien. Eine siebensitzige VIP-Version wird seit Mitte 2016 abgeliefert. Später könnte noch eine militärische Ausführung folgen.
Hersteller: Airbus Helicopters, Teil der Airbus Group, Werke Marignane, Frankreich und Harbin Aviation Industry Group (AVIC II), Harbin, Volksrepublik China.

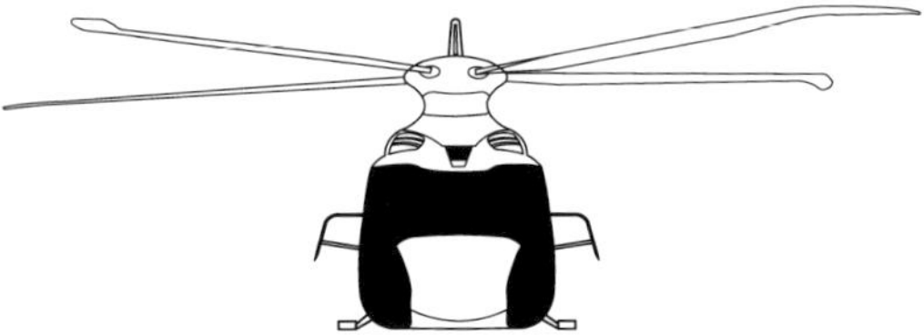

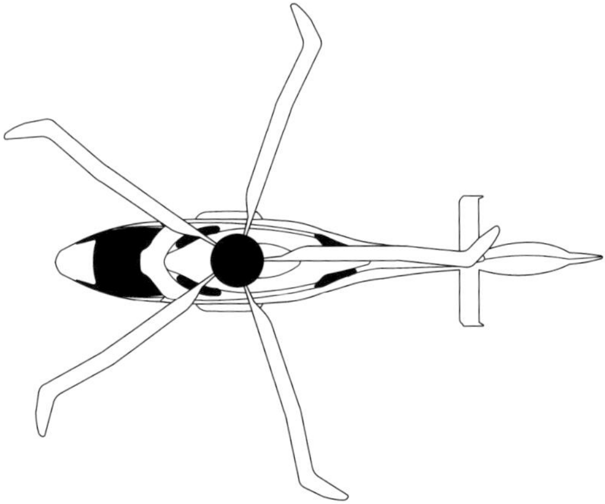

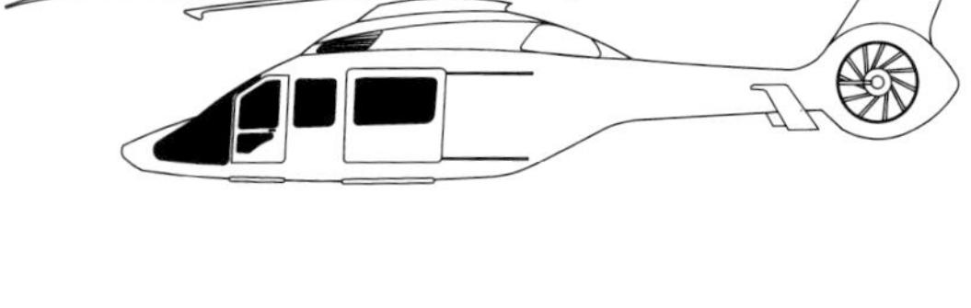

Abmessungen:
Rotordurchmesser 12,00 m
Rumpflänge 14,00 m
Höhe 3,99 m.

AIRBUS HELICOPTERS H160

Ursprungsland: Frankreich.
Kategorie: Ziviler Mehrzweckhubschrauber.
Triebwerke: Zwei Gasturbinen (Serie) Safran ARRANO von je 1205 WPS (890 kW) Leistung.
Leistungen: (provisorische Angaben des Herstellers): Höchstgeschwindigkeit 324 km/h; max. Reisegeschwindigkeit 285 km/h; max. Steigrate 8,9 m/Sek; Dienstgipfelhöhe 5900 m; Reichweite mit max. interner Treibstoffzuladung 850 km+.
Gewichte: Leergewicht 4240 kg; max. Startgewicht 5670 bzw. 6050 kg.
Zuladung: Zwei Piloten und bis zu 12 Passagiere; max. Außenlast 1600 kg.
Entwicklungsstand: Ein erster Prototyp nahm die Flugerprobung am 13. Juni 2015 auf. Mittlerweile fliegen drei H160. Erste Kundenablieferungen verspäten sich auf Anfang 2019. Der Auftragsbestand ist noch nicht bekannt. Die französischen Streitkräfte planen als Ersatz älterer Typen bis zu 190 Einheiten einer militärischen Ausführung zu beschaffen.
Bemerkungen: Mit der vollständig neu entwickelten H160 lancierte Airbus Helicopters eine neue Generation von Hubschraubern. Primär als Nachfolger der EC155 (siehe Ausgabe 2015) gedacht, handelt es sich weltweit um den ersten zivilen Hubschrauber, welcher vollständig aus Verbundwerkstoffen hergestellt ist. Es gelangen neu entwickelte Turbinen zum Einbau, der Fünfblattrotor weist neuartige, mehrfach geknickte Rotorblätter auf. Damit soll der Lärm besonders im Vorwärtsflug minimiert werden. Dank des um 12° Grad geneigten Fenestron-Heckrotors reduziert sich der Leistungsbedarf im Schwebeflug. Weiter fällt das Höhenleitwerk auf, welches aus zwei übereinander angeordneten Flächen besteht. Eingebaut ist die neueste Helionix-Avionik, die insbesondere die Arbeitsbelastung der Piloten reduzieren wird. Das Fahrwerk wird elektrisch ein- und ausgefahren. Verschiedene Konfigurationen werden angeboten wie beispielsweise für Offshore-Einsätze, VIP- und allgemeine Personentransporte.
Hersteller: Airbus Helicopter, Teil der Airbus Group, Werk Marignane, Frankreich.

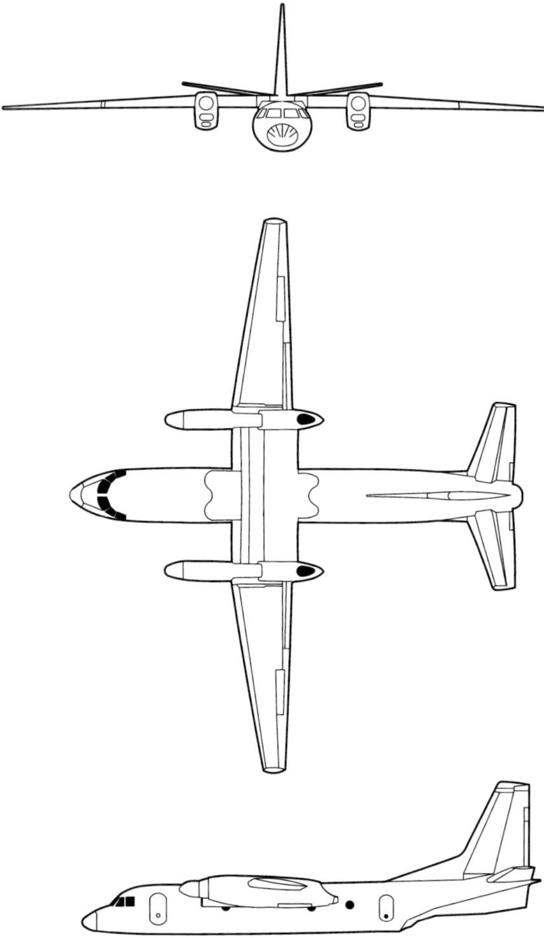

Abmessungen:
Spannweite 29,90 m
Länge 24,53 m
Höhe 8,80 m
Flügelfläche 74,98 m^2.

ANTONOW AN-132D

Ursprungsland: Ukraine (Saudi Arabien).
Kategorie: Mittelschweres Mehrzweckflugzeug für zivile und militärische Einsätze.
Triebwerke: Zwei Propellerturbinen Pratt & Whitney Canada PW150A von je ca. 3780 WPS (2818 kW) Leistung.
Leistungen (noch sehr provisorische Angaben): Max. Reisegeschwindigkeit 550 km/h, Dienstgipfelhöhe 9000 m, Reichweite (Serienversion) bei max. Nutzlast 2100 km.
Gewichte: Max. Startgewicht 28500 kg.
Zuladung: Zwei Mann Cockpitbesatzung und je nach Innenausstattung bis zu 50 Passagiere oder 76 Soldaten; als Frachter Nutzlast von 9200 kg.
Entwicklungsstand: Erst im Mai 2015 wurde die Lancierung der An-132 bekannt gegeben. Ein erster Prototyp nahm am 31. März 2017 die Flugerprobung auf. Ein erster Auftrag über sechs Einheiten ging von der Luftwaffe Saudi Arabiens ein.
Bemerkungen: Die An-132 basiert auf der An-32 (siehe Ausgabe 2009) und wird gemeinsam von Antonow und der Taqnia Aeronautics Company aus Saudi Arabien entwickelt. Es handelt sich um ein mittelschweres Mehrzweckflugzeug, primär für zivile wie militärische Transportaufgaben aller Art. Weitere Einsatzmöglichkeiten sind der Transport von Fallschirmjägern, Aufklärungs- und Seeüberwachungsaufgaben sowie Evakuierungseinsätze. Erstmals tritt eine Firma aus Saudi-Arabien als Ko-Produzent für ein Mehrzweckflugzeug in Erscheinung. Gegenüber dem Ausgangsmuster An-32 sind die meisten Leistungsparameter deutlich verbessert. Die An-132 weist u. a. folgende Veränderungen auf: Vorderrumpf und Cockpit völlig neu konstruiert, Triebwerke mit Sechsblatt-Propellern und Honeywell-Avionik neuester Generation aus dem Westen. Die meisten Systeme sind ebenfalls neu. Zudem sind ein überarbeitetes Ladesystem und eine Hilfsturbine vorgesehen. Dagegen bleiben die guten Charakteristiken der An-32, primär das gute Leistungs-/Gewichtsverhältnis in heißen und hochgelegenen Flugplätzen mit Naturpisten sowie die robuste Konstruktion unverändert. Voraussichtlich wird die An-132 in Saudi Arabien in Serie gebaut.
Hersteller: Antonow Aeronautical Scientific Complex und Taqnia Aeronautics Company, eine Tochtergesellschaft der Saudi Company for Technological Development and Investment, Kiew, Ukraine und Riyadh, Saudi Arabien.

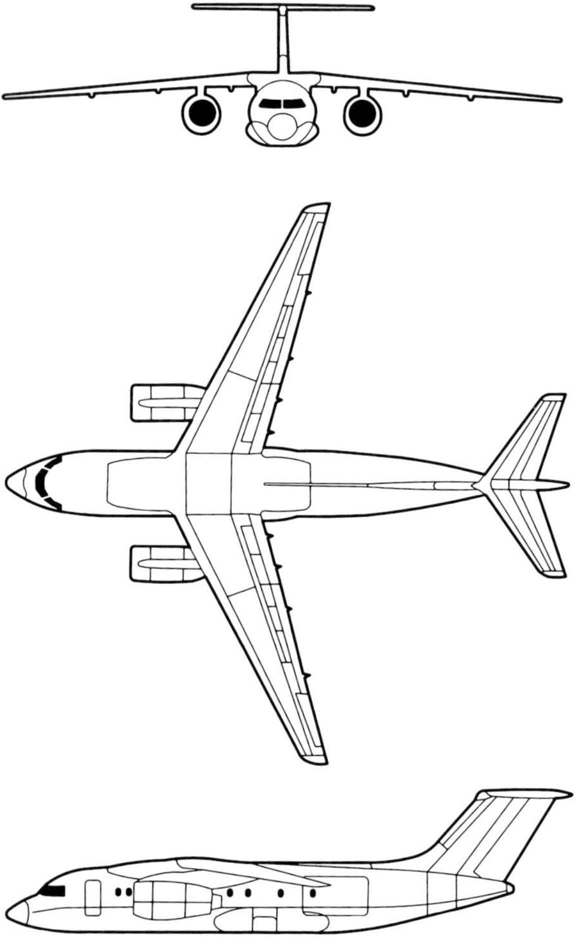

Abmessungen:
Spannweite 28,84 m
Länge 32,95 m
Höhe 10,14 m
Flügelfläche 87,32 m².

ANTONOW AN-178

Ursprungsland: Ukraine/Russland.
Kategorie: Mittelschwerer Militärfrachter.
Triebwerke: Zwei Mantelstromtriebwerke Ivchenko-Progress D-436-148FM von je 7030 kp (68,80 kN) Standschub.
Leistungen (provisorische Angaben, analog An-158)**:** Höchstgeschwindigkeit etwa 870 km/h; Reisegeschwindigkeit 800 km/h; Dienstgipfelhöhe 13000 m; Reichweite mit max. Nutzlast 1000 km; Überführungsreichweite 5500 km.
Gewichte: Maximales Startgewicht 52400 kg.
Zuladung: Zwei Piloten und bis zu 99 voll ausgerüstete Soldaten, 80 Fallschirmspringer, 70 Verletzte auf Tragen oder sechs Standardpaletten. Die maximale Nutzlast beträgt gemäß Hersteller 18000 kg.
Entwicklungsstand: Der Erstflug des Prototyps fand am 7. Mai 2015 statt, ein zweiter befindet sich im Bau. Offenbar will die Luftwaffe Saudi Arabiens 30 Einheiten beschaffen. Neu soll auch die Irakische Luftwaffe zwei An-178 bestellt haben. Als bisher einziger ziviler Betreiber erhält die Silk Way Airlines zehn Einheiten. Erste Ablieferungen dürften 2018 erfolgen.
Bemerkungen: Im Kampf um einen Nachfolger der erfolgreichen Lockheed C-130 Hercules und Antonow An-12 gesellt sich ein weiterer Kandidat dazu. Ausgehend von der An-148/158 (siehe Ausgabe 2014) wird eine Variante für militärische Transporteinsätze entwickelt. Von letzterer übernimmt sie den Hauptflügel und das Seitenleitwerk. Rumpf und Höhenleitwerk sind dagegen Neukonstruktionen. Wesentliche Teile der Struktur sind aus Aluminium. Wie vom Markt erwartet, zeichnet sich die Konstruktion durch einfache und robuste Bauweise aus. Starts und Landungen ab unvorbereiteten Pisten sind möglich. Die Innenmaße des Frachtraums sollen in etwa jener der Antonow An-12 entsprechen. Weitere Angaben sind noch nicht erhältlich. Der Hersteller prüft auch eine Variante mit Rolls Royce- oder Pratt & Whitney-Triebwerken.
Hersteller: Antonow Aeronautical Scientific Complex, Kiew, Ukraine.

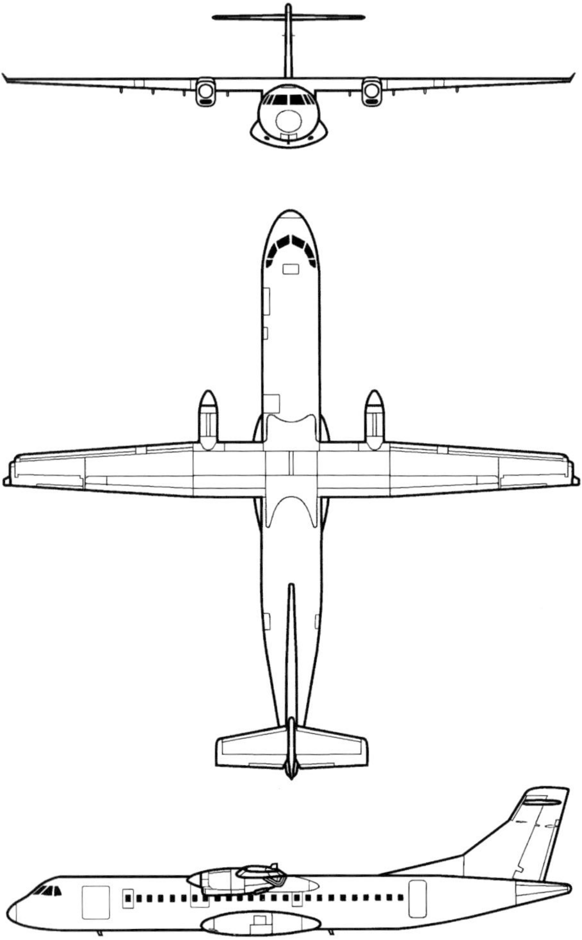

Abmessungen (ATR 42/ATR 72):
Spannweite 24,57/27,05 m
Länge 22,67/27,17 m
Höhe 7,59/7,65 m, Flügelfläche 54,50/61,00 m^2.

ATR 42-600/ATR 72-600/P-72A

Ursprungsland: Frankreich und Italien.
Kategorie: Regionalverkehrsflugzeug (siehe Dreiseitenriss), (P-72A) Seeüberwacher (siehe Foto).
Triebwerke (ATR 42-600/ATR 72-600): Zwei Propellerturbinen Pratt & Whitney Canada PW127M von je 2160 WPS (1590 kW) bzw. 2475 WPS (1820 kW) Startleistung.
Leistungen (ATR 42-600/ATR 72-600): Max. Reisegeschwindigkeit 555/511 km/h auf 7620 m; ökonom. Reisegeschwindigkeit 450 km/h auf 7620 m; Reichweite mit 48/68 Passagieren und max. Gepäckzuladung 1484/1527 km und ohne Nutzlast über 4000 km.
Gewichte (ATR 42-600/ATR 72-600): Rüstgewicht 11300/13010 kg; max. Startgewicht 18600/23000 kg.
Zuladung: Zwei Mann Cockpitbesatzung und verschiedene Innenausstattungen für (ATR 42) max. 48 bzw. (ATR 72) 64 bis neu 78 Passagiere in Viererreihen mit Mittelgang; Nutzlast (ATR 42-500/600) 5450/5500 kg, als Frachter 5800 kg bzw. (ATR 72-500/600) 7350/7500 kg.
Bewaffnung (P-72A): Seezielflugkörper und Torpedos können mitgeführt werden.
Entwicklungsstand: Die neueste Ausführung ATR 72-600 begann die Flugerprobung am 24. Juli 2009. Eine erste ATR-72-600 erhielt der Erstbesteller am 19. August 2011. Von allen Varianten waren bis Ende 2017 1920 Flugzeuge von über 200 Operators bestellt, etwa 1430 davon ausgeliefert. Aktuell beläuft sich die Jahresproduktion auf rund 80 Einheiten.
Bemerkungen: Mit der ATR-42/72-600 wurde die dritte Generation dieses bewährten Flugzeugs lanciert. Bei gleichen Abmessungen wie die früheren Varianten erfährt sie einige Verbesserungen. So sind stärkere Triebwerke PW127M eingebaut, die insbesondere bessere Startleistungen auf hoch gelegenen Flugplätzen ermöglichen. Zudem kann eine größere Nutzlast mitgeführt werden. Das Cockpit ist völlig neu und mit einer Thales-Avionik ausgerüstet. Weiter erhöhte man den Kabinenkomfort. Ab 2018 ist eine Frachtausführung ATR-72-600F erhältlich, mit einer Nutzlast von 8000 kg. Weiter wird an einer größeren Weiterentwicklung gearbeitet, ausgestattet mit einem neuen Rumpf für rund 90 Passagiere. Unter der Bezeichnung ATR 72-600THMUA ist eine Seeüberwachungsversion erhältlich. Zehn Einheiten hat die Türkische Marine beschafft, Italien vier als P-72A bezeichnet; Erstablieferung am 1. September 2016.
Hersteller: Avions de Transport Régional (ATR): Aérospatiale Matra, Toulouse-Blagnac, Frankreich und Alenia, Neapel, Italien.

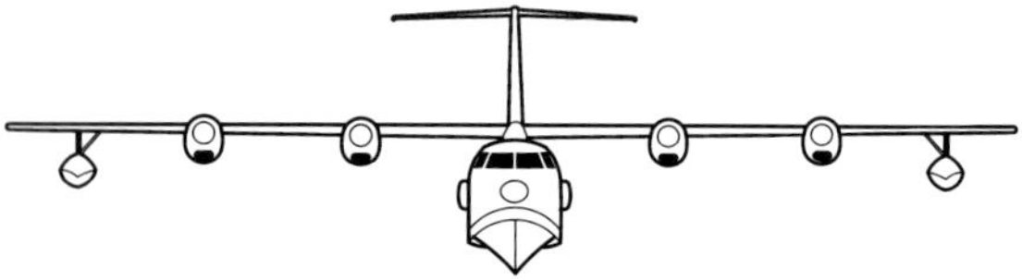

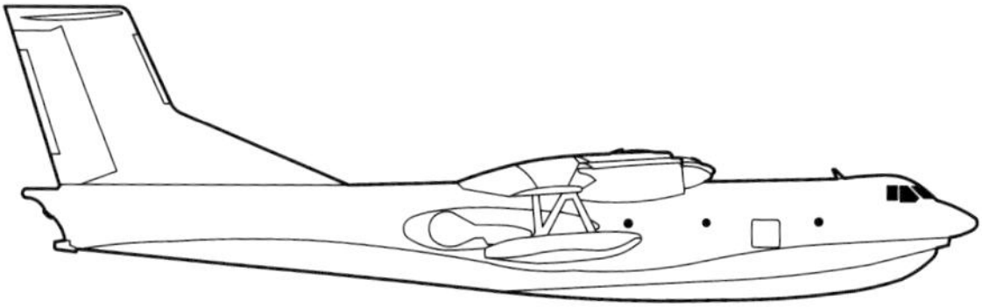

Abmessungen (provisorische Angaben):
Spannweite 38,80 m
Länge 36,90 m
Höhe 12,10 m.

AVIC AG600

Ursprungsland: Volksrepublik China.
Kategorie: Amphibisches SAR- oder auch ASW-/Patrouillenflugzeug für Langstrecken, ev. auch für zivile Einsätze (z. B. Löscheinsätze) vorgesehen.
Triebwerke: Vier Propellerturbinen Dongan WJ-6 von je 5103 WPS (3805 kW) Leistung.
Leistungen (noch sehr provisorisch, nach Angaben des Herstellers): Höchstgeschwindigkeit 570 km/h; Reisegeschwindigkeit 450 km/h; Dienstgipfelhöhe 6000 bzw. 10500 m (je nach Quelle); Reichweite 5500 km.
Gewichte: Leergewicht 20000 kg; max. Startgewichte 49000 oder 53500 kg.
Zuladung: Zwei Mann Cockpitbesatzung und je nach Innenausstattung und Aufgabe bis zu 50 Personen. Max. Nutzlast 12000 kg.
Entwicklungsstand: Der erste Prototyp dieses neuen chinesischen Amphibienflugzeugs wurde im November 2016 in Zhuhai erstmals der Öffentlichkeit vorgestellt. Der Erstflug fand am 24. Dezember 2017 statt. Wann mit der Serienfertigung zu rechnen ist, wurde bisher nicht bekannt. Gemäß Hersteller sollen bereits 17 Einheiten bestellt worden sein.
Bemerkungen: In Größe und Auslegung dürfte dieses neue Muster der japanischen ShinMaywa US-2 (siehe Seiten 278/279) recht nahekommen, in den Dimensionen aber etwas größer sein. Die AG600 ist für eine Vielzahl von Aufgaben vorgesehen, so beispielsweise als Passagierflugzeug, als Frachter bzw. als Combi-Frachter sowie auch als Patrouillenflugzeug/Seenotretter. Auch eine Version als Löschflugzeug mit einer Wasserzuladung von 12000 Litern soll geplant sein. Rumpf und Flügel sind weitgehend aus Aluminium. Der Hauptflügel ist als Schulterdecker, das Heckleitwerk in T-Form ausgelegt. Dank des in der Mitte abgestuften Rumpfes in Bootsform werden sehr gute Eigenschaften auch bei rauher See erwartet. Die AG600 ist mit einem einziehbaren Dreipunktfahrwerk ausgestattet. Bei den Triebwerken WJ-6 handelt es sich um eine recht alte Konstruktion, abgeleitet vom sowjetischen Ivchenko AI-20. Sie sind mit modernen sechsblättrigen Propellern vermutlich aus Verbundwerkstoffen ausgestattet.
Hersteller: Aviation Industry Corporation of China bzw. CAIGA China Aviation Industry General Aircraft Co. Ltd., Herstellungsort noch unbekannt.

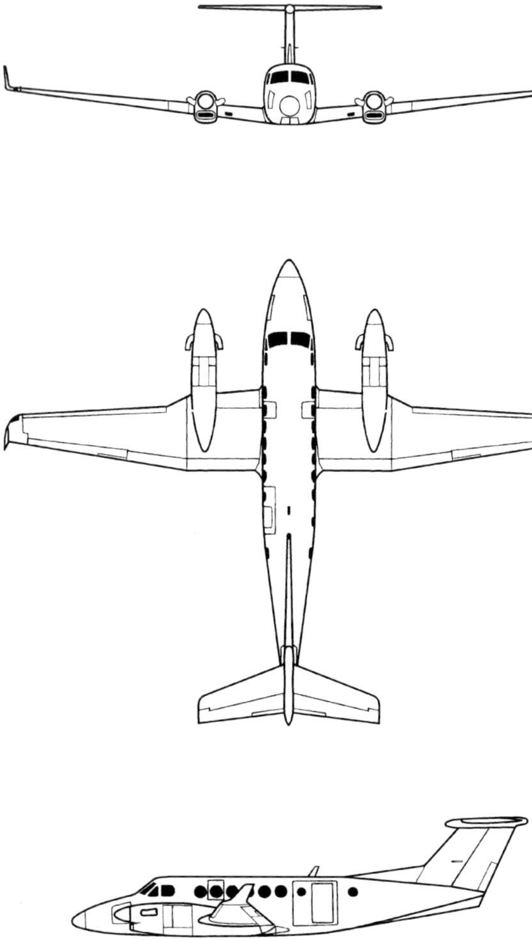

Abmessungen:
Spannweite (C90GTx/250+350i+350ER) 16,36/17,65 m
Länge (C90GTx/250/350i+350ER) 10,82/13,36/14,22 m
Höhe (C90GTx/250/350i+350ER) 4,34/4,52/4,37 m
Flügelfläche (C90GTx/250+350i+350ER) 27,30/28,80 m^2.

BEECHCRAFT KING AIR C90GTX/250/350I

Ursprungsland: USA.
Kategorie: Arbeits-, Firmen- und Mehrzweckflugzeug.
Triebwerke (C90GTx/250/350i): Zwei Propellerturbinen Pratt & Whitney Canada PT6A-135A von je 550 WPS (410 kW), PT6A-52 von je 850 WPS (634 kW) bzw. PT6A-60A von je 1050 WPS (783 kW) Leistung.
Leistungen (C90GTx/250/350i): Höchstgeschwindigkeit 500/574/583 km/h; Reisegeschwindigkeit 385/474/570 km/h; Anfangssteiggeschwindigkeit 9,0/12,4/13,8 m/Sek; Dienstgipfelhöhe 9144/10700/10700 m; Reichweite mit vier Passagieren und mit 45 Min. Reserven 2213/1990/3268 km; (350ER) 4770 km.
Gewichte (C90GTx/250/350i): Leergewichte 3282/3982/4320 kg; max. Startgewichte 4581/5670/6804 kg, (350ER) 7490 kg.
Zuladung (C90GTx/250/350i): Ein bis zwei Mann Cockpitbesatzung und in der Kabine normalerweise sieben/neun Einzelsitze in vis-à-vis-Anordnung, max. jedoch bis zu 9/15 Passagiere; max. Nutzlast 1501/1728/2528 kg, bei vollen Treibstofftanks (C90GTx) 335 kg.
Entwicklungsstand: Seit 1964 befindet sich dieses Muster ununterbrochen in Produktion. Aktuell fliegen über 7200 King Airs in mehr als 20 Varianten. Derzeit werden die Versionen C90GT, B200, 250 und 350 angeboten. Die C90GTx ist seit 2010 erhältlich, die 350i (siehe Dreiseitenriss und Foto) seit 2009. Die neueste Ausführung King Air 250 wird seit Mitte 2011 ausgeliefert. Jährlich werden etwa 80 King Airs gebaut.
Bemerkungen: Die C90GTx King Air verfügt gegenüber der Vorversion C90GTi über Winglets aus Verbundwerkstoff. Damit konnten einige Leistungsdaten verbessert werden wie Nutzlast, Reichweite und spezifischer Kraftstoffverbrauch. Die 350i schließt die lange Reihe von Versionen nach oben ab. Sie stellt derzeit die größte und am besten ausgerüstete Ausführung dar. Neu ist vor allem die Inneneinrichtung. Für längere Strecken ausgelegt ist die King Air 350ER, welche seit 2008 angeboten wird. 2010 lancierte der Hersteller die King Air 250. Dank Winglets, leichteren Propellern aus Verbundwerkstoff und überarbeiteten Triebwerken bietet sie bessere Start- und Landeeigenschaften. Weiterhin werden mehrere militärische Varianten der King Air 350 gebaut, meistens für ELINT/SIGINT-Aufgaben, u. a. in der Version MC-12V für die USAF.
Hersteller: Beechcraft Corporation, Tochtergesellschaft der Textron Inc., Werk Wichita, Kansas, USA.

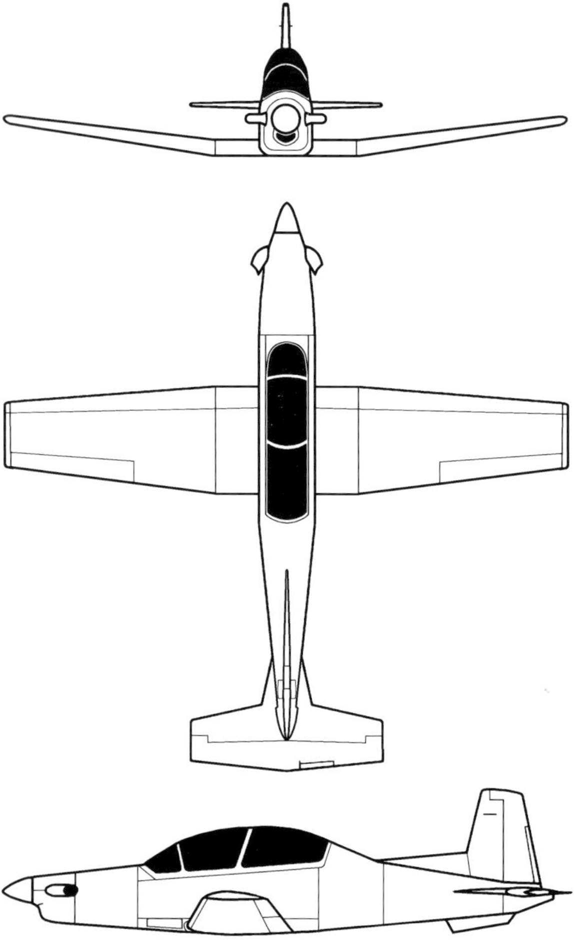

Abmessungen:
Spannweite 10,15 m
Länge 10,14 m
Höhe 3,26 m
Flügelfläche 16,29 m^2.

BEECHCRAFT T-6A/B/C TEXAN II

Ursprungsland: USA/Schweiz.
Kategorie: Zweisitziger Basis- und Fortgeschrittenentrainer.
Triebwerke: Eine Propellerturbine Pratt & Whitney Canada PT6A-68 von 1708 WPS (1275 kW) Leistung, reduziert auf 1100 WPS (820 kW).
Leistungen: Höchstgeschwindigkeit in großen Höhen 575 km/h, auf Meereshöhe 500 km/h, Reisegeschwindigkeit auf 2285 m 426 km/h; Anfangssteiggeschwindigkeit 20,3 m/Sek; Dienstgipfelhöhe 10670 m; Reichweite 1574 km; max. Flugdauer 3 Std.
Gewichte: Leergewicht 2087 kg; max. Startgewicht 2955 kg.
Entwicklungsstand: Der erste Erprobungsträger (eine umgebaute Pilatus PC-9) flog erstmals im September 1992. Darauf stellte Beech zwei weitere Produktionsprototypen her (Erstflug 23. Dezember 1993), gefolgt vom ersten Serienflugzeug am 15. Juli 1998. Die amerikanischen Streitkräfte beschafften insgesamt 773 Maschinen (alle mittlerweile abgeliefert): USAF 454, USN 315, US Army 4 T-6B. Weitere T-6A/B erhielten oder erhalten Griechenland 45, NATO Flying Training (NFTC) 26 T-6A, Irak 16 T-6A, Israel 25 T-6A, Marokko 24 T-6C, Mexikos Luftwaffe 24 T-6C+, Marine 2 T-6C+, Neuseeland 11 T-6C. Die RAF bekommt ab 2019 zehn T-6C. Neuester Besteller: Argentinien 24 T-6C.
Bemerkungen: Die Texan II basiert auf der Pilatus PC-9 (siehe Ausgabe 2008). Rund 70% der Konstruktion wurde jedoch neu definiert. Die wesentlichen Unterschiede sind: Verstärkte Rumpfstruktur und Cockpithaube, Druckkabine, Null-Null-Schleudersitze, neue digitale Elektronik (GPS, MLS, Antikollisionsanzeige, HUD) und Einpunktbetankung. Die T-6A ist Bestandteil eines integrierten Trainingssystems, welches auch Simulatoren und übrige Logistik umfasst. 272 der von der USN geplanten Texan II sind T-6B mit einem integralen Glas-Cockpit, HUD und weiterentwickelter Avionik. Von ihr abgeleitet ist neu die T-6C für den Export im Angebot. Hawker testet derzeit für die USAF eine leichte Erdkampfversion AT-6 Wolverine (ex. Coyote); Erstflug 5. April 2010. Die Zelle weist punktuelle Strukturverstärkungen auf, die Triebwerkleistung ist auf 1600 WPS (1193 kW) erhöht. Unter den Flügeln können Waffen mitgeführt werden. Mit diesem Muster beteiligt sich der Hersteller am OA-X-Wettbewerb der USAF für einen leichten Erdkämpfer.
Hersteller: Beechcraft Corporation, Tochtergesellschaft der Textron Inc., Werk Wichita, Kansas, USA.

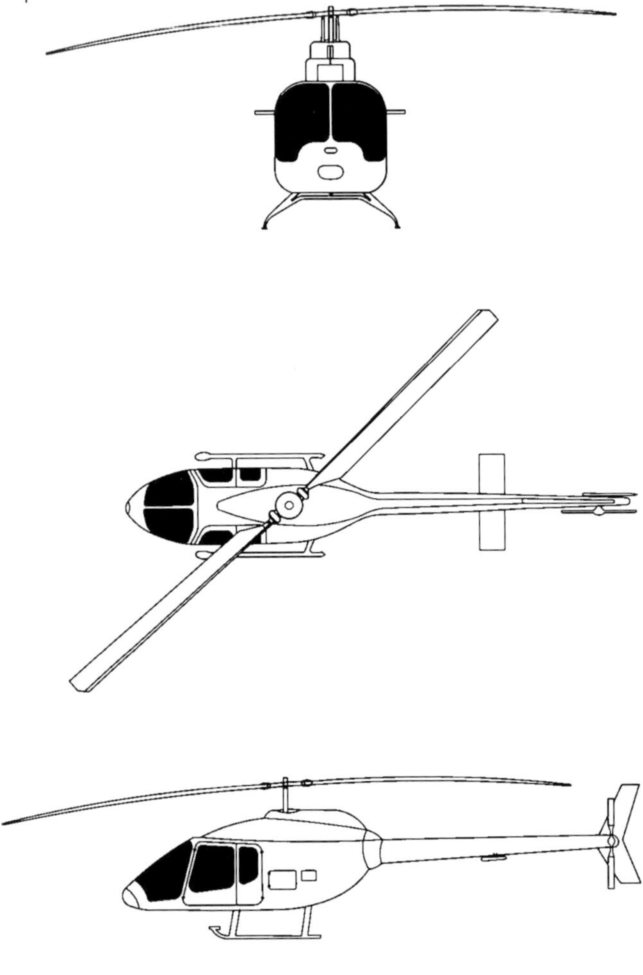

Abmessungen:
Rotordurchmesser 11,28 m
Länge 12,90 m
Höhe 3,25 m.

BELL 505 JET RANGER X

Ursprungsland: USA/Kanada.
Kategorie: Leichthubschrauber.
Triebwerke: Eine Gasturbine Turboméca Arrius 2R von 504 WPS (376 kW) Startleistung.
Leistungen (nach Angaben des Herstellers): Höchstgeschwindigkeit 232+ km/h; Dienstgipfelhöhe 6096 m; Schwebehöhe mit Bodeneffekt 4267 m, ohne Bodeneffekt 3657 m; max. Flugdauer 3,5 Std; Reichweite 630+ km.
Gewichte: Leergewicht 1000 kg; Startgewicht 1670 kg, 2030 kg mit Außenlast.
Zuladung: Ein Pilot und bis zu vier Passagiere; Nutzlast intern 680 kg.
Entwicklungsstand: Ein erster Prototyp startete am 10. November 2014 zum Erstflug. Mittlerweile fliegen drei 505. Bisher sind Bestellungen bzw. Kaufabsichtserklärungen für rund 380 Einheiten eingegangen, 70 davon allein aus der Volksrepublik China. Die ersten Kundenauslieferungen fanden im März 2017 statt.
Bemerkungen: Bell möchte mit der 505 an die früheren kommerziellen Erfolge der JetRanger-Familie anschließen, von der bisher fast 7400 hergestellt wurden. Dieser Leichthubschrauber ist zudem eine Antwort an die Konkurrenten Airbus Helicopters/Eurocopter EC120 und Robinson R66 (siehe Ausgabe 2016). Die Jet Ranger X stellt eine völlige Neukonstruktion dar. Sie verfügt über eine geräumige Kabine und ist dank großflächiger Fenster sehr hell und komfortabel, der Boden völlig eben. Aus welchen Werkstoffen die Zelle hergestellt wird, ist noch nicht bekannt. Ein Teil der dynamischen Komponenten wird von der sich mittlerweile nicht mehr in Produktion befindlichen Bell 206L übernommen, so zum Beispiel der Zweiblattrotor und der Heckrotor. Dank automatischer Triebwerksteuerung und –überwachung soll die Arbeitsbelastung des Piloten auf ein Minimum beschränkt werden. Im Cockpit ist die Garmin G1000-Avionik eingebaut. Es ist davon auszugehen, dass Bell ein mit US$ 1,07 Mio. preisgünstiges Modell sowohl in der Anschaffung wie auch im Betrieb anstrebt. Bell bietet auch eine VIP-Version der Jet Ranger X an, versehen mit einer hochwertigeren Einrichtung.
Hersteller: Bell Helicopter Textron Inc., Canadian Division, Werk Mirabel, Montreal, Kanada.

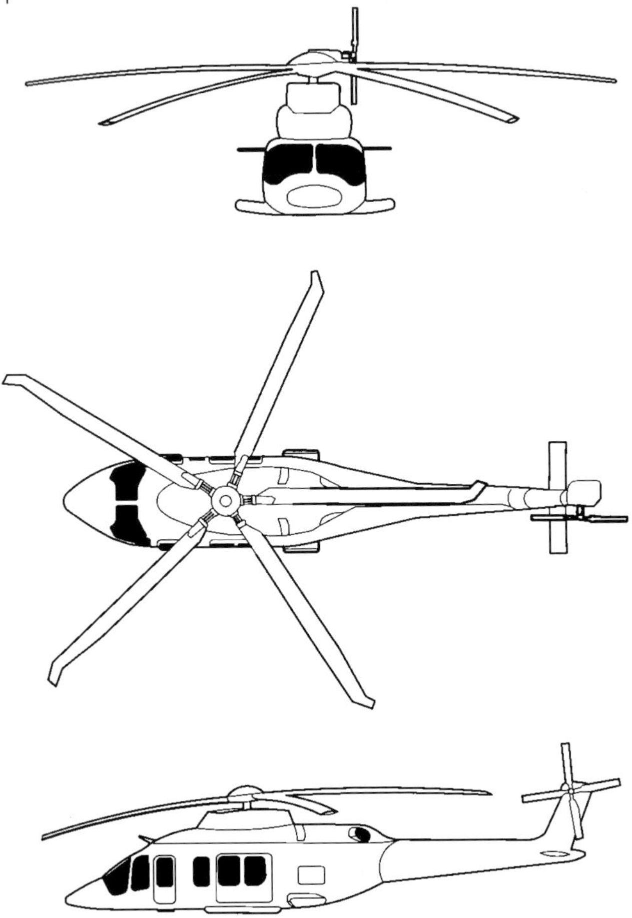

Abmessungen:
Rotordurchmesser 16,70 m
Rumpflänge 16,54 m
Länge bei drehendem Rotor 19,74 m
Höhe über Rotormast 8,31 m.

BELL 525 RELENTLESS

Ursprungsland: USA.
Kategorie: Ziviler Mehrzweckhubschrauber.
Triebwerke: Zwei Gasturbinen General Electric CT7-2F1 von je 1979 WPS (1475 kW) Leistung.
Leistungen (nach Angaben des Herstellers): Höchstgeschwindigkeit 300 km/h; Schwebehöhe mit Bodeneffekt 3414 m, ohne 2621 m; Reichweite mit max. interner Treibstoffzuladung und sechs Passagieren rund 1050 km.
Gewichte: Max. Startgewicht 9299 kg, mit externer Nutzlast 9752 kg.
Zuladung: Zwei Piloten und bis zu 16 Passagiere, bei dichter Bestuhlung bis zu 20 Personen; max. Nutzlast 3700 kg.
Entwicklungsstand: Ein erster von drei Prototypen hat am 1. Juli 2015 die Flugerprobung aufgenommen, ging aber ein Jahr später durch Absturz verloren. Bis August 2017 ruhte die Erprobung, bis die Ursache des Unglücks geklärt wurde. Dadurch verzögern sich die Tests sowie die Auslieferungen an Kunden. Man geht davon aus, dass die ersten Exemplare nicht vor 2019 einsatzbereit sein werden. Bisher sind etwa 60 Einheiten bestellt worden.
Bemerkungen: Nach vielen Jahren Pause lanciert Bell wieder einmal eine völlige Neukonstruktion eines mittelschweren Mehrzweckhubschraubers. Es handelt sich hierbei um das bisher größte Hubschraubermodell des Herstellers. Besonderer Wert wurde darauf gelegt, möglichst alle Mitbewerber bezüglich diversen Kriterien zu schlagen. Im Vordergrund stehen dabei die Leonardo AW189 (siehe Seiten 222/223) und die Airbus Helicopters H175 (siehe Seiten 34/35). So behauptet der Hersteller, dass die 525 bezüglich Sicherheit, Komfort, Verhältnis Nutzlast/Reichweite, Transportvolumen jeweils das klassenbeste Modell darstellt. Der Rumpf besteht aus einer Kombination von Aluminiumlegierungen und Verbundwerkstoffen. Die Inneneinrichtung kann je nach Bedürfnis flexibel gestaltet werden. Im Cockpit ist die digitale Avionik Garmin G5000H™ eingebaut, wobei erstmals in einem zivilen Hubschrauber Touchscreens Anwendung finden. Besonders zu erwähnen ist, dass die 525 über eine Fly-By-Wire-Steuerung verfügt. Der Hauptrotor ist fünfblättrig und soll sehr wenig Vibration auslösen. Bell wird auch eine spezifische SAR-Ausführung anbieten sowie neu auch eine Luxus-Ausführung.
Hersteller: Bell Helicopter Textron Inc., Canadian Division, Mirabel, Montreal, Kanada.

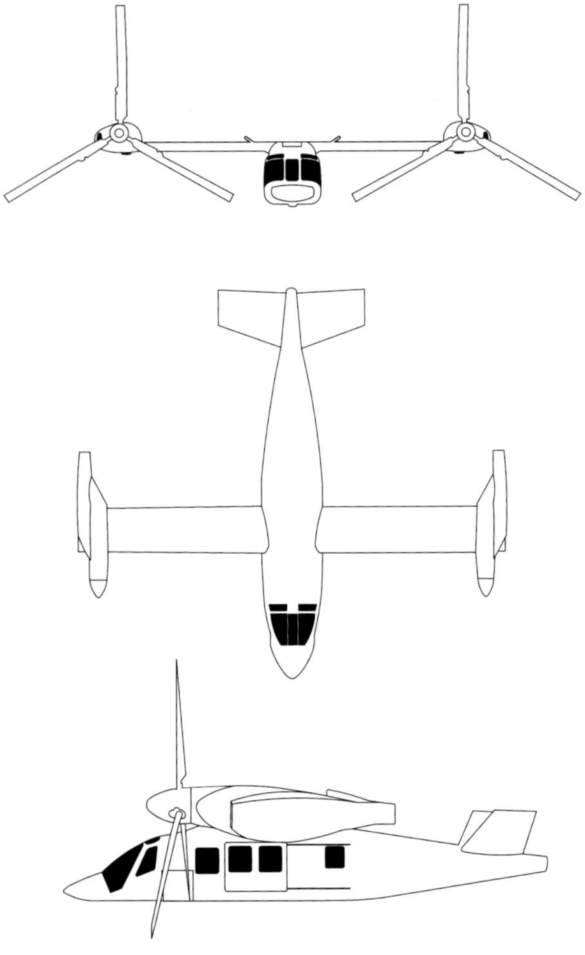

Abmessungen:
Flügel inkl. Triebwerkgondeln 15,20 m
restliche Daten noch unbekannt.

BELL V-280 VALOR

Ursprungsland: USA.
Kategorie: Erprobungsträger für einen mittelschweren Hubschrauber mit Kipprotoren.
Triebwerke: Zwei Propellerturbinen General Electric T64-419 von je ca. 4750 WPS (3540 kW) Leistung.
Leistungen (nach Angaben des Herstellers): Höchstgeschwindigkeit 560 km/h; normale Reisegeschwindigkeit 520 km/h; Gefechtsreichweite zwischen 930 und 1666 km; Überführungsreichweite bis zu 3900 km.
Gewichte: Noch keine Angaben bekannt.
Zuladung: Vier Mann Besatzung und bis zu elf Soldaten; max. Nutzlast 4500 kg.
Bewaffnung: Details über die Bewaffungsmöglichkeiten sind noch nicht bekannt.
Entwicklungsstand: Der Erstflug des ersten von zwei geplanten Prototypen soll anfangs 2018 stattfinden. Erste Vertikalmanöver fanden Mitte Dezember 2017 statt. Dem Sieger aus dem Future-Vertical-Lift Programme-Wettbewerb (FVL) der US Army für einen Nachfolger der Sikorsky UH-60 (siehe Seiten 280/281) bzw. Boeing AH-64 (siehe Seiten 80/81) winkt ein Auftragsvolumen von mehreren Tausend Einheiten.
Bemerkungen: Im Wettbewerb bewirbt sich Bell zusammen mit der Lockheed Martin mit einem Konzept eines Kipprotor-Wandelflugzeugs der dritten Generation. Die V-280 soll eine Vielzahl von Aufgaben abdecken können. Sie basiert auf dem Konzept der Bell V-22 Osprey (siehe Seiten 56/57). Im Gegensatz zu dieser sind die beiden Triebwerke fest in die Flügel eingebaut, während die Rotoren und die Antriebswelle kippfähig konzipiert werden. Die Antriebswelle erstreckt sich über die komplette Spannweite und verbindet beide Rotoren. Sollte eines der Triebwerke ausfallen, kann das noch funktionierende Triebwerk beide Rotoren antreiben. Die V-280 wird ein einziehbares Fahrwerk, ein dreifach redundantes Fly-By-Wire-System und ein V-förmiges Heck haben. Der Flügel besteht aus einem einzigen kohlenstofffaserverstärkten Kunststoffstück. Auch der Rumpf ist vollständig aus Verbundwerkstoffen gebaut. Zum leichteren Beladen sind auf beiden Seiten je eine 180 cm breite Türe vorgesehen. Das Cockpit wird mit einem sog. Single-Screen-Instrument ausgerüstet. Alle gemachten Angaben sind noch als sehr provisorisch zu betrachten.
Hersteller: Bell Helicopter Textron Inc., Fort Worth, Werk Amarillo, Texas, USA.

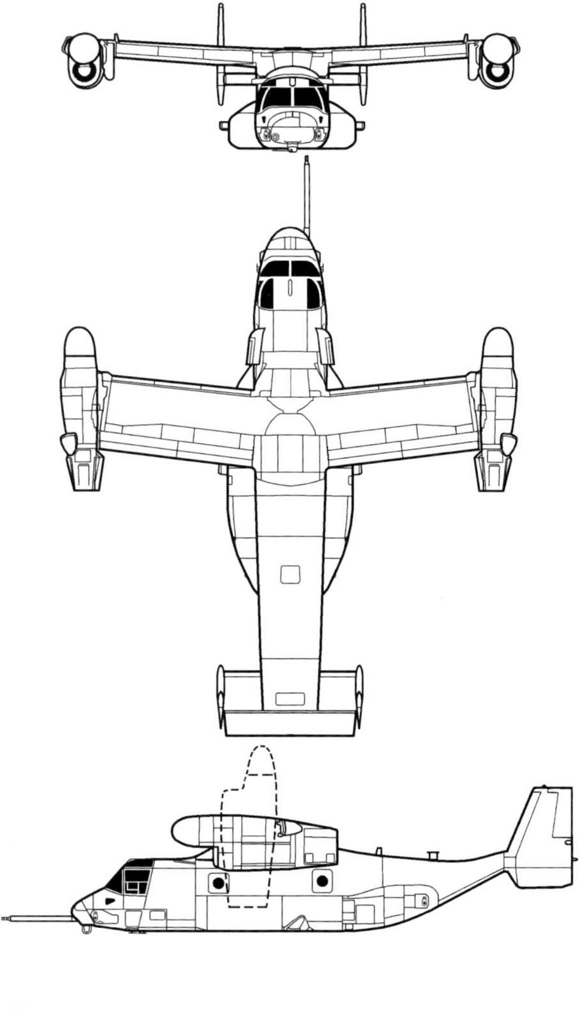

Abmessungen:
Spannweite inkl. Rotoren 25,77 m, ohne 15,52 m
Länge mit gefalteten Rotoren 19,20 m
Rumpflänge alleine 17,47 m
Höhe über alles 6,73 m.

BELL-BOEING V-22B OSPREY

Ursprungsland: USA.
Kategorie: Schwenkrotorflugzeug (MV-22B) als Kampfzonentransporter und (CV-22B) für militärische Spezialeinsätze.
Triebwerke: Zwei Propellerturbinen Rolls Royce AE1107C von je 6150 WPS (4590 kW) Leistung.
Leistungen: Max. Reisegeschwindigkeit als Flächenflugzeug 550 km/h, in Helikopterkonfiguration 185 km/h auf Meereshöhe; max. Geschwindigkeit mit einer Außenlast von 6804 kg 370 km/h; max. Steiggeschwindigkeit im Flugzeugmodus 16,25 m/Sek; Dienstgipfelhöhe 7925 m; Reichweite bei Senkrechtstart und einer Nutzlast von 5443 kg 2224 km, bei Kurzstart und einer Nutzlast von 9072 kg 3336 km; Überführungsreichweite 3892 km.
Gewichte (CV-22B): Rüstgewicht 15032 kg; normales Startgewicht unter VTO-Bedingungen 23855 kg, max. unter STO-Bedingungen 27442 kg.
Zuladung: Drei Mann Besatzung und bis zu 24 ausgerüstete Soldaten oder 12 Tragen für Verletzte plus Sanitäter, max. Nutzlast 9072 kg.
Entwicklungsstand: Der erste V-22-Prototyp nahm die Flugerprobung am 9. März 1989 auf. Bis Ende 2017 sind rund 330 Einheiten hergestellt worden. Die US-Streitkräfte beschaffen: USMC 360 MV-22B, USAF 53 CV-22B für Spezialmissionen. Bis zu 48 als CMV-22B bezeichnete Ospreys erhält die USN als Versorger von Flugzeugträgern. Die Luftwaffe Japans wird bis zu 17 beschaffen, neun davon sind bereits bestellt.
Bemerkungen: Die Osprey gibt es aktuell in drei Ausführungen, den Kampfzonentransporter MV-22B (siehe Foto), die für Spezialeinsätze optimierte CV-22B (siehe Dreiseitenriss) sowie die COD-Version CMV-22B. Von der MV-22 unterscheidet sich die CV-22B hauptsächlich durch zusätzliche Avionik und Kommunikationssysteme. So wurde neu das Terrainfolgeradar Raytheon APQ-186 sowie ein Elektronikabwehrsystem ITT ALQ-211 eingebaut. Zur Erhöhung des Aktionsradius auf 925 km sind in den Flügeln acht zusätzliche Tanks und seitlich am Rumpf zwei Treibstoffbehälter vorhanden. Derzeit prüft man, die V-22 mit neuen Triebwerken und Rotoren auszurüsten. Neben der CMV-22B für die USN erwägt das USMC die Beschaffung einer Tankerversion.
Hersteller: Bell Helicopter Textron Inc., Fort Worth, Texas, und Boeing Helicopter Company, Philadelphia, Werk Amarillo, Texas, USA.

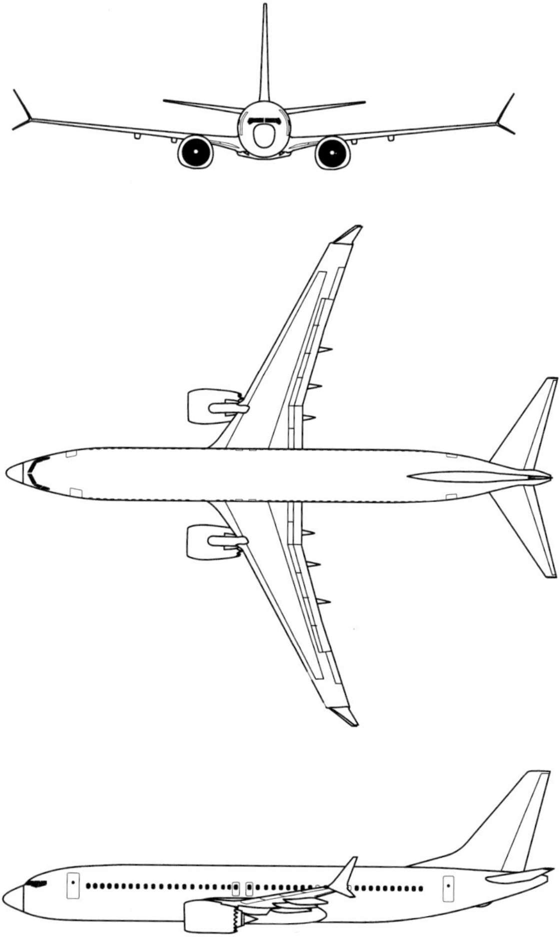

Abmessungen:
Spannweite 35,90 m
Länge (MAX-7/-8/-9/-10) 35,60/39,50/42,20/43,80 m
Höhe 12,30 m, Flügelfläche 124,60 m^2.

BOEING 737MAX-7/-8/-9/-10/MAX BBJ

Ursprungsland: USA.
Kategorie: Kurz- und Mittelstrecken-Verkehrsflugzeug, Businessflugzeug (BBJ).
Triebwerke: Zwei Mantelstromtriebwerke CFM International LEAP-1B von je bis zu 12745 kp (125,00 kN) Standschub.
Leistungen: Höchstgeschwindigkeit Mach 0,82; normale Reisegeschwindigkeit 839 km/h (Mach 0,79), Dienstgipfelhöhe 12500 m; Reichweite (MAX-7) 7084 km, (MAX-8/-9) 6510 km, (MAX-10) 5960 km, (BBJ-7) 13000 km.
Gewichte (MAX-7/-8/-9): Max. Startgewichte 72350/82286/88314 kg.
Zuladung (MAX-7/-8/-9): Zwei Mann Cockpitbesatzung und in normaler Zweiklassenbestuhung je nach Innenausstattung bis zu 138/162/180 Passagiere, maximal jedoch 172/189/220 Personen.
Entwicklungsstand: Die erste MAX-7 startete am 29 Januar 2016 zum Erstflug und wurde ab Mai 2017 in Dienst gestellt. Ende 2017 lagen Aufträge und Optionen für 4306 von über 60 Gesellschaften vor, 74 davon waren abgeliefert. Die Vorgängerversionen der Boeing 737NG wurden in früheren Ausgaben vorgestellt. Zählt man alle früheren Ausführungen hinzu, so sind 14532 Maschinen bestellt und 9864 gebaut worden. Angesichts des hohen Auftragsbestands erhöht Boeing die Monatsproduktion bis 2018 auf 52 Einheiten.
Bemerkungen: Unter der Bezeichnung 737 MAX lancierte Boeing Mitte 2011 eine neue Version. Zentrale Neuerung sind dabei die Triebwerke neuester Technologie. Um diese einzubauen musste das Bugfahrwerk um rund 20 cm erhöht werden. Weiter waren Verstärkungen am Flügelmittelkasten und an den Flügeln sowie neue Triebwerkaufhängungen erforderlich. Zusätzliche Modifikationen betreffen die Aerodynamik, z.B. neue sog. AT-Winglets und die Inneneinrichtung. Alle Maßnahmen zusammen ermöglichen eine namhafte Treibstoffreduktion sowie deutlich bessere Abgas- und Lärmwerte. Eine Unterversion der MAX-8, die MAX200, kann bei besonders dichter Bestuhlung bis zu 200 Passagiere aufnehmen. Die längste Ausführung für bis zu 230 Passagiere stellt die MAX-10 dar. Unter dem Namen BBJ MAX-7/-8/-9 werden auch Businessjet-Versionen angeboten. Eventuell wird von der MAX-7 eine leicht gestreckte Variante speziell für Low-Cost-Gesellschaften gebaut.
Hersteller: The Boeing Company, Commercial Airplane Group, Seattle, Werk Renton, Washington, USA.

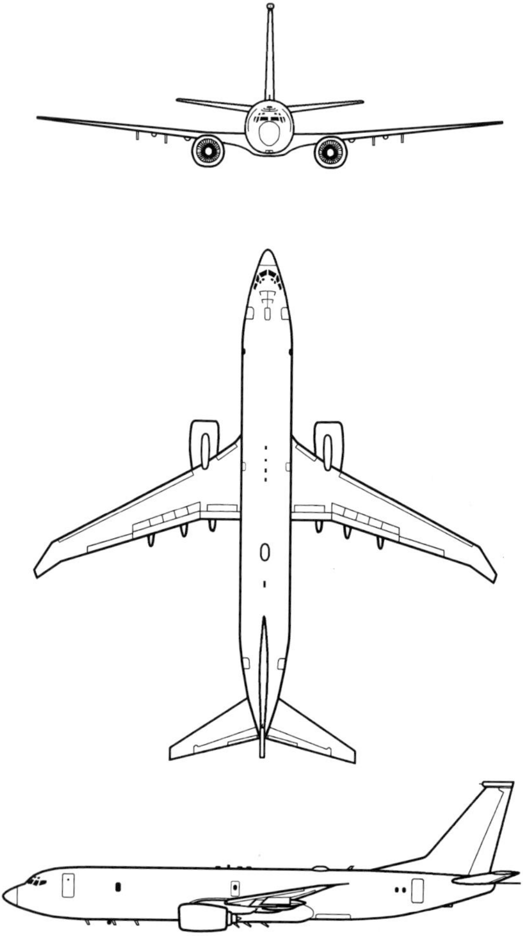

Abmessungen:
Spannweite 37,64 m
Länge 39,47 m
Höhe 12,83 m
Flügelfläche 124,60 m^2.

BOEING P-8A POSEIDON

Ursprungsland: USA.
Kategorie: Langstrecken-Seeaufklärungs- und Angriffsflugzeug.
Triebwerke: Zwei Mantelstromtriebwerke CFM International CFM56-7B27 von je 12469 kp (120,0 kN) Standschub.
Leistungen: Höchstgeschwindigkeit 907 km/h; norm. Reisegeschwindigkeit 789 km/h, Dienstgipfelhöhe 12500 m; max. Aufenthaltsdauer im Zielgebiet 4 Std. 2200 km vom Stützpunkt entfernt.
Gewichte: Rüstgewicht 62700 kg; max. Startgewicht 85130 kg.
Zuladung: Insgesamt eine Besatzung von neun Personen, zwei davon im Cockpit, ein Avionik-Engineer sowie sechs System-Operateure.
Bewaffnung: In einem Waffenschacht sowie unter dem Rumpf und unter den Flügeln kann eine Vielzahl von Waffen mitgeführt werden, so u.a. Bomben, Torpedos, Minen und Lenkwaffen aller Art.
Entwicklungsstand: Der erste von insgesamt drei Prototypen nahm die Flugerprobung am 25. April 2009 auf. Bis Ende 2017 sind rund 60 Poseidons gebaut worden. Die US Navy erhält seit 2013 zwischen 109 und 117 P-8A. Weitere Aufträge gingen ein von: Australien 12, Großbritannien 9, Indien 12 P-8i und Norwegen 5. Neuester Besteller: Voraussichtlich Saudi Arabien.
Bemerkungen: Mit der P-8A Poseidon wird die US Navy die veralteten P-3 Orions ersetzen. Als Ausgangsmuster dient die Boeing 737-800ERX. Die Flügel dagegen stammen von der 737-900, sind aber leicht modifiziert. Die P-8A werden auf der gleichen Produktionsstraße wie die zivilen Muster gefertigt und dann entsprechend umgebaut und ausgerüstet. Der Rumpf ist verstärkt, um die höheren Belastungen aufzufangen. Zur Erfüllung der Aufgaben, u.a. die U-Boot-Jagd, Schiffsbekämpfung und allgemeine Überwachungsmissionen, verfügt der Poseidon über modernste Systeme. Sichtbar davon sind die rund 100 Antennen an Rumpf und Flügeln. Als wichtigstes Element ist das synthetische Breitbandradar APY-10 zu erwähnen. Geprüft werden auch weitere Varianten, so eine für sog. SIGINT-Aufgaben als Ersatz der Lockheed EP-3E Orion. Die US Navy hat einen Bedarf von zwischen 19 und 26 Maschinen.
Hersteller: The Boeing Company, Defense & Space Group, St. Louis, Werk Renton, Washington, Washington, USA.

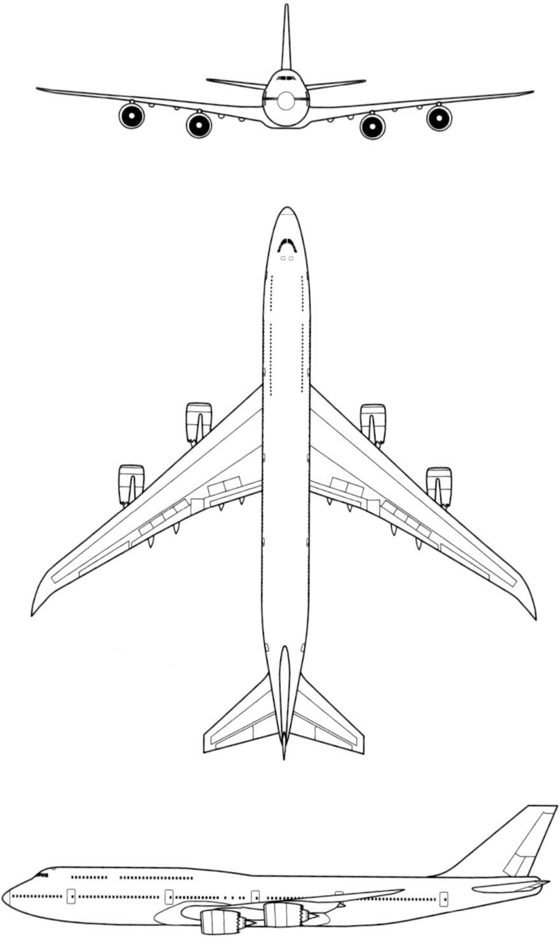

Abmessungen:
Spannweite 68,40 m
Länge 76,30 m
Höhe 19,41 m
Flügelfläche 554,00 m^2.

BOEING 747-8I/-8F

Ursprungsland: USA.
Kategorie: Langstrecken-Passagierflugzeug (-8I) und Frachter (-8F).
Triebwerke: Vier Mantelstromtriebwerke General Electric GEnx-2B67 von je 30163 kp (295,80 kN) Standschub.
Leistungen: Langstrecken-Reisegeschwindigkeit (-8I) 913 km/h (Mach 0,855), (-8F) Mach 0,845; Reichweite mit max. Nutzlast als Frachter 8185 km; Reichweite der 747-8I mit max. Treibstoffzuladung 14815 km.
Gewichte (747-8I/-8F): Rüstgewicht 213000/190900 kg; max. Startgewicht 448000 kg.
Zuladung: Zwei Mann Cockpitbesatzung und (-8I) beispielsweise 467 Passagiere in drei Klassen. Als Frachter (-8F) 140000 kg Nutzlast.
Entwicklungsstand: Der Prototyp der Frachtausführung 747-8F (siehe Foto) startete am 8. Februar 2010 zum Erstflug, gefolgt vom Prototypen der Passagierversion 747-8I (siehe Dreiseitenriss) am 20. März 2011. Von der 747-8F waren bis Ende 2017 89 Einheiten bestellt. Für die 747-8I liegen derzeit folgende Aufträge vor: Lufthansa 19, Air China 7, Korean 10. Acht weitere Maschinen wurden in VIP-Ausführung gebaut. Die Auslieferung des Frachters an den Erstbesteller Cargolux begann im Oktober 2011, jene der Passagierausführung Anfang 2012. Bei einer auf ein Flugzeug pro Monat reduzierten Produktionsrate sind bis Ende 2017 124 Maschinen abgeliefert worden. Zwei Einheiten werden von der USAF für den Presidential Flight beschafft.
Bemerkungen: Boeing lancierte im November 2005 die verlängerte Ausführung 747-8. Der Rumpf der beiden Ausführungen -8I/-8F ist gegenüber der 747-400 um 5,09 m länger, das Abfluggewicht um ca. 40000 kg höher. Die überarbeiteten Tragflächen erhalten anstatt der Winglets neu geformte Flügelspitzen. Zudem erfolgen Verbesserungen primär durch aerodynamische Verfeinerungen an Flügeln und Triebwerkgondeln mit dem Ziel, den Außenlärm zu reduzieren. Nebst bewährten Komponenten der 747-Reihe werden auch mehrere Komponenten von der neuen 787 verwendet, so u. a. die Triebwerke. Damit verfügen die 747-8I bzw. die 8F über wesentlich bessere Leistungsdaten als die Vorgängerversion. Die ab Dezember 2013 ausgelieferten Modelle sind mit leistungsstärkeren Triebwerken ausgerüstet.
Hersteller: The Boeing Company, Commercial Airplane Group, Seattle, Werk Everett, Washington, USA.

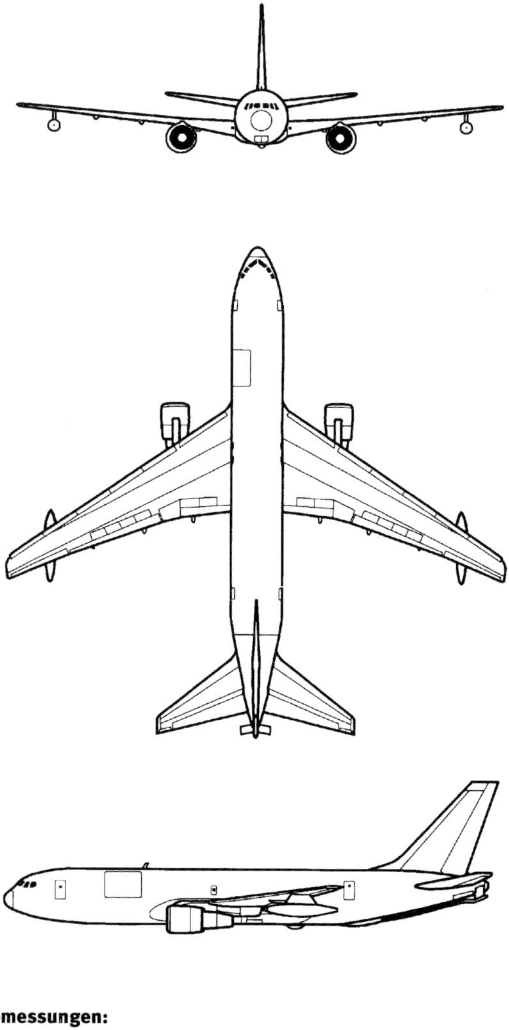

Abmessungen:
Spannweite 48,10 m
Länge 50,50 m
Höhe 15,85 m
Flügelfläche 283,30 m^2.

BOEING KC-46A PEGASUS

Ursprungsland: USA.
Kategorie: Militärischer Tanker und Transporter.
Triebwerke: Zwei Mantelstromtriebwerke Pratt & Whitney PW4062 von je 28712 kp (281,57 kN) Standschub.
Leistungen: Höchstgeschwindigkeit 915 km/h (Mach 0,86); Reisegeschwindigkeit 850 km/h (Mach 0,80); Dienstgipfelhöhe 12200 m; max. Reichweite 12200 km.
Gewichte: Leergewicht 82377 kg; max. Startgewicht 188240 kg.
Zuladung: Zwei Piloten und ein Betankungsoperateur; als Frachter 19 Standardpaletten mit max. 50000 kg, als Tanker eine Zuladung von 124205 l bzw. 92197 kg. Alternativ können auch bis zu 114 Passagiere transportiert werden.
Entwicklungsstand: Die erste E-767T-T/KC-767, noch ohne Tankerausrüstung nahm am 16. Juli 2003 die Flugerprobung auf. Italien und Japan beschaffen je 4 Einheiten. Eine später in die KC-46A umzubauende 767-2C nahm am 28. Dezember 2014 die Flugerprobung auf. Der erste von drei vollständig ausgerüsteten Prototypen flog erstmals am 2. Juni 2015. Die USAF hat einen Erstbedarf von 179 Maschinen angemeldet, bisher sind 34 geordert. Ab Frühjahr 2018 soll die Einsatzfähigkeit erreicht werden. Auch die Luftwaffe Japans hat vier KC-46A bestellt. Die zivile Frachtausführung B767-300(ER)F erfreut sich weiterhin großer Beliebtheit und wird nach wie vor gebaut. Boeing prüft sogar, die Produktionswiederaufnahme der Passagierversion. Von allen zivilen B767-Ausführungen wurden bis Ende 2017 1204 bestellt, 1108 davon abgeliefert.
Bemerkungen: Die veralteten Boeing KC-135 der USAF sollen weitgehend durch die KC-46A ersetzt werden. Als Tanker verfügt das neue Muster über einen Flying Boom unten am Heck und zwei Betankungspods unter den Flügeln. Die Kabine kann sowohl für Passagier- als auch Frachteinsätze ausgelegt werden. Vorne links am Rumpf befindet sich eine große Frachttüre. Bei Einsätzen als fliegende Ambulanz können bis zu 58 Patienten mitgeführt werden. Mehrere heutige B767-Passagier- und Frachtmaschinen werden in Tanker umgebaut. Brasilien und Kolumbien haben beispielsweise solche Einheiten erworben.
Hersteller: The Boeing Company, Boeing Integrated Defense Systems, St. Louis, Missouri, Werke Everett und Wichita, USA.

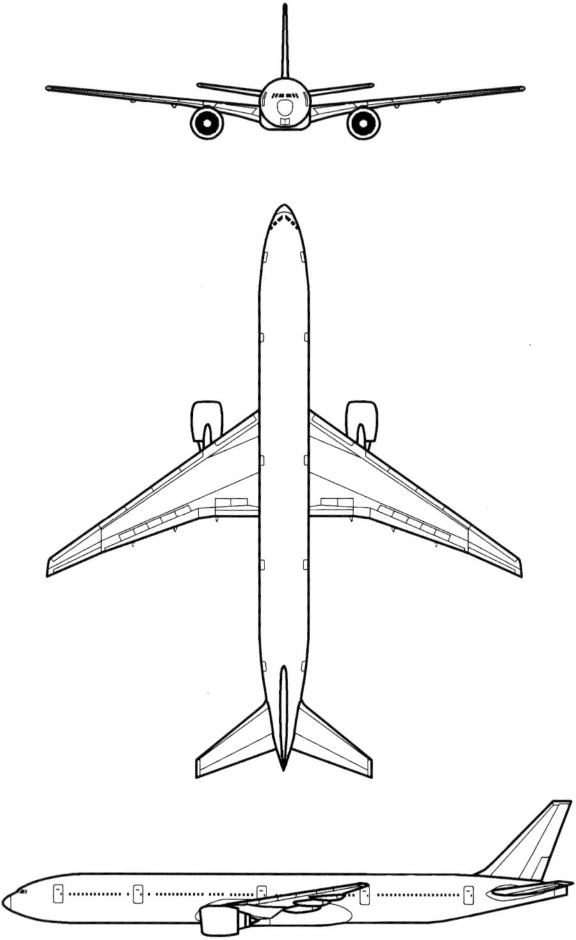

Abmessungen: Spannweite 64,80 m, (777-X) 71,80 m bzw. eingeklappt 64,80 m
Länge (200LR/F) 63,70 m, (300, -ER) 73,90 m, (-8X) 69,50 m, (-9X) 76,30 m
Höhe (300/LR) 18,60 m, (-8/9X) 18,47 m, Flügelfläche (300/LR) 436,80 m², (-9X) 466,80 m².

BOEING 777-300ER/200LR/X

Ursprungsland: USA.
Kategorie: Langstrecken- (777-300ER) bzw. Ultra-Langstecken-Verkehrsflugzeug (777-200LR).
Triebwerke (777-300ER/-200LR): Zwei Mantelstromtriebwerke General Electric GE90-115B/-110B1 von je 52700/49865 kp (519,0/489,0 kN) Standschub.
Leistungen (777-300ER/-200LR): Max. Reisegeschwindigkeit 950 km/h (Mach 0,87); Langstrecken-Reisegeschwindigkeit 895 km/h (Mach 0,84); Dienstgipfelhöhe 13106 m; max. Reichweite 13650/19840 km; 777-8X 17220 bzw. 777-9X 13940 km.
Gewichte (777-300ER/-200LR): Rüstgewicht 169135/156635 kg; max. Startgewicht 351734/347800 kg, (777-9X) 351534 kg.
Zuladung (777-300ER/-200LR): Zwei Piloten und in normaler Dreiklassenbestuhlung 365/301, max. mit Economy-Einrichtung 550/440 Passagiere; max. Nutzlast 69853/63957 kg; 777-8X 349 bzw. 777-9X 414 in Dreiklassenbestuhlung.
Entwicklungsstand: Die erste 777-300ER nahm die Flugerprobung am 24. Februar 2003 auf, gefolgt von der 777-200LR am 8. März 2005. Der Frachter 777-200F flog erstmals am 14. Juli 2008. Von allen 777-Varianten sind bis Ende 2017 1962 bestellt worden. Im Juli 2017 wurde die 1500. B777 abgeliefert. Bereits sind für die B777X Aufträge über 326 (777-8: 53, 777-9: 263 + Optionen) Einheiten eingegangen, darunter von Emirates, Lufthansa usw. Der Erstflug ist für 2019 geplant, die Indienststellung für 2020 vorgesehen. Angesichts einer Bestellungsflaute wurde die Produktionsrate vorübergehend auf monatlich fünf Einheiten reduziert.
Bemerkungen: Derzeit baut Boeing nur noch die Ultra-Langstrecken-Version 777-200LR, den davon abgeleiteten Frachter 777F (siehe Ausgabe 2011) sowie die verlängerte 777-300ER. Als deren Nachfolger entwickelt der Hersteller die Ultralangstrecken-Version 777-8X sowie die verlängerte 777-9X. Im Wesentlichen sind folgende Verbesserungen vorgesehen: Ein neuer fast 20 % größerer Flügel aus Verbundwerkstoffen, dessen Spitzen klappbar sind, schwächere Triebwerke GE9X neuester Generation mit einer Leistung von 45359 kp (444,80 kN) und weitere aerodynamische Verbesserungen. Damit erhofft man sich eine deutliche Verbesserung der Wirtschaftlichkeit. Die Avionik wird weitgehend jener der B787 entsprechen.
Hersteller: The Boeing Company, Commercial Airplane Group, Seattle, Werk Everett, Washington, USA.

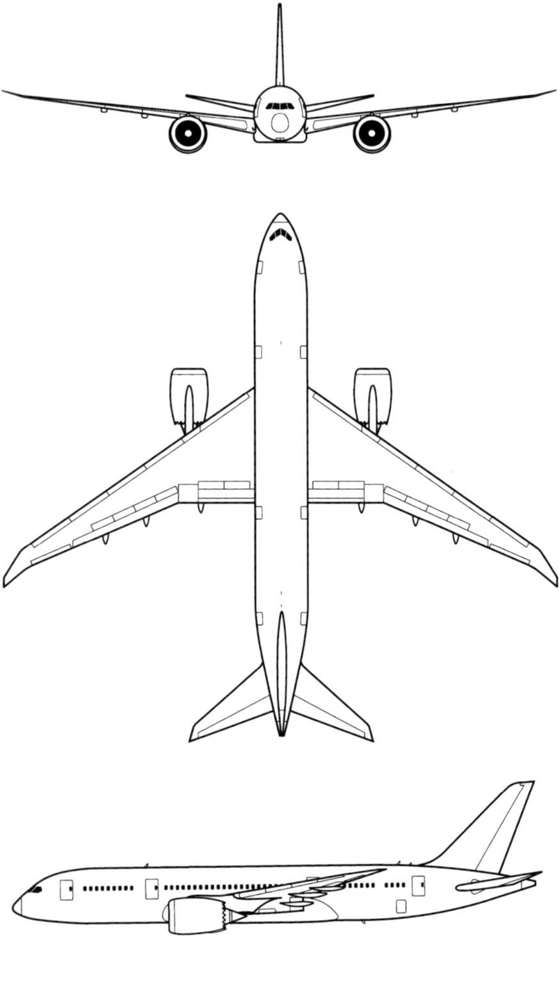

Abmessungen (787-8/-9/-10):
Spannweite 60,12 m
Länge 56,72/62,81/68,30 m
Höhe 16,92/17,02 m
Flügelfläche 361 m^2.

BOEING 787-8/-9/-10 DREAMLINER

Ursprungsland: USA.
Kategorie: Mittel- bis Langstrecken-Verkehrsflugzeug.
Triebwerke: Zwei Mantelstromtriebwerke General Electric GEnx-1B oder Rolls-Royce Trent 1000 von je zwischen 25000 und 32000 kp (244 bis 311 kN) Leistung.
Leistungen: Reisegeschwindigkeit 913 km/h (Mach 0,85); Reiseflughöhe 13100 m; Reichweite bei voller Zuladung (787-8) 11000 km, max. Reichweite (787-8) 13620 km, (787-9) 14140 km, (787/10) 12964 km.
Gewichte: Rüstgewicht (787-8) 111493 kg; max. Startgewicht (787-8) 227930 kg, (787-9/-10) 252651 kg, (787-10) 250860/252651 kg.
Zuladung: Zwei Mann Cockpitbesatzung und (787-8/-9/-10) in Dreiklassenbestuhlung 217/257/300 Passagiere, bei Einheitsklasse 230/300/330 Passagiere.
Entwicklungsstand: Der Erstflug der 787-8 fand am 15. Dezember 2009 statt. Die Ablieferungen an den Erstbesteller ANA begannen im November 2011. Bis Ende 2017 sind Aufträge für 1294 Einheiten eingegangen (787-8 418, 787-9 705, 787-10 171). 636 davon waren abgeliefert, monatliche Produktion derzeit 12 Einheiten. Die Ausführung 787-9 hatte am 17. September 2013 den Erstflug, Beginn des kommerziellen Einsatzes im Juli 2014. Die neueste Ausführung 787-10 nahm am 31. März 2017 die Flugerprobung auf.
Bemerkungen: Mit der Familie 787 Dreamliner lancierte Boeing eine neue Generation von Verkehrsflugzeugen. Zwei Neuerungen sind dabei zentral: Der erhöhte Passagierkomfort und die Wirtschaftlichkeit. So ist der Passagierraum besonders attraktiv gestaltet. Nebst bequemen Stühlen mit mehr Sitzabstand fallen die großen Fenster auf. Durch ein Bündel von Maßnahmen, vor allem aber durch zukunftsweisende Technologien, wurden bezüglich Wirtschaftlichkeit und Ökologie neue Bestwerte erreicht. Erstmals stellt man bei einem so großen Flugzeug den Rumpf vollständig aus Verbundwerkstoffen her. Die Triebwerke zeichnen sich vor allem durch einen hohen Wirkungsgrad, einfache Wartung und geringen Lärm aus. Bei einer typischen Auslastung ist der Treibstoffverbrauch pro Person, gemessen an der zurückgelegten Distanz, drei Mal geringer als bei einem Personenwagen. Auch eine Businessjetversion 787BBJ ist im Angebot, zwei davon wurden bisher abgeliefert.
Hersteller: The Boeing Company, Commercial Airplane Group, Seattle/Chicago, Werke Everett, Washington und Charleston, South Carolina, USA.

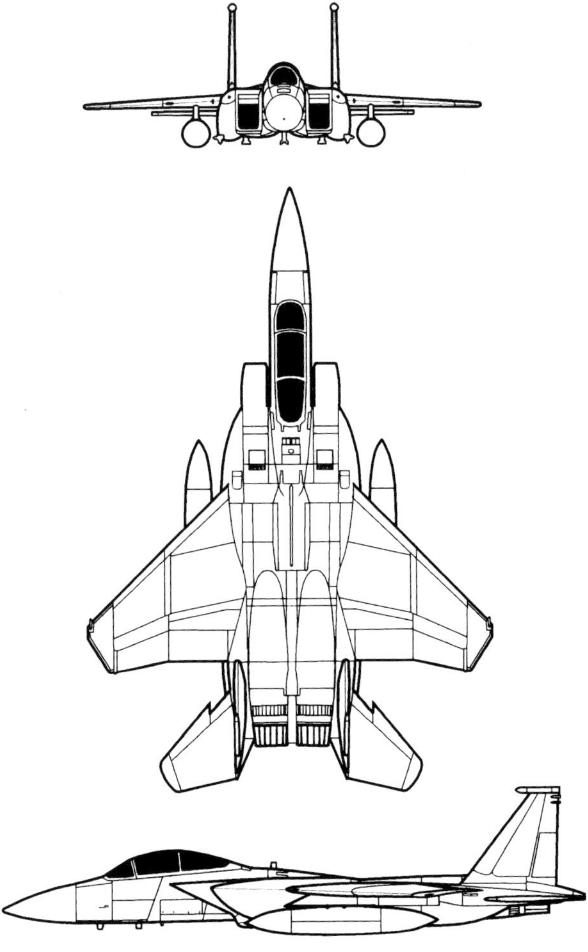

Abmessungen:
Spannweite 13,05 m
Länge 19,45 m
Höhe 5,65 m
Flügelfläche 56,50 m².

BOEING F-15E/K/SG EAGLE

Ursprungsland: USA.
Kategorie: Zweisitziger Luftüberlegenheitsjäger und Erdkämpfer.
Triebwerke: Zwei Mantelstromtriebwerke (F-15E) Pratt & Whitney F100-PW-229 bzw. (F-15K) General Electric F-110-GE-129 von je 8073 kp (79,20 kN) Standschub ohne und 13200 kp (129,40 kN) mit Nachbrenner.
Leistungen: Kurzzeitig erreichbare Spitzengeschwindigkeit 2698 km/h oder Mach 2,54 auf 12190 m; länger dauernde Höchstgeschwindigkeit 2443 km/h oder Mach 2,4 auf 12190 m; Dienstgipfelhöhe 18300 m; max. Aktionsradius 1270 km; Überführungsreichweite mit Zusatztanks 4445 km.
Gewichte: Rüstgewicht 14379 kg; max. Startgewicht 36741 kg.
Bewaffnung: Eine sechsläufige 20-mm-Revolverkanone M61A1 und bis zu 10500 kg Außenlasten (Erdkampf) bzw. je vier Luft-Luft-Lenkwaffen AIM-7F Sparrow und AIM-9L Sidewinder oder bis zu acht AIM-120 (Luftüberlegenheitsseinsatz).
Entwicklungsstand: Die erste F-15E begann mit den Testflügen am 11. Dezember 1986. Ablieferungen in einer Stückzahl von 245 an die USAF ab 1988. Der F-15E ähnliche Ausführungen bestellten Israel 25 F-15I und Saudi Arabien 72 F-15S (Beschreibung siehe Ausgabe 2002). Südkorea erhielt 60 F-15K, Singapore 40 F-15SG. Saudi Arabien beschafft weitere 84 der Ausführung F-15SA. Von allen F-15-Versionen sind insgesamt gegen 1600 Einheiten gebaut worden. Überraschend wurde Ende 2016 ein neuer Großauftrag von Qatar für vorläufig 36, später 72 F-15QA angekündigt, welcher die Produktion dieses Typs bis 2020 sicherstellen wird.
Bemerkungen: Die Ausführung F-15K für Südkorea unterscheidet sich vom Ausgangsmuster F-15E u. a. durch neue Triebwerke, neues Cockpit, verbesserte Sensoren und Avionik. Das ebenfalls neue APG-63V1 oder V-2-Radar erlaubt, bewegte Ziele auf dem Land wie auch im Meer zu verfolgen. Die Ablieferungen begannen 2005. Derzeit baut Boeing nur die auf der F-15K basierende Variante F-15SG (früher F-15T genannt), die mit einer neuen AESA-Version des APG-63-Radars ausgerüstet ist. Im Rahmen eines Modernisierungsprogramms erhalten rund 225 F-15E der USAF ein neues AESA-Radar APG-82. Die Abfangjägerausführung F-15C wird teilweise mit diesem Radar ausgerüstet.
Hersteller: The Boeing Company, Defence & Space Group, Seattle, Washington, Werk St. Louis, Missouri, USA.

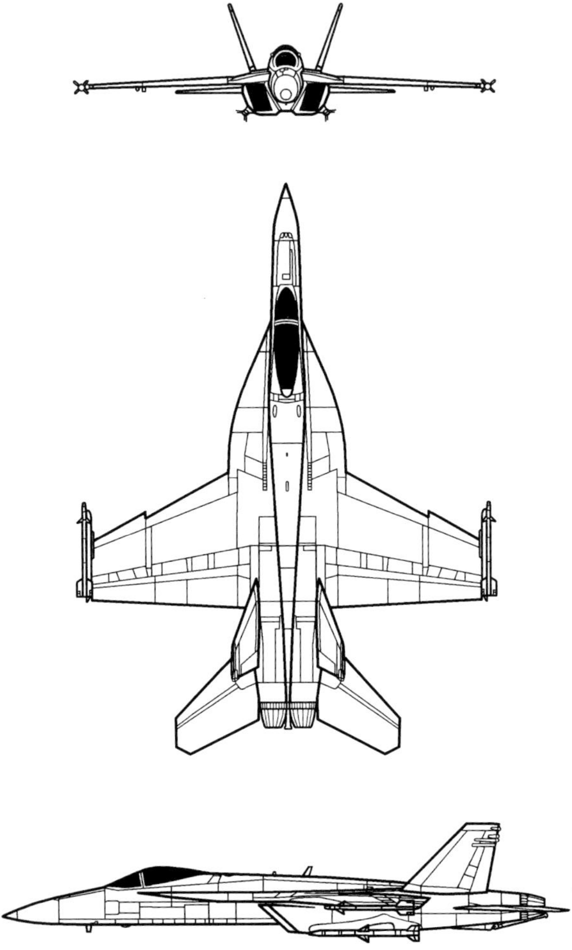

Abmessungen:
Spannweite 13,70 m
Länge 18,40 m
Höhe 4,88 m
Flügelfläche 46,45 m^2.

BOEING F/A-18E/F SUPER HORNET

Ursprungsland: USA.
Kategorie: Einsitziges und zweisitziges bord- und landgestütztes Mehrzweckkampfflugzeug.
Triebwerke: Zwei Mantelstromtriebwerke General Electric F414-GE-400 von je 6470 kp (63,4 kN) Standschub ohne und 9978 kp (97,86 kN) mit Nachverbrennung.
Leistungen: Höchstgeschwindigkeit auf optimaler Höhe Mach 1,8+; Dienstgipfelhöhe 15240 m; Radius als Abfangjäger mit je zwei Luft-Luft-Lenkwaffen Sidewinder und AMRAAM 760 km, bei Tiefangriffseinsätzen mit vier 450-kg-Bomben, zwei Sidewinders und zwei 1818-l-Außentanks (hoch-tief-tief-hoch) 722 km.
Gewichte (F/A-18E/F): Leergewicht 14580/14905 kg; norm. Startgewicht 23541 kg, max. 29964 kg.
Bewaffnung: Eine 20-mm-Revolverkanone M61A2 und eine Waffenlast verschiedenster Auslegung von 8050 kg.
Entwicklungsstand: Der erste Prototyp flog erstmals am 29. November 1995. Bisher beschaffte die USN 563 Maschinen, aufgeteilt in 292 F/A-18E und 271 F/A-18F. Über 550 davon sind bereits produziert. Australien erhielt 24 F/A-18F Block II Super Hornets. Neueste Bestellungen: Kuwait 40, USN Nachbestellung von 24 Einheiten, später eventuell bis zu 80 Hornets. Der Auftrag von Kanada über 18 FA-18E/F ist im Moment in der Schwebe. Ein Erprobungsmuster der Advanced Super Hornet flog erstmals am 5. August 2013.
Bemerkungen: Die F/A-18E/F Super Hornet ist eine leistungsfähigere Weiterentwicklung der F/A-18C/D Hornet. Die Hauptflügel sind größer, der Rumpf wurde um eine zusätzliche Sektion von 86 cm verlängert. Rund ein Drittel der Zelle besteht aus Verbundwerkstoffen, vorwiegend Karbonfaser. Die Triebwerkeinläufe sind rechteckig gestaltet. Gegenüber dem Ausgangsmuster ist die Super Hornet um rund 25% größer. Im Übrigen sind alle Konturen möglichst reflektionsarm ausgelegt, um die Radarsignatur klein zu gestalten. Dank um rund 35% stärkeren Triebwerken und einer um einen Drittel erhöhten Treibstoffkapazität resultieren in allen Bereichen wesentlich bessere Flugleistungen und insbesondere eine deutlich erhöhte Reichweite. Alle ab 2005 gebauten Super Hornets erhalten in einer neu konfigurierten Rumpfnase das wesentlich leistungsfähigere Radar vom Typ APG-79 AESA. Ein Erprobungsträger einer „Stealth"-Weiterentwicklung Advanced Super Hornet der F/A-18F mit stärkeren Triebwerken, rumpfkonformen Waffen-Zusatzbehältern und Zusatztanks, Infrarot-Such- und Verfolgungssensor usw. wird weiterhin erprobt.
Hersteller: The Boeing Company, Defence & Space Group, Seattle, Washington, Werk St. Louis, Missouri, USA.

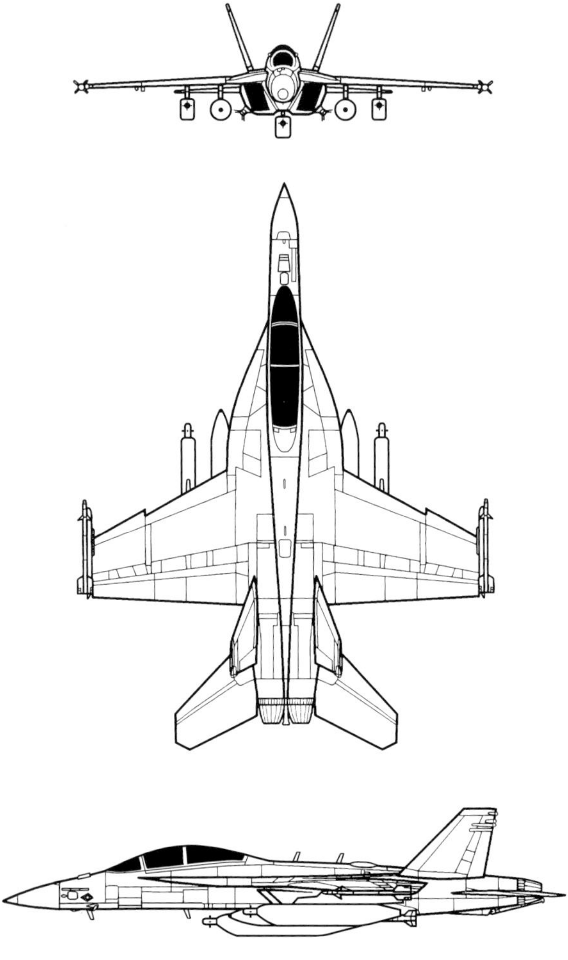

Abmessungen:
Spannweite 13,70 m
Länge 18,40 m
Höhe 4,88 m
Flügelfläche 46,45 m^2.

BOEING EA-18G GROWLER

Ursprungsland: USA.
Kategorie: Zweisitziges bord- und landgestütztes Elektronikkampfflugzeug.
Triebwerke: Zwei Mantelstromtriebwerke General Electric F414-GE-400 von je 6470 kp (63,4 kN) Standschub ohne und 9978 kp (97,86 kN) mit Nachverbrennung.
Leistungen: Höchstgeschwindigkeit auf optimaler Höhe Mach 1,8+; max. Reisegeschwindigkeit Mach 0,95; Dienstgipfelhöhe 15240 m; Radius als Abfangjäger mit je zwei Luft-Luft-Lenkwaffen Sidewinder und AMRAAM 760 km, bei Tiefangriffseinsätzen mit vier 450-kg-Bomben, zwei Sidewinders und zwei 1818-l-Außentanks (hoch-tief-tief-hoch) 722 km.
Gewichte: Leergewicht 15010 kg; max. Startgewicht 29964 kg.
Bewaffnung: An insgesamt neun Aufhängepunkten unter den Flügeln und unter dem Rumpf bis zu fünf ALQ-99/-218/-227-Störbehälter, Zusatztanks oder AGM-88-HARM-Radarabwehr-Lenkwaffen.
Entwicklungsstand: Der erste von zwei Prototypen der EA-18G nahm die Flugerprobung am 16. August 2006 auf, gefolgt vom ersten Serienflugzeug im September 2007. Die USN stockte 2015 mit einer weiteren Nachbestellung die Gesamtbestellung auf mittlerweile 156 Einheiten auf. Insgesamt werden 10 Staffeln gebildet, die erste erlangte im Oktober 2009 die Einsatzbereitschaft. Im Mai 2014 wurde die 100. Growler der USN übergeben. Australien erwarb ebenfalls 12 EA-18G Growler.
Bemerkungen: Die EA-18G basiert auf der zweisitzigen Variante der F/A-18F. Ihre Hauptaufgabe ist die Bekämpfung von Radar-/Flabanlagen und anderen Verteidigungseinrichtungen in einem modernen Kampfumfeld mit elektronischen Störmitteln (sog. SEAD-Kapazität, **S**uppression of **E**nemy **A**ir **D**efence). Die ersten Maschinen des Blocks I werden mit folgenden Behältern ausgerüstet: Empfänger-System ALQ-218(V2), ALQ-227 zur Bekämpfung der Kommunikations-Einrichtungen sowie Störsystem im Nieder- und Hochfrequenzbereich ALQ-99. Im Übrigen behält die EA-18G die gleiche Einsatz- und Waffenkapazität wie die F/A-18F bei. Spätere Beschaffungsblocks erhalten weiter entwickelte Systeme, so u.a. eines zur Egalisierung gegnerischer Gegenmaßnahmen, so dass die Freund-Feind-Erkennung und die Kommunikation in der Angriffsphase jederzeit aufrechterhalten bleiben können.
Hersteller: The Boeing Company, Defence & Space Group, Seattle, Washington, Werk St. Louis, Missouri, USA.

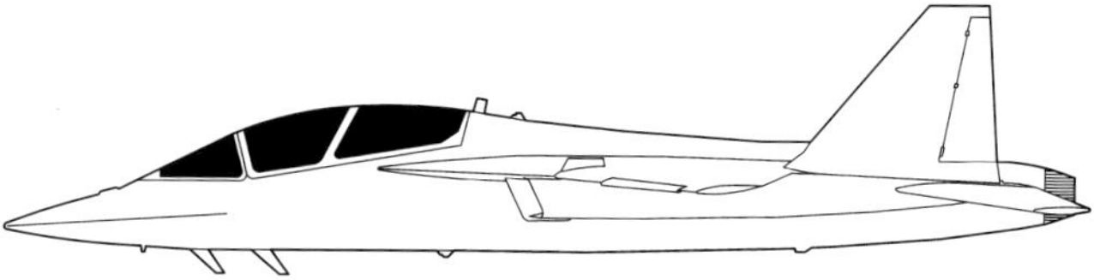

Abmessungen:
Noch keine Angaben erhältlich.

BOEING T-X

Ursprungsland: USA/Schweden.
Kategorie: Zweisitziger Fortgeschrittenentrainer.
Triebwerke: Ein Strahltriebwerk General Electric F404 mit einer Leistung von 5000 kp (49 kN) ohne bzw. 8000 kp (79 kN) mit Nachbrenner.
Leistungen: Der Hersteller hat bisher noch keine Leistungsdaten bekanntgegeben.
Gewichte: Noch keine Angaben erhältlich.
Bewaffnung: Noch keine Angaben erhältlich.
Entwicklungsstand: Der erste von zwei seriennahen Prototypen nahm die Flugerprobung am 21. Dezember 2016 auf, gefolgt vom zweiten am 25. April 2017. Mit diesem Typ bewirbt sich Boeing für den T-X-Wettbewerb der USAF für die Nachfolge der Northrop T-38 Talon. Rund 350 Einheiten sollen beschafft werden. Der Typenentscheid wird für Mitte 2018 erwartet.
Bemerkungen: Über diesen Typen, welcher überraschend Ende 2016 vorgestellt wurde, gibt es bisher nur sehr wenige Angaben. Bei der Boeing T-X handelt es sich um einen in Zusammenarbeit mit der schwedischen Saab vollständig neu entwickelten Fortgeschrittenentrainer. Dabei sind aber Elemente der Saab Gripen (siehe Seiten 270/271) eingeflossen. Die T-X ist, wie heute üblich, Teil eines gesamten Training-Systems, basierend einerseits auf dem Flugzeug aber auch auf Bodensystemen, wie Simulatoren. Gemäß dem Hersteller sind die neuesten Systeme eingebaut und beim Bau sollen die modernsten Produktionsmethoden zur Anwendung kommen. Dank nur eines Triebwerks und weiteren technologischen Neuerungen soll die T-X sehr wartungsfreundlich und wirtschaftlich betrieben werden können. Die beiden Prototypen sollen der Serienausführung schon weitgehend entsprechen.
Hersteller: Boeing Defence, USA und Saab AB, Schweden, Produktionsstandort in den USA noch offen.

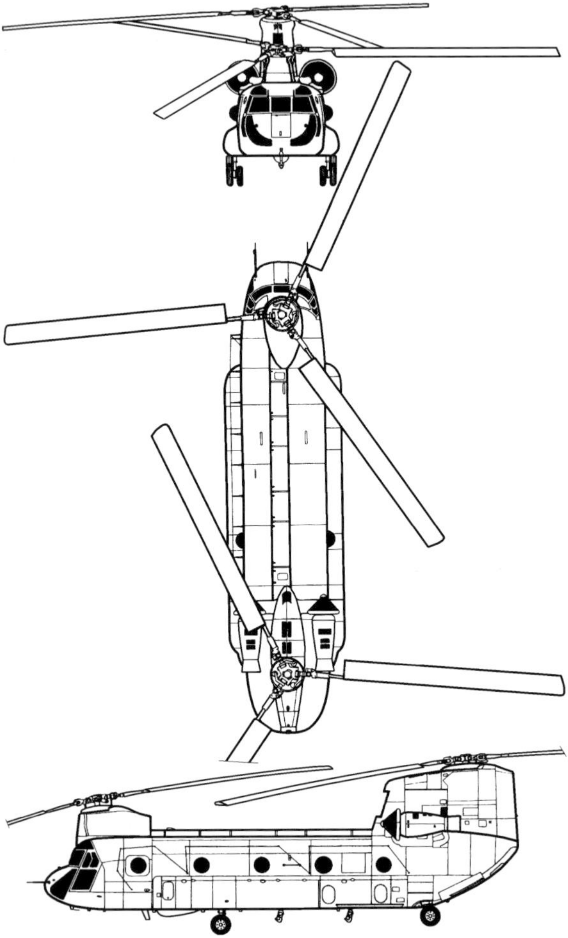

Abmessungen:
Durchmesser jedes der beiden Rotoren 18,29 m
Rumpflänge 15,84 m
Rumpfhöhe ohne Rotor 5,20 m.

BOEING CH-47F CHINOOK

Ursprungsland: USA.
Kategorie: Schwerer Transporthubschrauber.
Triebwerke: Zwei Gasturbinen Honeywell T55-714A von je 4733 WPS (3529 kW) Leistung.
Leistungen: Höchstgeschwindigkeit 298 km/h auf Meereshöhe; Durchschnittsgeschwindigkeit 245 km/h; max. Schrägsteiggeschwindigkeit 9,38 m/Sek; Schwebehöhe mit Bodeneffekt 1837 m, ohne Bodeneffekt 1675 m; max. Flughöhe 6030 m; max. Einsatzradius 600 km; Überführungsreichweite 1902 km.
Gewichte: Leer 11550 kg; norm. Startgewicht 22688 kg.
Zuladung: Zwei Piloten und 45 Personen; als Ambulanzhubschrauber 24 Patienten plus zwei Sanitäter. Max. 11340 kg Außenlasten, (Block 2) 12000 kg.
Entwicklungsstand: Der Erstflug der neuesten Ausführung CH-47SD fand am 25. August 1999 statt. Im Juli 2006 wurden die ersten Serienhubschrauber der US Army übergeben, insgesamt werden 464 CH-47F beschafft. Bei rund der Hälfte handelt es sich um neue Hubschrauber, die restlichen sind Umbauten aus der Version CH-47D. Weitere Besteller dieser Ausführung: Australien 10, Großbritannien 22, Indien 15, Indonesien 4, Italien 16 (+ 4 Optionen), Kanada 15, Niederlande 20, Türkei 11 und UAE 22. Neueste Besteller: Saudi Arabien 48, Singapore 10.
Bemerkungen: Die CH-47SD (= „**S**uper" **D**) ist eine wesentlich weiterentwickelte Ausführung. Das Äquivalent der US Army heißt CH-47F und flog erstmals am 25. Juni 2001. Die wichtigsten Neuerungen sind: Stark verbesserte Avioniksysteme mit einem MIL-STD-1553-Databus und ein voll integriertes Glascockpit, welches für NVG-Einsätze geeignet ist. Die Triebwerke erzeugen eine um rund 22% höhere Leistung. Zudem werden größere Treibstofftanks eingebaut. Zur Erhöhung der Lebensdauer und zur Senkung des Vibrationspegels ist die Zelle verstärkt und versteift. Schließlich gelangen neue Elastomerlager an den Rotorköpfen zur Anwendung. Damit steigt die Zuverlässigkeit und sinkt der Wartungsaufwand. Die Version F wird weiterentwickelt. So soll eine Block 2-Version dank neuen Rotorblättern aus Verbundwerkstoff ein auf 24000 kg erhöhtes Abfluggewicht zulassen. Auch neue stärkere Triebwerke sind in Prüfung.
Hersteller: The Boeing Company, Helicopters Division, Philadelphia, Pennsylvania, USA.

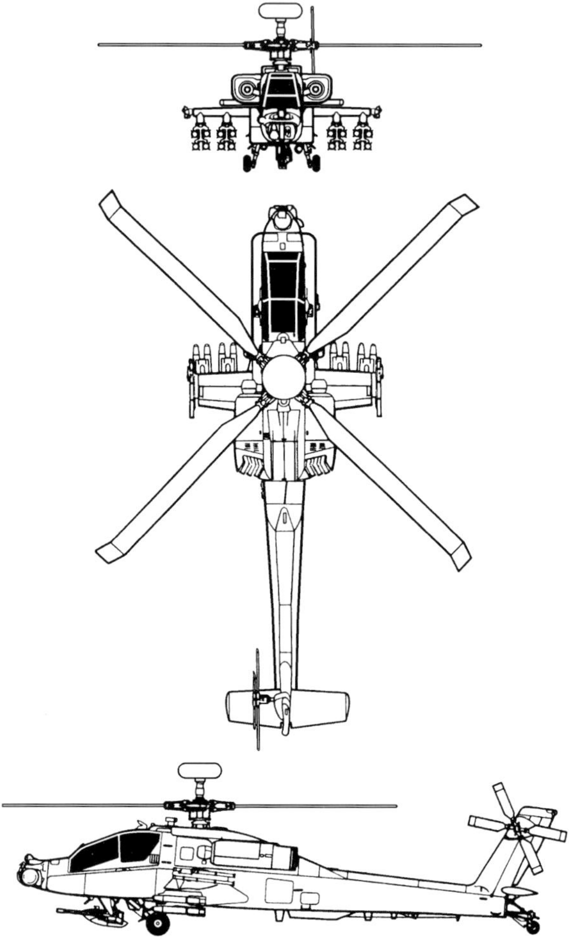

Abmessungen:
Rotordurchmesser 14,63 m
Rumpflänge 14,70 m
Höhe inkl. Mastvisier 4,90 m.

BOEING AH-64E APACHE GUARDIAN

Ursprungsland: USA.
Kategorie: Zweisitziger Kampf- und Aufklärungshubschrauber.
Triebwerke: Zwei Gasturbinen General Electric T700-701D von je 1994 WPS (1500 kW) Leistung.
Leistungen (AH-64D Block II bei 6552 kg): Höchstgeschwindigkeit 296 km/h; typische Einsatzgeschwindigkeit bei 7158 kg 272 km/h; max. Schrägsteiggeschwindigkeit 12,7 m/Sek; Schwebehöhe mit Bodeneffekt 5246 m, ohne Bodeneffekt 4124 m; Aktionsradius mit max. interner Treibstoffzuladung 407 km, Überführungsreichweite 1701 km.
Gewichte: Leergewicht 5165 kg; max. Startgewicht 10433 kg.
Bewaffnung: Eine einläufige 30-mm-Kanone unter dem Vorderrumpf sowie bis zu 16 lasergelenkte Hellfire-Panzerabwehrraketen oder 76 ungelenkte 70-mm-Raketen. Als Defensivbewaffnung können Luft-Luft-Lenkwaffen wie Stinger, Sidewinder oder Mistral mitgeführt werden.
Entwicklungsstand: Die neueste Ausführung AH-64E fliegt seit 4. Dezember 2009. 634 bestehende AH-64D (siehe Ausgabe 2013) werden umgebaut sowie 56 für die US Army neu produziert. Seit Februar 2014 befindet sich die erste Staffel im Einsatz. Weitere Besteller dieser Version: Großbritannien 50, Indien 22, Indonesien 8, Qatar 24, Saudi Arabien 48, Süd-Korea 36, Taiwan 30. Von allen AH-64-Varianten sind derzeit etwa 1400 von 16 Luftwaffen beschafft worden. Jährlich werden rund 70 Hubschrauber umgebaut bzw. neu produziert.
Bemerkungen: Bei praktisch unverändertem Äußeren weist die AH-64E erhebliche Verbesserungen auf, u. a. leistungsfähigere Triebwerke, verstärktes Getriebe, längere Rotorblätter aus Verbundwerkstoff und ein reduziertes Strukturgewicht. Eine Folge davon sind verbesserte Flugleistungen und eine größere Überlebensfähigkeit. Völlig neu ist die Avionik. Sie besitzt eine sog. offene Systemarchitektur. Die AH-64E ist zudem in der Lage, unbemannte Drohnen zu steuern und deren Bilder zu empfangen. Der bisherige Name Longbow Apache wurde für diese Version in Apache Guardian umbezeichnet. Boeing untersucht derzeit eine neue Version AH-64F, welche u. a. mit neuen Triebwerken ausgestattet würde.
Hersteller: The Boeing Company, Helicopters Division, Philadelphia, Pennsylvania, Werk Mesa, Arizona, USA.

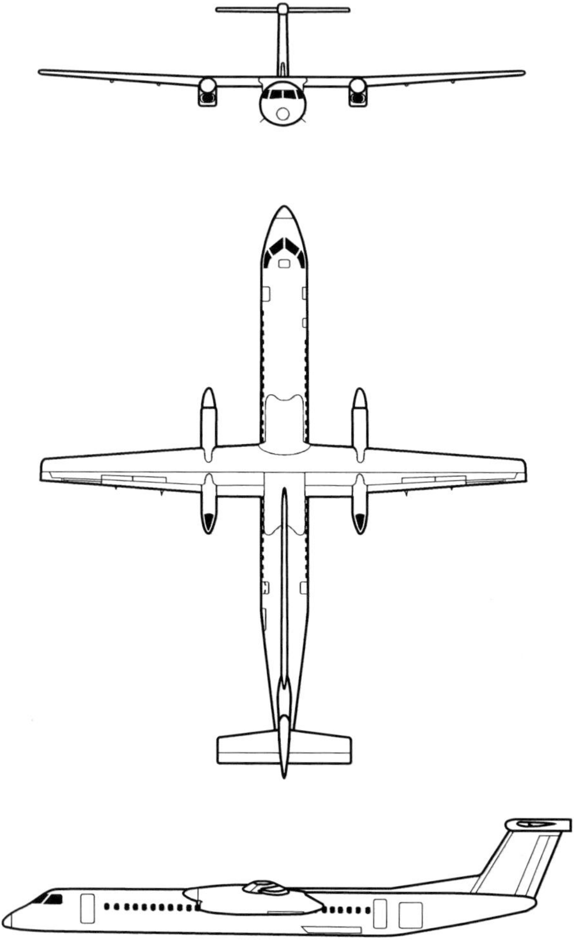

Abmessungen:
Spannweite 28,42 m
Länge 32,84 m
Höhe 8,36 m
Flügelfläche 63,08 m^2.

BOMBARDIER Q400

Ursprungsland: Kanada.
Kategorie: Regionalverkehrs- und Mehrzweckflugzeug.
Triebwerke: Zwei Propellerturbinen Pratt & Whitney Canada PW150A von je 4580 WPS (3415 kW) Leistung bzw. 5070 WPS (3781 kW) mit APR.
Leistungen: Max. Reisegeschwindigkeit 667 km/h; ökonom. Reisegeschwindigkeit 565 km/h; Dienstgipfelhöhe 7620 m; Reichweite mit max. Nutzlast 1596 km, mit 70 Passagieren 2522 km.
Gewichte: Rüstgewicht 17108 kg; max. Startgewicht 29574 kg.
Zuladung: Zwei Piloten und Standard-Innenausstattung für 70 Passagiere in Viererreihen, bei dichter Bestuhlung bis zu 86 Passagiere. Max. Nutzlast 8625 kg.
Entwicklungsstand: Die erste Dash 8-400 (mittlerweile als Q400 bezeichnet) startete am 31. Januar 1998 zum Erstflug, Ablieferung im Januar 2000. Ende September 2017 lagen für die Version Q400 bzw. Q400 NextGen Aufträge für 618 Einheiten (+ Optionen) von rund 50 Betreibern vor. Fast alle sind mittlerweile abgeliefert. Von allen Dash-8-Versionen sind 1287 bestellt bzw. gebaut worden.
Bemerkungen: Die Dash 8 Q400 ist eine nochmals vergrößerte Ausführung des Grundmusters Dash 8. Gegenüber der Dash 8-300 (siehe Ausgabe 1996) unterscheidet sie sich durch den 7,16 m längeren Rumpf, leistungsfähigere Triebwerke und ein verstärktes Flügelmittelstück. Dadurch vergrößert sich die Spannweite um rund 1 m. Neue, besonders lärmarme Sechsblattrotoren von Dowty sind rund 20 cm weiter vom Rumpf entfernt platziert worden. Zur weiteren Lärmreduktion ist ein sog. „active cabin-noise control system“ (= aktives Lärmunterdrückungssystem) eingebaut, welches den in die Kabine eindringenden Lärm erheblich auf 77 dB abdämpft, weshalb der Name des Musters auf Q400 (**Q** = quiet/ruhig) abgeändert wurde. Die derzeit angebotene Variante Q400 NextGen (Erstablieferung im Mai 2009) weist einige Verbesserungen in der Inneneinrichtung auf. Bombardier bietet neu eine Variante für 90 Passagiere anzubieten; Erstbesteller SpiceJet, Indien. Nähere Details dazu sind bisher noch nicht bekannt geworden. Am 31. Dezember 2015 erhielt der Erstbesteller, Ryukyu Air Commuter, die neue kombinierte Passagier-/ Frachtversion Q400 Combi.
Hersteller: Bombardier Aerospace, Montreal, Werk Downsview, Ontario, Kanada.

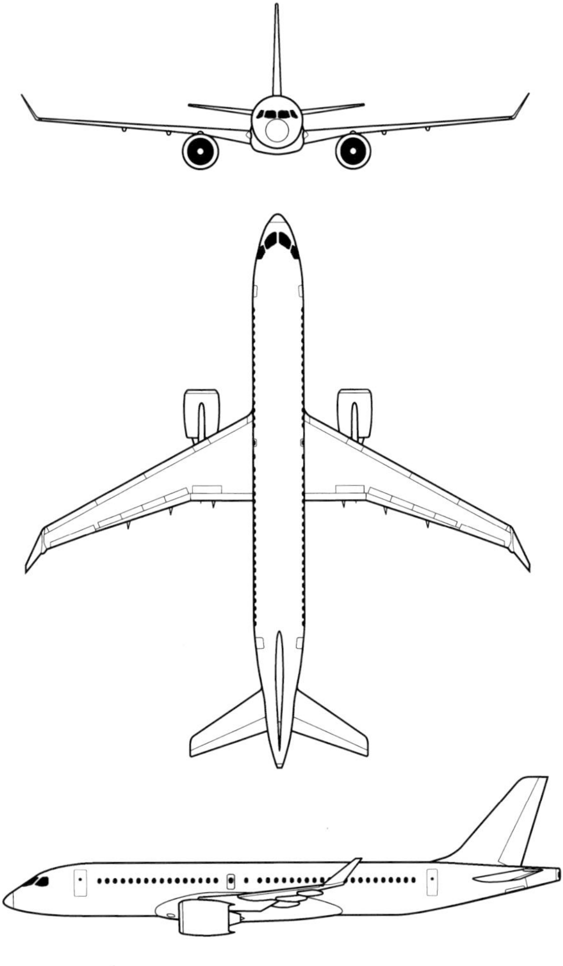

Abmessungen:
Spannweite 35,10 m
Länge (CS100) 34,80 m, (CS300) 38,70 m
Höhe 11,50 m
Flügelfläche 112,30 m^2.

BOMBARDIER CSERIES

Ursprungsland: Kanada.
Kategorie: Kurz- und Mittelstrecken-Verkehrsflugzeug, Firmenflugzeug.
Triebwerke: Zwei Mantelstromtriebwerke Pratt & Whitney (CS100/300) PW1521G von je 9510 kp (93,40 kN) bzw. (CS100ER/300ER) PW1524G von je 10546 kp (103,60 kN) Standschub.
Leistungen: Max. Reisegeschwindigkeit Mach 0,82; normale Reisegeschwindigkeit Mach 0,78; Dienstgipfelhöhe 12492 m; Reichweite (CS100/ER) 4074/5463 km, (CS300/ER) 4074/5436 km.
Gewichte (CS100/300): Leergewicht 33340/35154 kg; max. Startgewicht 54885/59874 bzw. (ER) 60781/67585 kg.
Zuladung: Zwei Mann Cockpitbesatzung und je nach Innenausstattung (CS100) zwischen 108 und 125 Passagiere bzw. (CS300) zwischen 130 und 150/160 Passagiere; max. Nutzlast (CS100/300) 15127/18711 kg.
Entwicklungsstand: Der Erstflug einer CS100 fand am 16. September 2013 statt, gefolgt von der CS300 am 27. Februar 2015. Bis Ende 2017 waren von mehreren Flug- bzw. Leasing-Gesellschaften 372 Maschinen (+ Optionen) der Versionen CS100 und CS300 bestellt (abgeliefert deren 20), u. a. von Delta 75 CS100, Swiss 10 CS100/20 CS300, Air Baltic 10 CS300, Korean 10 CS300, Republic Airways 40 CS300. Private Air erhält 5 als Businessflugzeuge ausgerüstete CS100. Air Canada hat einen Letter of Intent für bis zu 75 Einheiten unterschrieben. Am 15. Juli 2016 führte die Swiss den ersten kommerziellen Flug mit einer CS100 durch, gefolgt von der ersten CS300 bei Air Baltic im Dezember 2016.
Bemerkungen: Bei der CSeries handelt es sich um eine vollständige Neukonstruktion. Um in den Bereichen Wirtschaftlichkeit, Lärm und Umwelt Höchstwerte zu erreichen, hat man zu den neuesten technologischen Lösungen gegriffen. 46% der Flugzeugteile bestehen aus Verbundwerkstoffen, u. a. das gesamte Leitwerk. Rumpf sowie die Cockpitsektion sind aus leichten Aluminium-Lithium-Legierungen. Zum Einbau gelangen Triebwerke, welche derzeit zu den effizientesten gehören sollen. Durch die großzügig dimensionierte Kabine, große Kabinenfenster, neue Beleuchtungstechniken, überdurchschnittlich große Gepäckfächer und größere Armfreiheit soll ein für diese Flugzeugklasse hohes Komfortniveau erreicht werden. Die Avionik stammt von Rockwell-Collins. Gesteuert wird die CSeries mittels Sidesticks und ein Fly-By-Wire-System. Bombardier bietet auch eine VIP-Ausführung an. Im Oktober 2017 kündigte Airbus eine Teilübernahme der CSeries von Bombardier an.
Hersteller: Bombardier Aerospace, Montreal, Quebec, Werk Montreal-Mirabel, Quebec, Kanada.

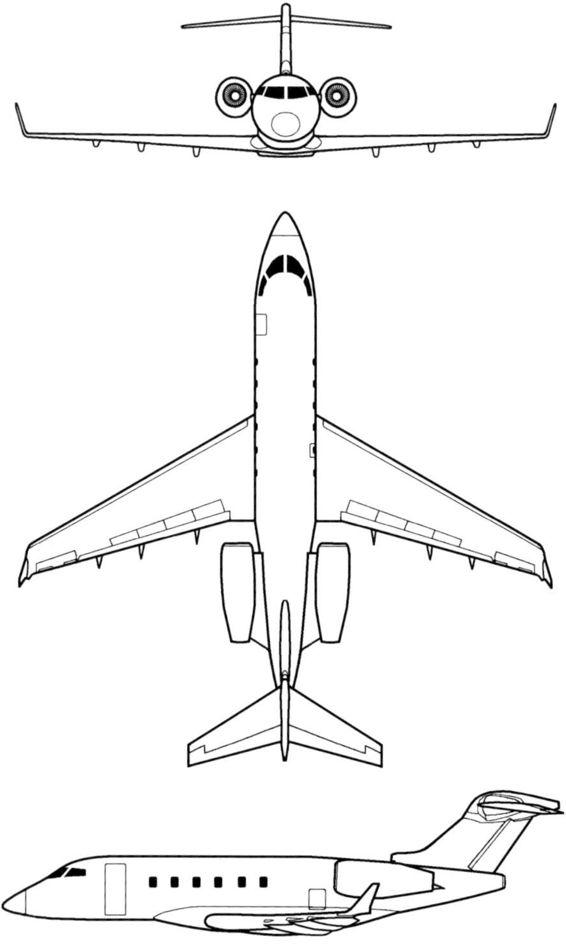

Abmessungen:
Spannweite (300/350) 19,46/21,00 m
Länge 20,93 m
Höhe 6,10 m
Flügelfläche 48,60 m^2.

BOMBARDIER CHALLENGER 300/350

Ursprungsland: Kanada.
Kategorie: Firmenflugzeug.
Triebwerke (300/350): Zwei Mantelstromtriebwerke Honeywell HTF7000/HTF7350 von je 3100/3321 kp (30,40/32,57 kN) Standschub.
Leistungen (300/350): Max. Reisegeschwindigkeit 870 km/h (Mach 0,82); normale Reisegeschwindigkeit 850 km/h (Mach 0,80); Dienstgipfelhöhe 13716 m; Reichweite mit acht Passagieren und IFR-Reserven 5740/5926 km.
Gewichte (300/350): Rüstgewichte 10659/11249 kg; max. Startgewichte 17622/18416 kg.
Zuladung: Zwei Piloten und je nach Innenausstattung 8 bis 16 Passagiere; max. Nutzlast 1588 kg, mit vollen Treibstofftanks 612 kg.
Entwicklungsstand: Der erste noch als BD-100 Continental bezeichnete Prototyp nahm die Flugerprobung am 14. August 2001 auf. Die Zulassung erfolgte Mitte 2003. Bis Ende 2017 sind rund 650 Challenger 300 und über 200 Challenger 350 gebaut worden, die jährliche Produktionsrate beträgt derzeit rund 50 Maschinen. Die Challenger 350 wurde Mitte 2014 erstmals ausgeliefert. Das Fractional-Ownership-Unternehmen NetJets beschafft bis zu 75 Einheiten.
Bemerkungen: Das Mittelstrecken-Firmenflugzeug Challenger 300 (siehe Dreiseitenriss) schließt bei Bombardier die Lücke zwischen der Learjet- und der Challengerfamilie von Businessjets. Sie weist für ihre Klasse einen sehr großen Rumpfquerschnitt auf (Innenmaße 7,68 m lang, 2,19 m breit, 1,85 m hoch), so dass durchgehend Stehhöhe ermöglicht wird. Normalerweise umfasst die Innenausstattung acht Einzelsitze, eine kleine Küche vorne und hinten eine Toilette sowie direkten Zugang zum Gepäckraum. Dieses erfolgreiche Muster wurde mit der Version 350 (siehe Foto) aufdatiert. Dank stärkerer Triebwerke sind wesentliche Leistungsparameter besser, der Treibstoffverbrauch liegt aber unter dem der Vorgängerin. Eingebaut ist die neue Avionik Rockwell Collins ProLine 21. Zudem wurde die Inneneinrichtung überarbeitet. Äußerlich sichtbar ist der Flügel größerer Spannweite mit Winglets. Bombardier gibt als Basispreis US$ 26,5 Mio. an.
Hersteller: Bombardier Aerospace, Montreal, Quebec, Werk Montreal-Dorval, Quebec, Kanada.

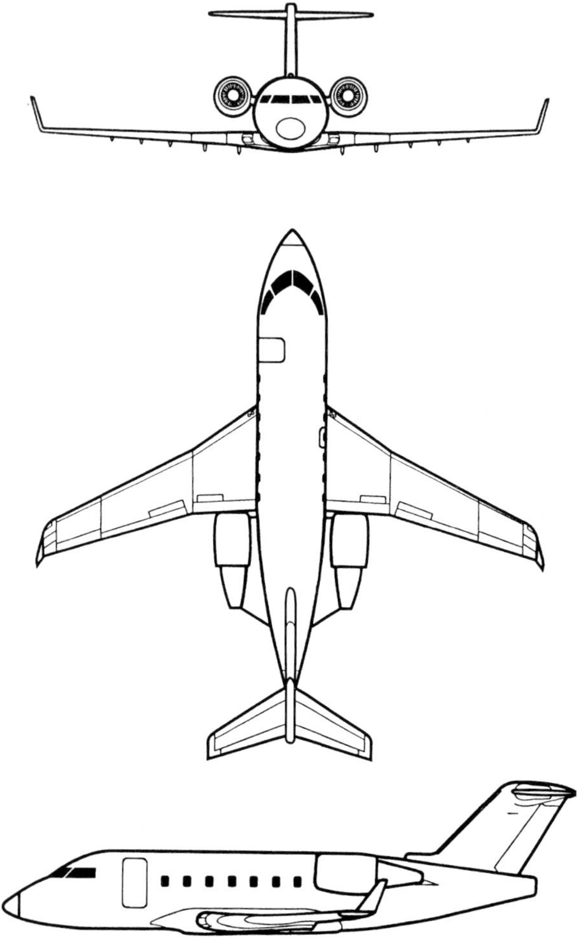

Abmessungen:
Spannweite inkl. Winglets 19,61 m
Länge 20,90 m
Höhe 6,30 m
Flügelfläche 45,40 m^2.

BOMBARDIER CHALLENGER 650

Ursprungsland: Kanada.
Kategorie: Firmenflugzeug.
Triebwerke: Zwei Mantelstromtriebwerke General Electric CF34-3B MTO von je 4182 kp (41,01 kN) Standschub.
Leistungen: Höchstgeschwindigkeit Mach 0,85, max. Reisegeschwindigkeit 890 km/h (Mach 0,82); Langstrecken-Reisegeschwindigkeit 870 km/h (Mach 0,80); Dienstgipfelhöhe 12500 m; Reichweite bei Mach 0,74 7408 km, bei Mach 0,80 6912 km.
Gewichte: Rüstgewicht 12315 kg; max. Startgewicht 21863 kg.
Zuladung: Zwei Piloten und je nach Innenausstattung bis zu 12 Passagiere; Innenmasse der Kabine: 7,80 m lang, 2,41 m breit und 1,83 m hoch; Nutzlast max. 2200 kg, mit vollen Tanks 596 kg.
Entwicklungsstand: Am 22. Januar 2006 nahm die Challenger 605 die Flugerprobung auf. Rund ein Jahr später begann Bombardier mit den Kundenauslieferungen. Von der ganzen „Challenger-Familie“ 600 bis 650 sind bisher fast 1100 Exemplare hergestellt worden, darunter über 50 der Ausführung 650. Derzeit wird aber nur noch die Version 650 angeboten, welche seit dem zweiten Quartal 2015 verfügbar ist. Jährlich werden rund 20 Einheiten gebaut, darunter 75 fest bestellte Einheiten für die NetJets. Drei Einheiten hat die schweizerische REGA als Ambulanzjets bestellt.
Bemerkungen: Vom Erfolgsmodell Challenger lancierte Bombardier eine in wesentlichen Punkten modernisierte Version der 605, die Challenger 650. Das Cockpit ist mit dem heutigen Standard entsprechenden LCD’s Pro Line 21 von Collins sowie einem Head-Up-Display ausgerüstet. Die Kabine wurde vollständig überarbeitet und im Rahmen der gleichbleibenden Außenabmessungen etwas vergrößert. Zum helleren Ambiente tragen auch um 6,5 cm höher gesetzte Fenster mit vergrößerter Fläche bei. Ein Local Aera Networks (LAN) ermöglicht es den Passagieren, u. a. Laptops kabelfrei zu benützen. Im Übrigen hat man wo überall möglich durch neue Materialien Gewicht gespart und die Triebwerke liefern bis zu 5% mehr Startschub. Der Kaufpreis für eine standardmäßig ausgerüstete 650 beläuft sich auf rund US$ 32,4 Mio.
Hersteller: Bombardier Aerospace, Montreal, Quebec, Werk Montreal-Mirabel, Quebec, Kanada.

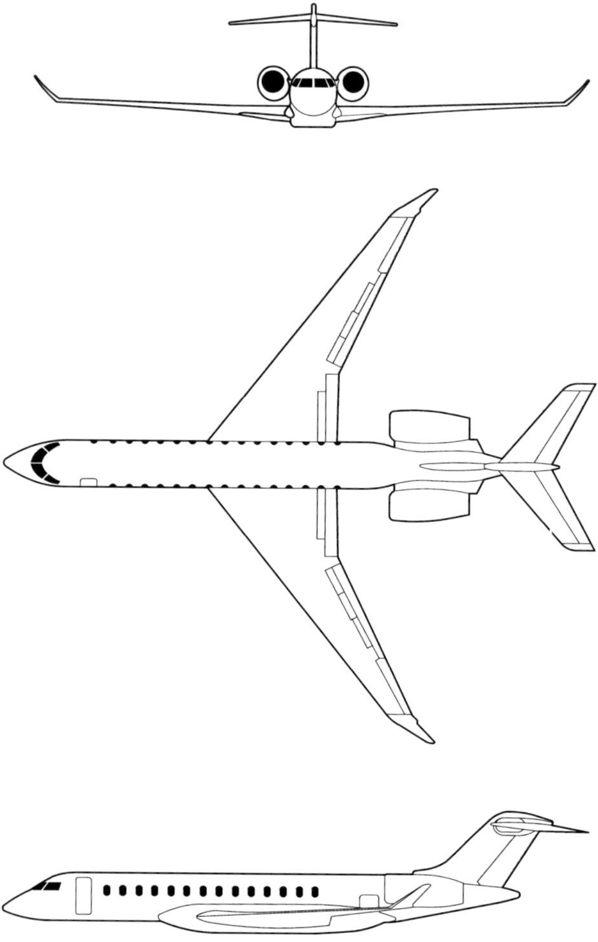

Abmessungen:
Spannweite inkl. Winglets 31,79 m
Länge (7000) 33,83 m, (8000) 30,97 m
Höhe (7000) 8,20 m, (8000) 8,30 m.

BOMBARDIER GLOBAL 7000/8000

Ursprungsland: Kanada.
Kategorie: Langstrecken-Firmenflugzeug.
Triebwerke: Zwei Mantelstromtriebwerke General Electric Passport 20 von je 7500 kp (73,00 kN) Standschub.
Leistungen: Max. Reisegeschwindigkeit 982 km/h (Mach 0,92); normale Reisegeschwindigkeit 955 km/h (Mach 0,90); Langstrecken-Reisegeschwindigkeit 902 km/h (Mach 0,85), Dienstgipfelhöhe 15545 m; Reichweite bei Mach 0,85 (7000) 13700 km, (8000) 14630 km.
Gewichte (7000/8000): Leergewichte 25764/24630 kg; max. Startgewichte (7000/8000) 48308/47650 kg.
Zuladung: Zwei Piloten im Cockpit und je nach Innenausstattung (7000/8000) 10 bis 19 bzw. 8 bis 19 Passagiere.
Entwicklungsstand: Ein erster von vier Prototypen der neuen Version 7000 nahm am 4. November 2016 die Flugerprobung auf. Mit der Indienststellung wird in der zweiten Jahreshälfte 2018 gerechnet. Wann die Version 8000 erstmals fliegen soll, wurde bisher nicht bekannt gegeben. Rund 60 Einheiten sind bisher bestellt worden, darunter auch von NetJets und von VistaJet. Von der Ursprungsausführung Global Express 5000/6000 (Erstflug am 13. Oktober 1996, siehe Ausgabe 2016) wurden fast 700 Einheiten gebaut. In einer jährlichen Stückzahl von 30 wird diese Version weiterhin produziert.
Bemerkungen: Ausgehend von der Global Express 5000/6000 werden zwei neue Versionen angeboten, die 7000 und die 8000. Beide nutzen das General Electric-Triebwerk Passport 20 neuester Technologie, welches bezüglich Treibstoffverbrauch, Lärmemissionen und Abgaswerte neue Bestwerte verspricht. Im vergrößerten Flügel wird die Treibstoffkapazität erhöht, so dass sehr große Distanzen überwunden werden können. Damit ist die 8000 der Businessjet mit der momentan größten Reichweite. Sonst unterscheiden sich diese beiden Versionen fast nur bezüglich der Rumpflänge. Völlig neu wurde das Raumkonzept gestaltet. So sind im Grundangebot vier voneinander trennbare Abteile vorgesehen. Dank größerer Fenster ist die Sicht nach außen verbessert. Die Avionik umfasst u. a. das neue Bombardier Vision flight deck mit vier großen LCD-Screens, Sidesticks sowie ein Head-Up-Display. Gesteuert wird die Global 7000 mittels Fly-By-Wire-Technologie. Der Preis für die Basisversion 7000 beläuft sich auf US$ 73 Mio.
Hersteller: Bombardier Aerospace, Montreal, Werk Montreal-Mirabel, Quebec, Kanada.

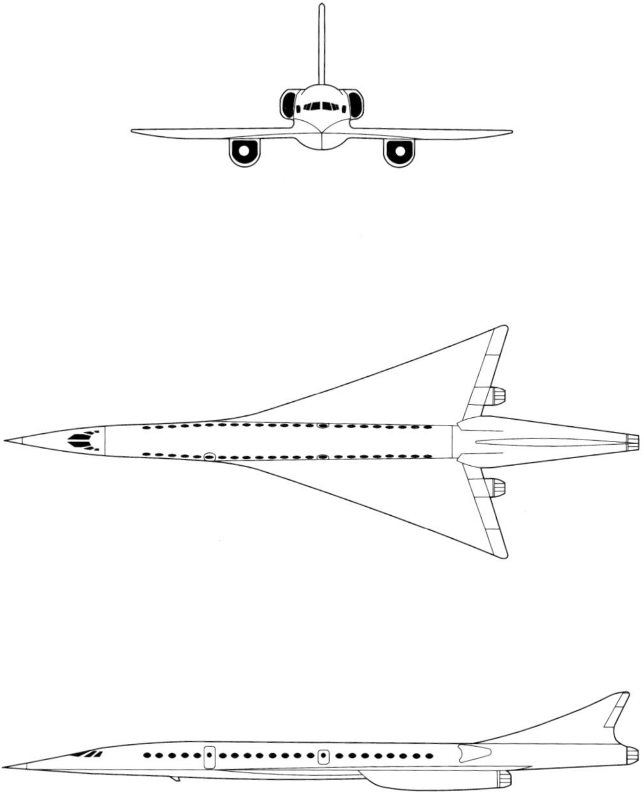

Abmessungen (Baby Boom/Boom Airliner, ungefähre Werte):
Spannweite 5,20/? m
Rumpflänge 21,00/47,00 m.

BOOM TECHNOLOGY XB-1 BABY BOOM/BOOM AIRLINER

Ursprungsland: USA.
Kategorie (XB-1): Zweisitziges Erprobungsflugzeug für die spätere Entwicklung des Überschall-Verkehrsflugzeuges Boom Supersonic Airliner.
Triebwerke (XB-1/Boom Airliner): Drei Strahltriebwerke General Electric J85-21 mit variablen Einläufen und Austrittsdüsen von je 1590 kp (15,50 kN) Standschub bzw. drei Mantelstromtriebwerke voraussichtlich von Honywell unbekannter Leistung ohne Nachbrenner.
Leistungen (sehr provisorische Angaben): Höchstgeschwindigkeit (XB-1) 2335 km/h (Mach 2,2); Langstrecken-Reisegeschwindigkeit (Boom Airliner) Mach, 2,2; normale Reiseflughöhe (Boom Airliner) 18000 m; maximale Reichweite (XB-1) 1900 km (Boom Airliner) 7400 km.
Gewichte (XB-1/Boom Airliner): Max. Startgewicht 6100/70000 kg.
Zuladung (Boom Airliner)**:** Zwei Piloten, bis zu vier Flugbegleiter und 55 Passagiere in Businessclass-Bestuhlung.
Entwicklungsstand: Der Erprobungsträger XB-1 (siehe Foto) soll noch vor Ende 2018 zum Erstflug starten. Wann der Boom Airliner (siehe noch sehr provisorischen Dreiseitenriss) erstmals fliegen wird ist noch offen. Der Hersteller plant jedoch mit den ersten Auslieferungen 2025 beginnen zu können. Bereits liegen Vorbestellungen für 74 Einheiten vor. Der Verkaufspreis soll bei US$ 200 Mio. liegen.
Bemerkungen: Die XB-1 weist ungefähr ein Drittel der zukünftigen Größe des Boom Airliners auf. Er dient primär dazu, die Parameter für das Passagierflugzeug festzulegen und die neuesten Technologien zu erproben. Die ganze Konstruktion besteht aus neuartigen, sehr wärmeresistenten und leichten Kohlestoff-Verbundwerkstoffen. XB-1 wie auch der Boom Airliner erhalten einen Flügel, welcher in der Auslegung der früheren Concorde (siehe Ausgabe 1978) sehr nahe kommt. Bei den Triebwerken verzichtet der Hersteller bewusst auf Nachbrenner. Man erwartet damit einen wesentlich geringeren Treibstoffverbrauch. Alle Maßnahmen zusammen sollen nebst einem wirtschaftlichen Betrieb auch sicherstellen, dass der durch den Überschallknall verursachte Lärm möglichst gering bleibt und somit auch Flüge über Land zugelassen werden. Das Projekt hat einige sehr bedeutende Sponsoren und Entwickler, u. a. Richard Branson/Virgin, Start-up Y Combinator, Eight Partners usw. Bei allen hier beschriebenen Daten handelt es sich um noch sehr vorläufige Angaben.
Hersteller: Boom Technology Inc., Denver, Colorado, USA.

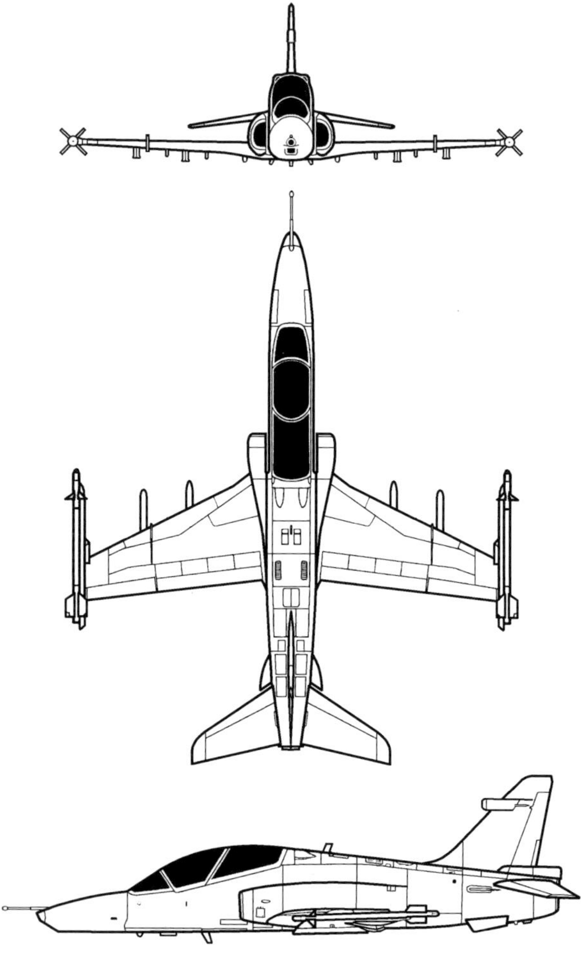

Abmessungen:
Spannweite inkl. Lenkwaffen 9,94 m
Länge 12,43 m
Höhe 3,98 m
Flügelfläche 16,69 m^2.

BRITISH AEROSPACE ADVANCED HAWK

Ursprungsland: Großbritannien.
Kategorie: Zweisitziger Fortgeschrittenentrainer und Erdkämpfer.
Triebwerk: Ein Mantelstromtriebwerk Rolls-Royce/Safran Adour 951 von 2950 kp (28,89 kN) Standschub.
Leistungen (Mk. 128): Höchstgeschwindigkeit 1040 km/h oder Mach 0,85; max. Reisegeschwindigkeit 1019 km/h auf Meereshöhe; Dienstgipfelhöhe 13565 m; taktischer Einsatzradius je nach Bewaffnung zwischen 583 und 925 km; Überführungsreichweite mit zwei 860-l- und einem 590-l-Zusatztank 2584 km.
Gewichte (Mk. 128): Rüstgewicht 4570 kg; max. Startgewicht 9100 kg.
Bewaffnung: Eine 25-mm-Aden- oder eine 27-mm-Mauser-Kanone und maximal 3000 kg externe Waffenlasten, einschließlich Präzisionsbomben, verteilt auf acht Stationen unter Flügeln und Rumpf.
Entwicklungsstand: Der Prototyp dieser neuesten Version flog erstmals am 7. Juni 2017. Die Advanced Hawk soll als neues Flugzeug, aber auch als Umbau älterer Varianten angeboten werden. Bisher sind keine Beschaffungen bekannt geworden. Von den zahlreichen Varianten der Hawk sind bisher rund 1050 Maschinen aller Versionen an etwa 20 Luftwaffen bzw. Marinen geliefert worden. Aktuelle Aufträge: Indien weitere Nachbestellung von 20 Mk.132 für die Kunstflugstaffel Surya (insgesamt 141 beschafft), Saudi Arabien weitere 22 Hawk Mk. 165, Oman 8 Mk. 166, Qatar 6 AJT.
Bemerkungen: Die aktuellste Ausführung wird zusammen mit Hindustan Aeronautics entwickelt. Folgende Neuerungen gegenüber den bisher angebotenen Versionen Mk. 128/132/165 sind erwähnenswert: Das Cockpit wurde mit einer neuen Avionik versehen, ausgerüstet mit großen Bildschirmen und dem sog. LiteHUD Head-Up-Display. Die neu entwickelten Tragflächen verfügen nun über einen Vorflügel, dank dem die Wendigkeit gesteigert und die Start- und Landestrecken verkürzt werden. Zudem wurde ein neues Selbstschutzsystem eingebaut. Möglich ist auch, die Advanced Hawk für Luftbetankung auszurüsten.
Hersteller: BAE Systems/British Aerospace PLC, Plattform & Services (UK), Warton, Preston, Lancashire, Großbritannien + Hindustran Aeronautics, Bangalore, Indien.

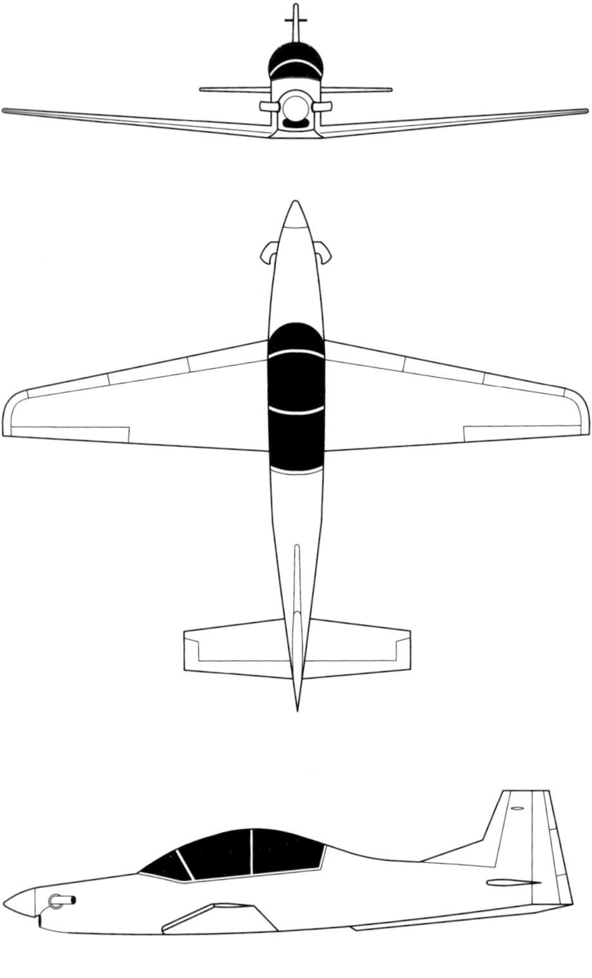

Abmessungen:
Spannweite 12,10 m
Länge 10,88 m
Höhe 3,79 m.

CALIDUS B-250

Ursprungsland: Brasilien/UAE.
Kategorie: Leichtes Erdkampfflugzeug.
Triebwerke: Eine Propellerturbine Pratt & Whitney PT6A-68 von 1600 WPS (1211 kW) Leistung.
Leistungen (geschätzt): Höchstgeschwindigkeit 557 km/h; Dienstgipfelhöhe 9140 m; Aktionsradius mit Zusatztanks 2185 km; Überführungsreichweite mit Zusatztanks 4445 km; Flugdauer 12 Std.
Gewichte: Noch keine Angaben bekannt.
Bewaffnung: An sieben Stationen unter dem Rumpf und unter den Flügeln eine Waffenlast von max. 1796 kg, beispielsweise vier 250 lb-Laser-gesteuerte Bomben GBU-58 Paveway II und zwei Luft-Luft-Lenkwaffen Sidewinder. Für reine Überwachungsaufgaben Aufnahme von drei Zusatztanks möglich.
Entwicklungsstand: Völlig überraschend wurde an der Dubai Airshow im November 2017 die Calidus B-250 im Flug vorgestellt. Vorher war von der Existenz dieses Typs nichts bekannt gewesen. Der Erstflug des ersten Prototyps hat bereits im Juli 2017 stattgefunden. Vorangegangen war gemäß Hersteller eine Entwicklungszeit von knapp über zwei Jahren. Ein zweiter Prototyp wurde mittlerweile fertig gestellt. Über Aufträge ist derzeit noch nichts bekannt. Offenbar soll ein großer Teil der Entwicklungsgelder aus den Vereinigten Arabischen Republiken (UAE) stammen. So wird vermutet, dass die Produktion auch in diesem Land stattfinden wird.
Bemerkungen: Vom Aussehen her gleicht die B-250 sehr stark der EMBRAER A-29 Super Tucano (siehe Seiten 160/161). Das ist nicht weiter verwunderlich, da der Entwurf vom ursprünglichen Konstrukteur der Tucano stammt. In den Dimensionen ist sie aber etwas größer. Dieser Typ soll primär für leichte Erdkampfeinsätze optimiert sein. Rumpf und Flügel bestehen weitgehend aus Karbon. Das Triebwerk treibt einen Vierblattpropeller ebenfalls aus Karbon von Hartzell an. Im druckbelüfteten und klimatisierten Cockpit – welches über zwei Zero-Zero-Schleudersitze verfügt – ist die Avionik Pro Line Fusion von Rockwell Collins eingebaut. Der Missionscomputer von Rockwell Collins ist nach dem „open architecture"-Prinzip ausgelegt. Vorne unten am Rumpf wurde ein elektro-optisches Infrarotgerät eingebaut. Das Fahrwerk ist so robust ausgelegt, dass die B-250 von Naturpisten aus starten und landen kann.
Hersteller: Calidus LLC, Abu Dhabi, VAE und Novaer Craft Empreendimentos, São José dos Campos, São Paulo, Brasilien.

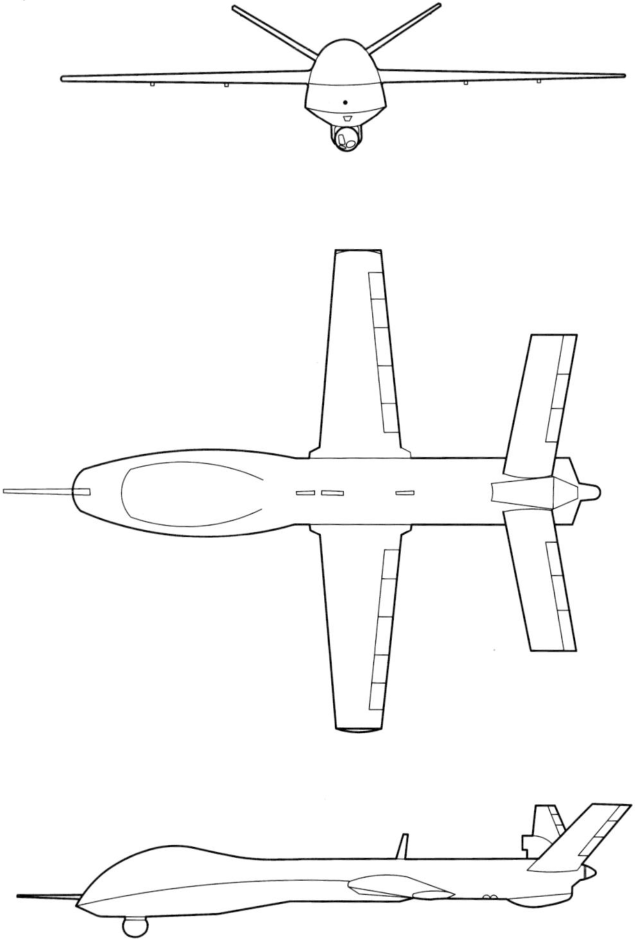

Abmessungen:
Spannweite 21,00 m
Weitere Angaben noch nicht erhältlich.

CASC CH-5 CAIHONG 5

Ursprungsland: Volksrepublik China.
Kategorie: Unbemannte Drohne für Erdkampf-, Aufklärungs- und ELINT-Aufgaben in mittleren Höhen.
Triebwerke: Ein turbogeladenes Dieseltriebwerk unbekannten Typs von 330 PS (246 kW) Leistung.
Leistungen (noch sehr provisorische Angaben): Dienstgipfelhöhe 9000 m; max. Reichweite je nach Quelle 6000 bis 10000 km, spätere Ausführungen sogar 20000 km; max. Flugdauer 60 Std.
Gewichte: Max. Startgewicht 3000 kg.
Zuladung: Aufklärungs- und Elektronikausrüstung bis zu einem Gewicht von 1200 kg.
Bewaffnung: Gleichzeitig bis zu 16 Luft-Boden-Lenkwaffen Lan Jian 7, lasergesteuerte Bomben oder AR-1 Anti-Tank-Raketen.
Entwicklungsstand: Die CH-5 absolvierte ihren Erstflug im August 2015 und wurde erstmals an der Luftfahrtausstellung in Zhuhai 2016 vorgestellt. Ein erstes Serienflugzeug flog erstmals am 16. Juli 2016.
Bemerkungen: Die Caihong 5 weist große Ähnlichkeiten mit der Chengdu Wing Long II (siehe Seiten 120/121) und der US-Drohne General Atomics Reaper (siehe Seiten 166/167) auf. Vermutlich ist sie auch für die gleichen Aufgaben vorgesehen. Dank des verbrauchsgünstigen Dieseltriebwerks kann sie gegenüber den erwähnten Typen wesentlich länger im Einsatz bleiben, gewissen Quellen zufolge bis zu 60 Std. Mittels eines kompatiblen Datalinks ist die Kommunikation auch mit Drohnen anderer Typen möglich. Im Gegensatz zu den meisten übrigen chinesischen UAV's verfügt die CH-5 über ein Einziehfahrwerk. Gegenüber dem ersten vorgestellten Prototypen wurde die Serienausführung aerodynamisch verfeinert. Sie weist nun bessere Stealth-Eigenschaften auf. Alle hier gemachten Angaben sind noch sehr provisorisch, da sich die einzelnen Quellen teilweise widersprechen.
Hersteller: China Aerospace Science and Technology Corp. (CASC), Haidian, VR China.

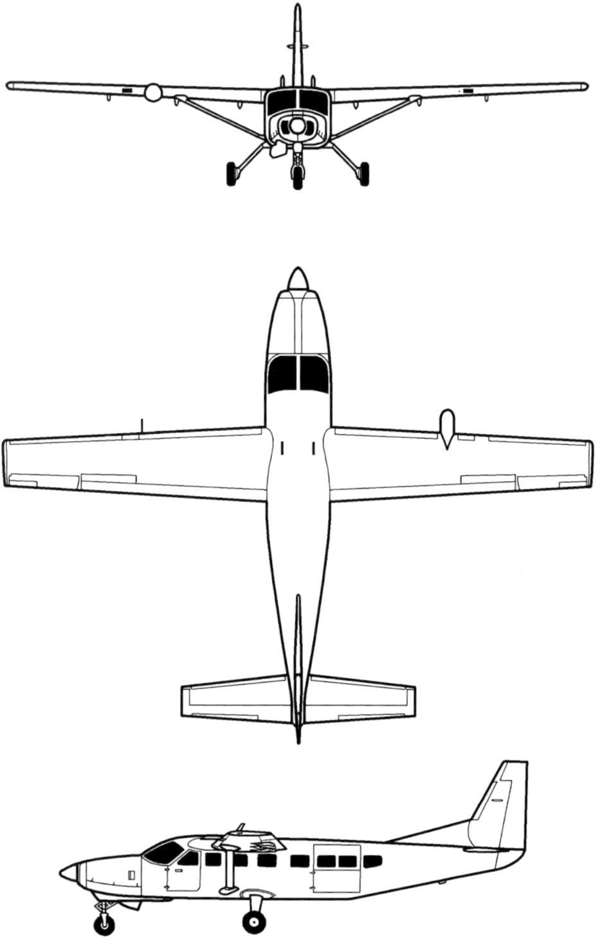

Abmessungen:
Spannweite 15,87 m
Länge (Caravan) 11,50 m, (Grand Caravan EX) 12,72 m
Höhe (Caravan) 4,52 m, (Grand Caravan EX) 4,70 m
Flügelfläche 25,96 m^2.

CESSNA 208B GRAND CARAVAN EX

Ursprungsland: USA.
Kategorie: Mehrzweckflugzeug.
Triebwerke: Eine Propellerturbine Pratt & Whitney Canada PT6A-140 von 867 WPS (646 kW) Leistung.
Leistungen: Max. Reisegeschwindigkeit mit Pod unter dem Rumpf 343 km/h auf 3050 m, 328 km/h auf 6095 m; ohne Pod erhöht sich die Reisegeschwindigkeit um ca. 20 km/h; Anfangssteiggeschwindigkeit 6,5 m/Sek; Dienstgipfelhöhe 7620 m; max. Reichweite mit 45 Min. Reserven 1467 km auf 3050 m.
Gewichte: Leergewicht 2072 kg; max. Startgewicht 3994 kg.
Zuladung: Ein bis zwei Piloten und in der Standardausführung neun Passagiere, maximal jedoch 14 Passagiere oder 1618 kg Fracht.
Entwicklungsstand: Die ersten Auslieferungen der Grand Caravan EX begannen Anfang 2013. Sie wird auch in China bei CAIGA endmontiert. Nebst dieser Ausführung produziert Cessna gegenwärtig noch die 208B Grand Caravan, ausgerüstet auch mit Schwimmern. Weitere Versionen wurden in früheren Ausgaben beschrieben. Derzeit baut Cessna jährlich rund 70 Maschinen. In über 30 Jahren Produktionszeit wurden bisher über 2500 Einheiten hergestellt.
Bemerkungen: Als eigentliches „Arbeitspferd" wird die Caravan für die verschiedensten Aufgaben eingesetzt, sei es vom Frachter über militärische Aufgaben bis hin zum Passagierflugzeug mit VIP-Einrichtung. Die neueste Ausführung Grand Caravan EX bleibt in den Außenabmessungen gleich, wird jedoch mit dem um fast 25% stärkeren Triebwerk PT6A-140 angetrieben. Damit verbessern sich alle Leistungsmerkmale wesentlich, besonders in hoch gelegenen und heißen Gebieten. Die Reisegeschwindigkeit ist um rund 20 km/h höher, die Steigleistungen nehmen um 20% zu. Zum 30-jährigen Produktionsjubiläum 2015 wurde die Inneneinrichtung, insbesondere die Sitze, überarbeitet. Die Cessna Caravan wird zunehmend auch bewaffnet für sog. ISR-Aufgaben (**I**ntelligence, **S**urveillance, **R**econnaissance) eingesetzt. Kenya, Mauretanien und Niger erhielten 2015 je eine entsprechend ausgerüstete Maschine. Diese Version ist neu auch mit sog. Hardpoints unter den Flügeln erhältlich.
Hersteller: Cessna Aircraft Company, ab 2017: Werke Independence, Kansas und Shijiazhuang, VR China, USA.

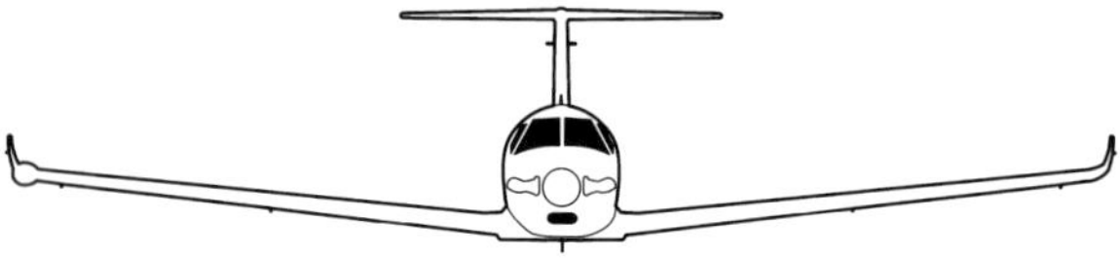

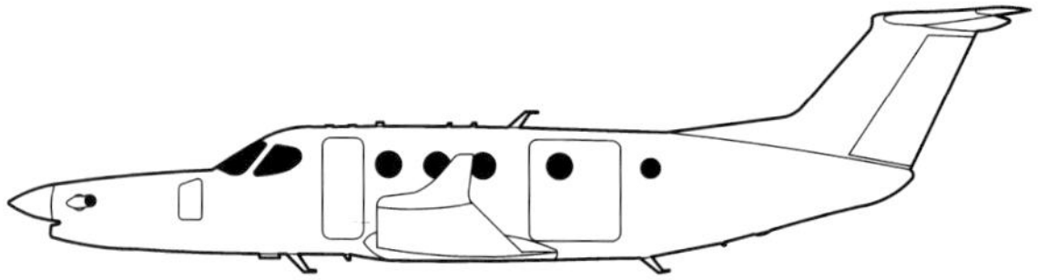

Abmessungen:
Spannweite 16,54 m
Länge 14,86 m
Höhe 4,62 m.

CESSNA DENALI

Ursprungsland: USA.
Kategorie: Leichtes Mehrzweck- und Firmenflugzeug.
Triebwerke: Eine Propellerturbine General Electric GE93 von 1240 WPS (920 kW) Leistung.
Leistungen (nach Angaben des Herstellers): Max. Reisegeschwindigkeit 519 km/h; Dienstgipfelhöhe 9449 m; normale Reichweite mit vier Passagieren 2963 km.
Gewichte: Noch keine Angaben erhältlich.
Zuladung: Ein bis zwei Piloten und normalerweise sieben bis zu neun Passagiere: Nutzlast bei max. Treibstofffüllung 499 kg.
Entwicklungsstand: Gemäß Hersteller verzögert sich der Erstflug eines ersten Prototyps auf Mitte 2018. Trotzdem will man erste Serienexemplare 2019 an Kunden ausliefern. Über Bestellungen sind bisher keine Informationen verfügbar.
Bemerkungen: Cessna kündigte eher überraschend anfangs 2016 ein völlig neues Muster eines einmotorigen Mehrzweckflugzeugs an, welches einerseits der konzerneigenen Beechcraft King Air-Reihe (siehe Seiten 46/47), aber auch der Pilatus PC-12 (siehe Seiten 260/261) Konkurrenz machen will. Der Hersteller nennt gegenüber diesen Mustern eine bessere Wirtschaftlichkeit, eine breitere Kabine und ein größeres Frachttor als Pluspunkte der neuen Konstruktion. Die Struktur der Denali ist konventionell weitgehend aus Aluminium. Der Innenraum mit einer Höhe von 147 cm und einer Breite von 160 cm weist einen flachen Boden auf. Völlig neu ist das Triebwerk von General Electric mit Fünfblattrotor, in welchem neueste Techniken zur Anwendung gelangen. Im Cockpit ist die Avionik Garmin G3000™ eingebaut, basierend u. a. auf der Synthetic Vision Technology mit drei LCD Displays sowie zwei Touchscreens. Die Denali weist Kurzstartfähigkeiten auf und kann dank eines robusten Fahrwerks auf unvorbereiteten Pisten operieren. Als Kaufpreis wurde bisher US$ 4,5 Mio. genannt.
Hersteller: Cessna Aircraft Company, Werk Wichita, Kansas, USA.

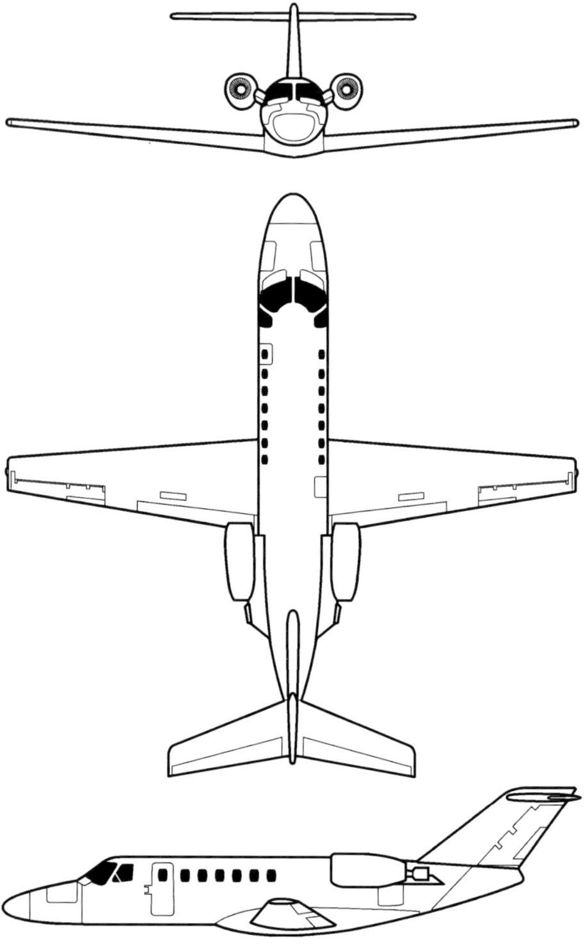

Abmessungen:
Spannweite 16,26 m
Länge 15,59 m
Höhe 4,62 m
Flügelfläche 27,32 m².

CESSNA 525B CITATION CJ3+

Ursprungsland: USA.
Kategorie: Firmenflugzeug.
Triebwerke: Zwei Mantelstromtriebwerke Williams Rolls-Royce FJ44-3A von je 1279 kp (12,54 kN) Standschub.
Leistungen: Max. Reisegeschwindigkeit 772 km/h (Mach 0,737); max. Steiggeschwindigkeit 22,75 m/Sek; Dienstgipfelhöhe 13716 m; max. Reichweite 3778 km.
Gewichte: Leergewicht 3874 kg; max. Startgewicht 6291 kg.
Zuladung: Pilot und Copilot/Passagier im Cockpit und bis zu neun Passagiere; Nutzlast bei voller Treibstoffzuladung 372 kg, max. Nutzlast 894 kg.
Entwicklungsstand: Das erste Serienflugzeug absolvierte den Erstflug am 28. Juli 2014. Mit den Ablieferungen begann man bereits im Herbst 2014. Bisher sollen rund 20 Einheiten verkauft worden sein. Die Produktion des Ausgangsmusters CJ3 wurde nach rund 400 gebauten Einheiten 2014 eingestellt. Ende Mai 2017 lieferte Cessna das 2000. Exemplar der CitationJet CJ-Reihe ab.
Bemerkungen: Die Familie der CitationJet CJ1, CJ2, CJ3 und CJ4 (siehe frühere Ausgaben von Flugzeuge der Welt) wird kontinuierlich modernisiert. Neuestes Beispiel ist die CitationJet CJ3+. Gegenüber dem Ausgangsmuster CJ3 wurden einige Verbesserungen vorgenommen. So hat man Cockpit wie Kabine neu gestaltet. Die Innenmaße mit einer Länge von 4,78 m, Breite 1,47 m und Höhe 1,45m blieben aber unverändert. Der Kabinendruck konnte reduziert werden. Eingebaut ist die Avionik Garmin G3000 mit teilweise neuen Funktionalitäten, u. a. einem neuen Wetterradar und der Synthetic Vision Technology. Die CJ3+ ist nun mit einem Wireless Media Server ausgestattet. Damit wird im Flug auch high-speed Internet möglich. Dieses Muster ist für den Einpilotenbetrieb zugelassen. Der Preis für eine Cessna CJ3+ wird mit US$ 8,44 Mio. angegeben.
Hersteller: Cessna Aircraft Company, Wichita, Kansas, USA.

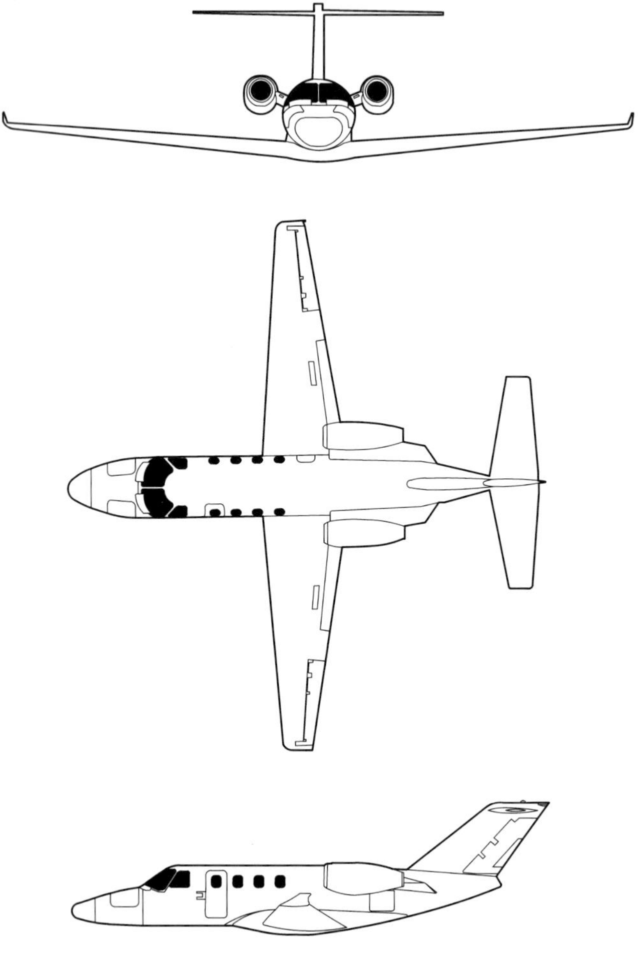

Abmessungen:
Spannweite 14,40 m
Länge 12,98 m
Höhe 4,24 m
Flügelfläche 22,30 m^2.

CESSNA 525 CITATION M2

Ursprungsland: USA.
Kategorie: Leichtes Firmenflugzeug.
Triebwerke: Zwei Mantelstromtriebwerke Williams Rolls-Royce FJ44-1AP-21 von je 891 kp (8,74 kN) Standschub.
Leistungen: Max. Reisegeschwindigkeit 748 km/h auf 9450 m (Mach 0,71); Steigzeit auf 12497 m 25 Min; max. Steiggeschwindigkeit 18,7 m/Sek; Dienstgipfelhöhe 12497 m; max. Reichweite 2852 km.
Gewichte: Rüstgewicht 3177 kg; max. Startgewicht 4853 kg.
Zuladung: Pilot und Copilot/Passagier im Cockpit und vier bis sechs Passagiere. Anstelle des sechsten Passagiersitzes kann auch eine Toilette eingebaut werden. Max. Zuladung 633 kg, bei vollen Treibstofftanks 227 kg.
Entwicklungsstand: Der erste von zwei Prototypen nahm die Flugerprobung am 9. März 2012 auf. Das erste Serienflugzeug flog erstmals am 23. August 2013. Mit den Auslieferungen begann man Ende des zweiten Semesters 2013. Bisher dürften gegen 200 M2 hergestellt worden sein.
Bemerkungen: Mit dem neuesten Glied M2 der Citation-Familie will Cessna eine Angebotslücke zwischen der Mustang (siehe Ausgabe 2017) und der Citation CJ2+ (siehe Ausgabe 2006) schließen. Sie soll als Ersatz für die nicht mehr produzierte CJ1 (siehe Ausgabe 2002) dienen. Von der Grundauslegung her sieht die M2 ihren Vorgängerinnen recht ähnlich. Die Grundstruktur besteht ebenfalls größtenteils aus Aluminiumlegierungen. Zur Gewichtsoptimierung sind einzelne Teile aus Verbundwerkstoff. Die Innenmaße der Kabine des kreisrunden Rumpfes betragen: Länge 3,35 m, Breite 1,47 m, Höhe 1,45 m. In der Flugzeugnase sowie im Rumpfheck sind zwei recht große Gepäckräume vorhanden. Die ungepfeilten Flügel verlaufen vollständig unter dem Rumpf, so dass die Kabine dadurch in der ganzen Länge nicht eingegrenzt ist. Im Cockpit ist das Avionik-System Garmin 3000 mit den heute üblichen drei LCD-Mulitifunktions-Großbildschirmen eingebaut. Cessna gibt den Preis für die Basisausführung mit US$ 4,67 Mio. an.
Hersteller: Cessna Aircraft Company, Werke Wichita und Independence, Kansas, USA.

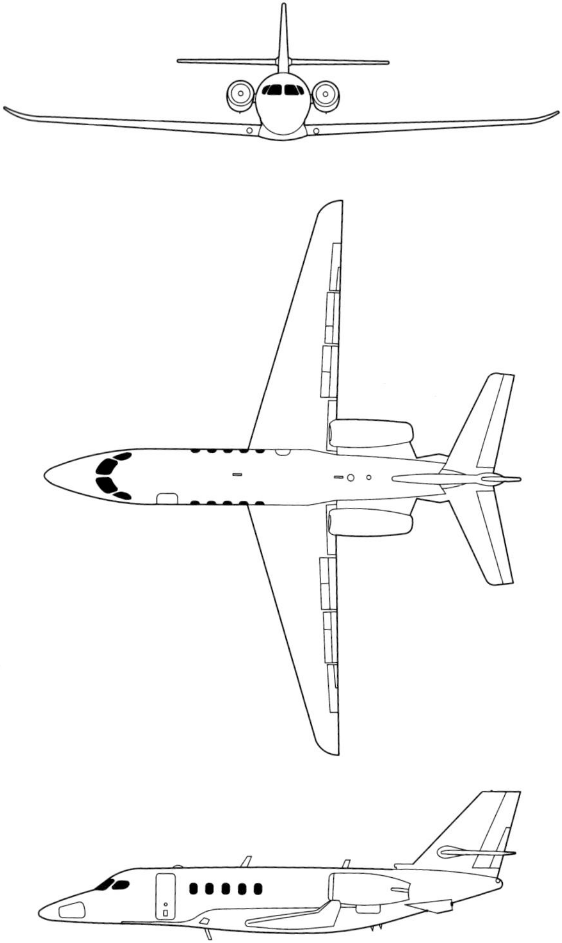

Abmessungen:
Spannweite 22,05 m
Länge 18,97 m
Höhe 6,38 m
Flügelfläche 50,40 m^2.

CESSNA 680A LATITUDE

Ursprungsland: USA.
Kategorie: Firmenflugzeug.
Triebwerke: Zwei Mantelstromtriebwerke Pratt & Whitney PW306D1 von je 2679 kp (26,27 kN) Standschub.
Leistungen: Maximale Reisegeschwindigkeit 826 km/h (Mach 0,80); Dienstgipfelhöhe 13700 m; max. Reichweite 5278 km.
Gewichte: Leergewicht 8462 kg; max. Startgewicht 13971 kg.
Zuladung: Zwei Piloten und je nach Inneneinrichtung bis zu neun Passagiere; max. Nutzlast 1154 kg, bei vollen Treibstofftanks 454 kg.
Entwicklungsstand: Ein erster von insgesamt vier Prototypen nahm die Flugerprobung am 18. Februar 2014 auf. Mit den Auslieferungen hat man im dritten Quartal 2015 begonnen. Vorderhand größter Einzelbesteller ist NetJets mit 200 Einheiten. Dieser erhielt die erste Latitude, das 7000. Exemplar der Citation-Familie, am 28. Juli 2016. Ende 2017 konnte die 100. Latitude abgeliefert werden.
Bemerkungen: Mit der neuen Latitude will Cessna die Lücke im Angebot zwischen der Cessna Citation-Reihe und der Sovereign (siehe Ausgabe 2016) ausfüllen, d.h. konkret das mittlere Segment von Geschäftsreiseflugzeugen. Dieses ist bereits durch Konkurrenzmuster, wie beispielsweise der EMBRAER 450/500 (siehe Seiten 156/157) prominent besetzt. Flügel, Heckstruktur und Triebwerkaufhängung stammen von der Sovereign, der Rumpf ist dagegen eine völlige Neukonstruktion. Wesentliche Teile der Struktur von Rumpf und Flügel sind aus Aluminium. Auf eine möglichst komfortable Kabine mit den Innenmaßen von Länge 6,63 m, Breite 1,96 m und Höhe 1,83 m wurde besonders geachtet. Sie weist einen ebenen Boden auf und ermöglicht Stehhöhe. Erstmals in einem Businessjet sind Airbags in der Kabine integriert. Eingebaut ist die neueste Cockpit-Generation Garmin G5000. Der Hersteller gibt den Basispreis für die Latitude mit US$ 16,3 Mio. an.
Hersteller: Cessna Aircraft Company, Werk Wichita, Kansas, USA.

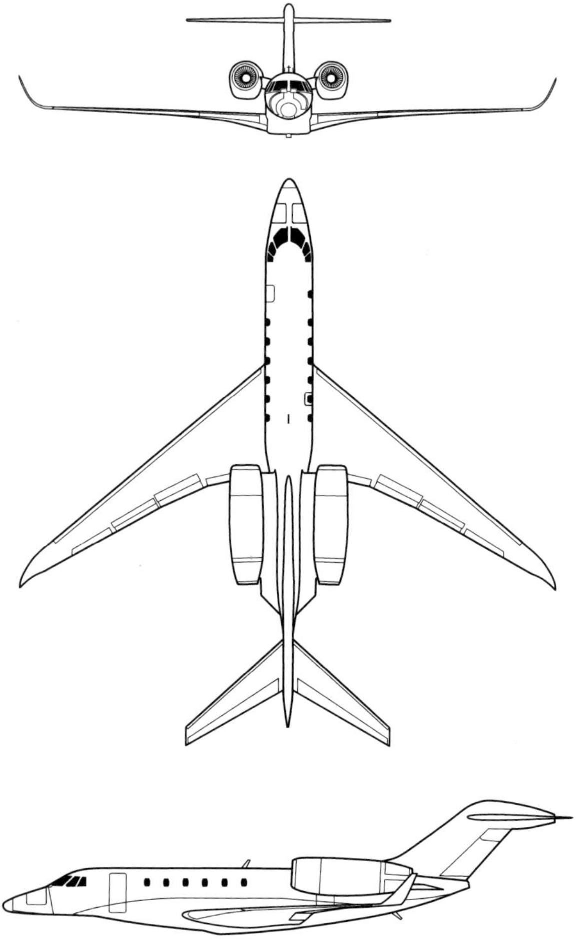

Abmessungen:
Spannweite 21,09 m
Länge 22,43 m
Höhe 5,86 m
Flügelfläche 48,96 m^2.

CESSNA 750 NEW CITATION X+

Ursprungsland: USA.
Kategorie: Firmenflugzeug.
Triebwerke: Zwei Mantelstromtriebwerke Rolls Royce (Allison) AE 3007C2 von je 3190 kp (31,28 kN) Standschub.
Leistungen: Max. Reisegeschwindigkeit 978 km/h bzw. Mach 0,935; Anfangssteiggeschwindigkeit 22,0+ m/Sek; Dienstgipfelhöhe 15545 m; IFR-Reichweite bei Mach 0,82 mit sechs Passagieren und 45 Min. Reserven 6004 km, max. Reichweite 6408 km.
Gewichte: Leergewicht 10038 kg; max. Startgewicht 16601kg.
Zuladung: Zwei Mann Cockpitbesatzung und normalerweise acht, maximal aber bis zu 12 Passagiere in Einzelsitzen und einer dreiplätzigen Couch; Nutzlast mit vollen Treibstofftanks 834 kg, max. 1291 kg.
Entwicklungsstand: Das erste Erprobungsmuster der Citation X nahm die Flugtests am 21. Dezember 1993 auf. Die Kundenauslieferungen begannen im Juni 1996. Rund 350 wurden bisher hergestellt. Die neue Version, nun als Citation X+ bezeichnet, flog erstmals am 17. Januar 2012. Am 1. August 2013 folgte das erste Serienmuster. Bedingt durch technische Verzögerungen begannen die Kundenauslieferungen erst im Juni 2014.
Bemerkungen: Das bisherige Topmodell Citation X von Cessna wurde von der Citation X+ abgelöst. Der Hersteller lancierte die um 0,38 m längere, mit Rolls Royce-Triebwerken AE3007 neuerer Generation ausgerüstete Weiterentwicklung. Sie erhält ein völlig neues Cockpit Garmin G5000 mit Head-Up-Display, ausgerüstet u. a. mit drei großen und mehreren kleinen LCD-Multifunktionsbildschirmen. Die Citation X+ weist in Teilbereichen bessere Flugleistungen auf. Cessna behauptet, dass dieses Modell mit der auf Mach 0,935 angehobenen Geschwindigkeit weiterhin das schnellste Geschäftsreiseflugzeug im Markt sei. Mit der größeren Reichweite kann beispielsweise die Strecke von New York nach London nonstop beflogen werden. Der Durchmesser des Innenraums bleibt mit einer Breite von 1,67 m und einer Höhe von 1,73 m gleich wie bei der Citation X. Die Länge der Kabine beträgt nun aber 7,67 m.
Hersteller: Cessna Aircraft Company, Wichita, Kansas, USA.

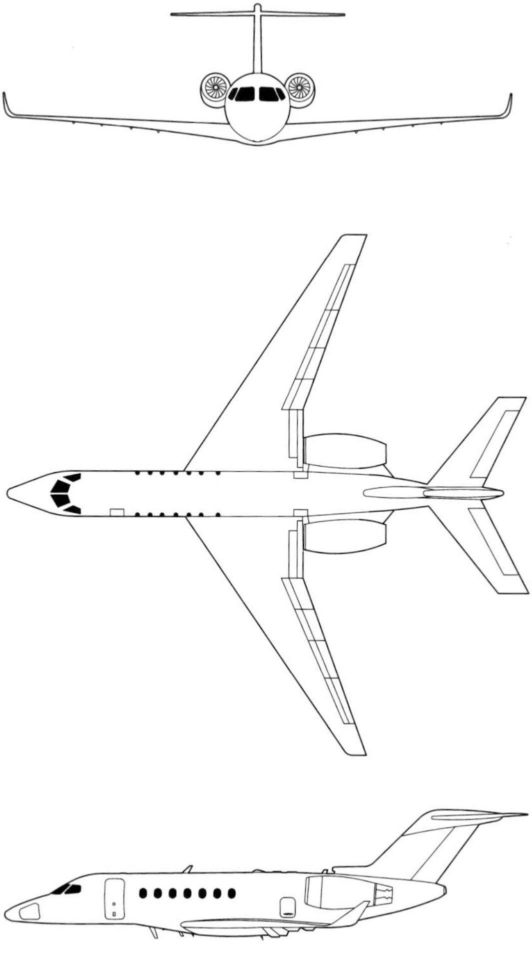

Abmessungen:
Spannweite 21,01 m
Länge 22,30 m
Höhe 5,91 m
Flügelfläche 49,91 m^2.

CESSNA LONGITUDE

Ursprungsland: USA.
Kategorie: Mittelstrecken-Firmenflugzeug.
Triebwerke: Zwei Mantelstromtriebwerke Honeywell HTF7700L von je 3447 kp (33,81 kN) Standschub.
Leistungen: Max. Reisegeschwindigkeit 882 km/h (Mach 0,84); Steigzeit auf 13715 m 22 Min; Dienstgipfelhöhe 13715 m; Reichweite mit vier Passagieren 6480 km.
Gewichte: Max. Startgewicht 17917 kg.
Zuladung: Zwei Piloten im Cockpit und je nach Innenausstattung normalerweise acht, aber bis zu 12 Passagiere; Nutzlast bei max. Tankfüllung 725 kg.
Entwicklungsstand: Ein erster Prototyp nahm die Flugerprobung am 8. Oktober 2016 auf, gefolgt vom zweiten bereits dem Serienstandard entsprechenden am 19. November 2016. Mittlerweile fliegen vier Erprobungsmuster. Die Zulassung wird für Anfang 2018 erwartet. Der Bestellungsstand ist nicht bekannt.
Bemerkungen: Bei der Longitude handelt es sich um Cessna's erste vollständige Neuentwicklung seit langem und keine Verbesserung bestehender Typen. Zusammen mit der Latitude (siehe Seiten 108/109) weist die Longitude von allen Cessna-Modellen den größten Rumpfquerschnitt mit Innenbreite von 1,96 m und Innenhöhe von 1,83 m auf. Die Kabinenlänge beläuft sich auf 7,67 m. Auch bezüglich Komfort sollen Bestwerte erzielt werden. Jeder Passagiersitz verfügt über einen Touchscreen, mit welchem man u. a. die Beleuchtung, die Fensterverdunkelung, das Unterhaltungssystem und die dynamische Realtime-Karte bedienen kann. Hinten in der Kabine ist eine kleine Küche eingebaut. Das Cockpit verfügt über die Avionik Garmin G5000 mit Synthetic Vision Technology. Eingebaut ist eine Fly-By-Wire-Steuerung. Der Kaufpreis bewegt sich in der Größenordnung von US$ 24 Mio. Ursprünglich hätte die Longitude mit dem Safran Silvercrest-Triebwerk ausgerüstet werden sollen. Da sich dessen Entwicklung erheblich verspätet, wurde es durch das schwächere HTF7700L ersetzt. Eine weiter entwickelte Ausführung Hemisphere mit breiterem Rumpf und größerer Reichweite wurde 2016 angekündigt. Sie soll erstmals 2019 fliegen.
Hersteller: Cessna Aircraft Company, Wichita, Kansas, USA.

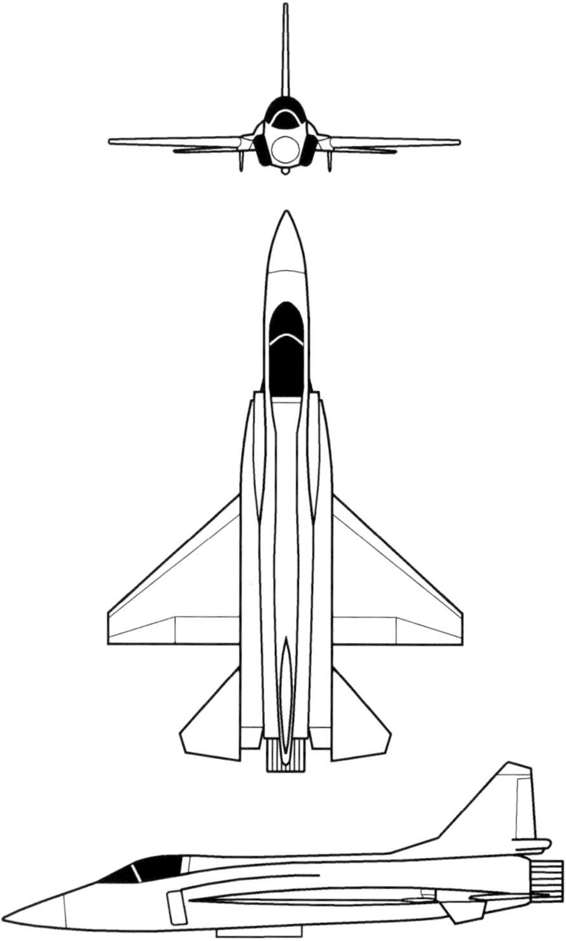

Abmessungen:
Spannweite 9,46 m
Länge 14,26 m
Höhe 4,77 m
Flügelfläche 24,40 m^2.

JCHENGDU FC-1/JF-17 SUPER 7

Ursprungsland: Volksrepublik China.
Kategorie: Einsitziger Luftüberlegenheitsjäger und Erdkämpfer.
Triebwerke: Ein Mantelstromtriebwerk Klimow RD-93 von 5040 kp (49,4 kN) ohne und 8300 kp (81,4 kN) mit Nachverbrennung.
Leistungen (geschätzt): Höchstgeschwindigkeit ohne Außenlasten 1600 km/h (Mach 1,6); Dienstgipfelhöhe 16700 m; Aktionsradius als Jäger 1200 km, als Erdkämpfer 700 km; Reichweite mit internem Kraftstoff 1800 km; Überführungsreichweite 3000 km.
Gewichte: Leergewicht 6585 kg; Startgewicht normal beladen ohne Außenlasten 9100 kg; max. Startgewicht 12400 kg.
Bewaffnung: Eine doppelläufige 23-mm-Kanone GSh-223-2 links unter dem Rumpf und Luft-Luft- bzw. Luft-Boden-Lenkwaffen sowie Bomben an vier Stationen unter den Flügeln, zwei an den Flügelspitzen und einer unter dem Rumpf. Max. Waffenladung 3600 kg.
Entwicklungsstand: Das erste Erprobungsmuster nahm die Flugerprobung am 25. August 2003 auf. Im März 2007 wurde die erste Serienmaschine der Pakistanischen Luftwaffe übergeben. Pakistan will bis zu 200 Einheiten beschaffen (Lizenzbau), 100 davon sind bisher bestellt. Myanmar hat 16, Sri Lanka 18 und Nigeria 3 FC-1 bestellt. Die neue Doppelsitzerausführung JF-17B flog erstmals am 27. April 2017.
Bemerkungen: Das chinesisch-pakistanische Gemeinschaftsprojekt FC-1 wurde in enger Zusammenarbeit mit der russischen MAPO entwickelt. Als kompakter Allwetter-Mehrzweckjäger soll er den Leistungen der F-16 nahekommen. In der Auslegung ist die FC-1 recht konventionell. Rumpf wie Flügel bestehen aus Aluminium. Die Steuerung ist noch vollständig Servo-gesteuert. Spätere Ausführungen sollen ein Fly-By-Wire-System erhalten. Eingebaut ist eine chinesische Avionik mit dem Mehrzweckradar KLJ-7. Damit ist die JF-17 eines der wenigen Kampfflugzeuge, welches keinerlei US-Systeme verwendet. Derzeit entwickelt Chengdu eine Version Block 2, u.a. ausgerüstet mit einem AESA-Radar, Infrarot-Zielverfolgungssystem sowie der Möglichkeit zur Luftbetankung. Sie soll auch modernste Abstandswaffen mitführen können, neuerdings aber auch chinesische Antischiffs-Lenkwaffen CM-400 AKG. Allenfalls würde diese Ausführung mit einem neuen Triebwerk WS-13 Taishan ausgerüstet.
Hersteller: Chengdu Aircraft Industrial Corp., Chengdu, Sichuan, Volksrepublik China bzw. Pakistan Aeronautical Complex, Kamra, Pakistan.

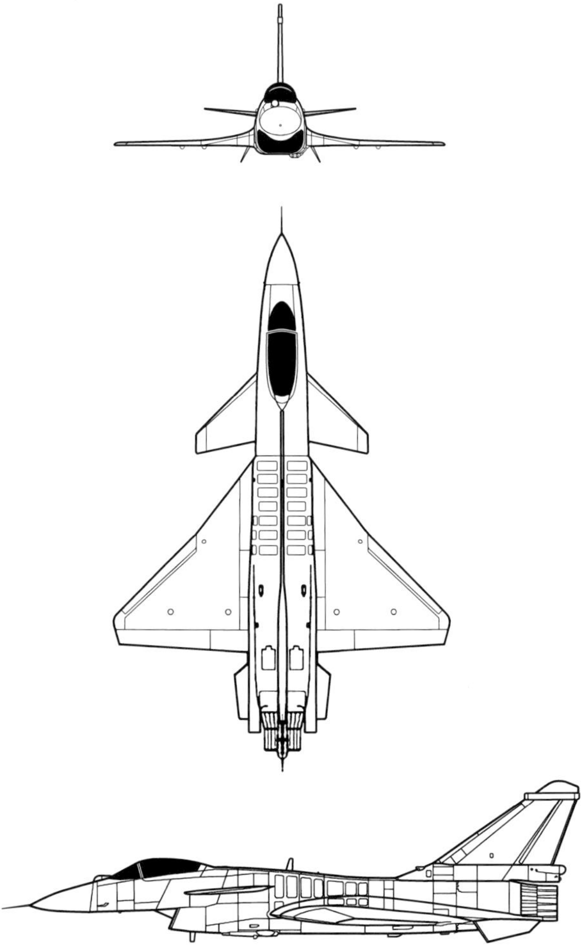

Abmessungen:
Spannweite Hauptflügel 9,75 m, Vorflügel 5,30 m
Länge 16,43 m
Höhe 5,43 m
Fläche Hauptflügel 39,00 m^2, Vorflügel 4,70 m^2.

CHENGDU J-10

Ursprungsland: Volksrepublik China.
Kategorie: Einsitziger Mehrzweckjäger und zweisitziger Einsatztrainer.
Triebwerke: Ein Mantelstromtriebwerk Saturn/Lyulka AL-31FN von 8100 kp (79,4 kN) Standschub ohne und 12800 kp (125,50 kN) mit Nachverbrennung.
Leistungen: Höchstgeschwindigkeit Mach 1,8 in großen Höhen, auf Meereshöhe Mach 1,2; Dienstgipfelhöhe 17000 m; Aktionsradius 660 km; Reichweite ohne Zusatzbehälter 1650 km.
Gewichte: Leergewicht 9730 kg; normales Startgewicht 12400 kg, max. 18600 kg.
Bewaffnung: Eine Kombination von Kurzstrecken-Luft-Luft-Lenkwaffen PL-8, Mittelstrecken-Luft-Luft-Lenkwaffen PL-11 und Zusatztanks/Luft-Boden-Raketen/Bomben an bis zu elf Waffenstationen; max. Waffenlast rund 6600 kg. Zudem ist eine 23-mm-Kanone eingebaut.
Entwicklungsstand: Der erste Prototyp führte am 24. März 1998 seinen Erstflug aus, der doppelsitzige Prototyp J-10S folgte am 26. Dezember 2003. Seit 2004 ist die J-10 bei der Luftwaffe der VR China im Einsatz. Je nach Quelle sind bisher über 400 Exemplare hergestellt worden. Derzeit produziert der Hersteller nur noch die Variante F-10B (Erstflug 23.Dezember 2008). Sie soll 2015 die Einsatzreife erreicht haben.
Bemerkungen: Beim Mehrzweckjäger J-10 sind außer dem russischen Triebwerk alle Systeme chinesischer Provenienz. Die J-10 verfügt über eine digitale Fly-By-Wire-Steuerung. Zu Beginn des Jahres 2011 ist auch die Marineversion J-10AH in Einsatz gelangt. Sie unterscheidet sich primär durch eine fix montierte Betankungssonde. Über die verbesserte Ausführung J-10B gibt es verschiedene Informationen. Der Triebwerkeinlauf ist überarbeitet, die Rumpfnase für ein neues AESA-X-Band-Radar umkonstruiert und mit einem Infrarot-Zielsuchsystem ausgestattet, die Zelle verstärkt und das Seitenleitwerk vergrößert. Zudem befinden sich zwei weitere Waffenaufhängepunkte unter den Flügeln. Ein verstärktes Triebwerk WS-10B eventuell auch mit Vektor-Steuerung soll später anstelle des russischen AL-41FN eingebaut werden. Über die neue Ausführung J-10C (Erstflug Dezember 2013) weiß man noch nichts Konkretes, vermutet aber, dass sie mit dem Triebwerk WS-10C mit einer Leistung von 14000 kp (137,80 kN) inkl. Nachverbrennung ausgerüstet ist.
Hersteller: CAC, Chengdu Aircraft Industrial Corporation, Chengdu, Sichuan, Volksrepublik China.

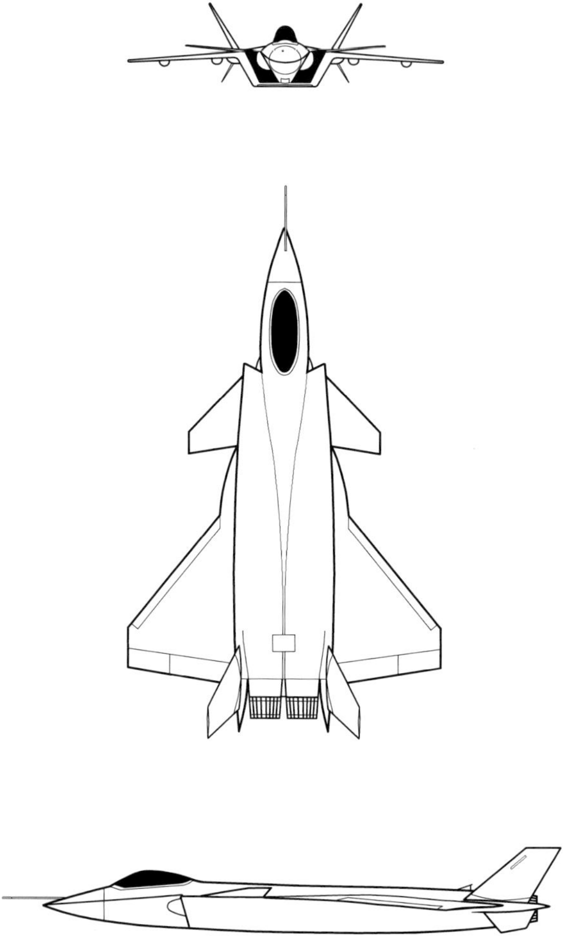

Abmessungen (nach unbestätigten Angaben):
Spannweite 13,00 m
Länge etwa 20,30 m
Höhe 4,45 m
Flügelfläche vermutlich 78 m^2.

CHENGDU J-20 BLACK EAGLE

Ursprungsland: Volksrepublik China.
Kategorie: Einsitziger Luftüberlegenheitsjäger, vielleicht aber auch Angriffsflugzeug für mittlere Strecken.
Triebwerke: Alle bisher geflogenen J-20 verfügen über zwei Mantelstromtriebwerke der Saturn AL-31-Familie, spätere Varianten dürften mit der Shenyang WS-15 Emel mit einer Leistung von rund 13600 kp (133,00 kN) ausgerüstet werden.
Leistungen (nach unbestätigten Angaben): Höchstgeschwindigkeit Mach 2,5; Dienstgipfelhöhe 20000 m; Einsatzradius 2000 km; Überführungsreichweite 5500 km.
Gewichte (nach unbestätigten Angaben): Leergewicht 19000 kg; Startgewicht zwischen 34000 und 36000 kg.
Bewaffnung: Soweit bisher erkennbar, kann die J-20 in zwei internen Waffenschächten vor allem moderne Abfang- und Angriffslenkwaffen mitführen, darunter die neue Luft-Luft-Kurzstreckenlenkwaffe PL-10 und die Langstreckenlenkwaffe PL-15.
Entwicklungsstand: Am 11. Januar 2011 nahm der erste Prototyp die Flugerprobung auf. Aktuell fliegen an Prototypen, Vorserien- und Serienflugzeugen rund 20 J-20. Mittlerweile ist die Produktion einer ersten Kleinserie angelaufen, eine erste Staffel wurde anfangs 2017 aufgestellt.
Bemerkungen: Die Chengdu J-20 ist soweit bekannt das erste Flugzeug chinesischer Produktion, das über sog. Stealth-Eigenschaften verfügt. Es handelt sich um einen Deltaflügler mit Canards. Die doppelt vorhandenen Seitenleitwerke sind nach außen abgewinkelt und voll beweglich, die rautenförmigen Lufteinlässe liegen am Bug an und sind als Diverterless Supersonic Inlets (DSI) ausgeführt. Vermutlich wird das Flugzeug durch ein Fly-By-Wire-System gesteuert. Eingebaut dürfte ein AESA-Radar vom Typ 1475/KLJ5 sein. Gewisse Quellen vermuten, dass die J-20 auch für Strike-Einsätze vorgesehen ist. Der vierte Prototyp weist einige Änderungen auf, u.a. überarbeitete Lufteinläufe, geändertes Seitenleitwerk und einen Behälter unten am Rumpf, voraussichtlich ein elektro-optisches Zielsystem enthaltend. Auch die Vorserienmuster weisen gewisse sichtbare Anpassungen auf. Sobald das chinesische WS-15-Triebwerk einsatzbereit ist, dürfte die J-20 ohne Nachbrenner Überschallgeschwindigkeit erreichen.
Hersteller: CAC, Chengdu Aircraft Industrial Corporation, Chengdu, Sichuan, Volksrepublik China.

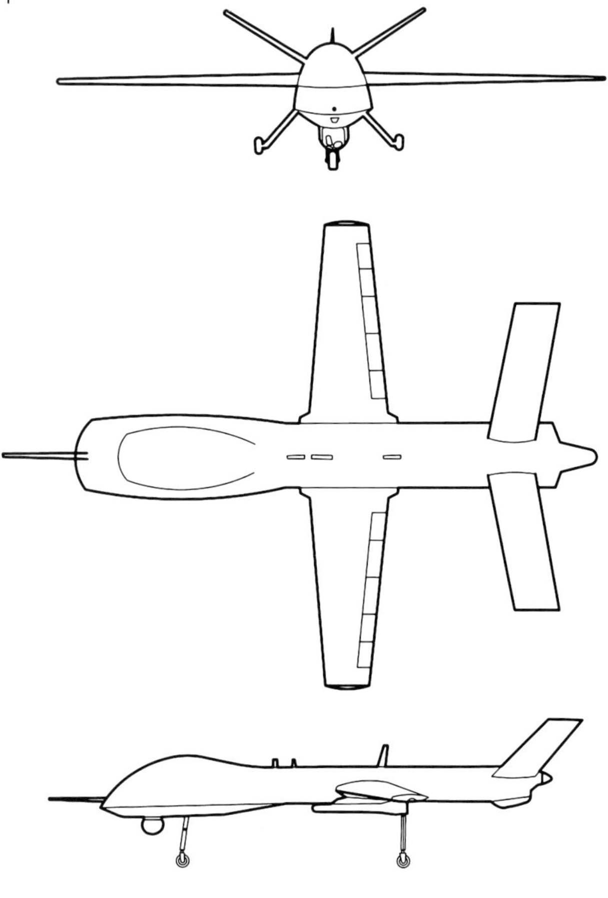

Abmessungen (I/ I-D/II):
Spannweite 14,00/17,60/20,50 m
Länge 9,10/8,70/11,00 m
Höhe 2,80/3,20/ 4,10 m.

CHENGDU WING LOONG I, I-D, II

Ursprungsland: Volksrepublik China.
Kategorie: Unbemannte Drohnen für Erdkampf-, Aufklärungs- und ELINT-Aufgaben in mittleren Höhen.
Triebwerke: (I/I-D) Ein Kolbenmotor-Triebwerk unbekannter Leistung bzw. (II) eine Propellerturbine unbekannten Typs von ca. 700 WPS (520 kW) Leistung.
Leistungen (I/I-D/II): Höchstgeschwindigkeit 280/280/370 km/h; Dienstgipfelhöhe 6000/7500/9000 m; (II) Aktionsradius 1500 km; max. Flugdauer 20/35/20 Std.
Gewichte (I/I-D/II): Max. Startgewicht 1200/1500/4200 kg.
Zuladung (I/I-D/II): Aufklärungs- und Elektronikausrüstung bis zu einem Gewicht von 200/400/480 kg.
Bewaffnung: Gemäß Bildern können die verschiedenen Ausführungen der Wing-Loong eine Vielzahl von Waffen mitführen, u. a. Panzerabwehrlenkwaffen, Luft-Boden-Lenkbomben und Laser-gesteuerte Bomben.
Entwicklungsstand: Der Erstflug des Ausgangsmusters Wing Loong I fand im Oktober 2007 statt. Rund 250 Einheiten befinden sich bei diversen Luftwaffen im Einsatz, u. a. der VR China, Ägypten, Kazakhstan, Nigeria, Saudi Arabien, UAE, Usbekistan. Sie wurde in mehreren Versionen weiterentwickelt, u. a. in die Ausführung I-D und II (letztere Erstflug 27. Februar 2017).
Bemerkungen: Die chinesische Luftfahrtindustrie entwickelt neue Drohnen in einem beeindruckenden Tempo. Eine Familie davon ist jene der Wing-Loong, von denen es vermutlich sechs verschiedene Ausführungen gibt. Gelegentlich werden sie auch als Yi Long bzw. Pterodactyl bezeichnet. Alle sind weitgehend aus Verbundwerkstoffen hergestellt. Die Wing-Loong verfügt über ein Synthetic Aperture Radar (= hochauflösendes Radar) und ein FLIR-Infrarot-Nachtsichtgerät in einem Kugelbehälter vorne unter dem Rumpf. Weiter kann sie intern verschiedene Sensoren mitführen. Die Wing Loong II ist wesentlich größer und leistungsfähiger und weist Flügel mit Winglets auf. Sie verfügt unter dem Rumpf und unter den Flügeln über 12 Waffenstationen. Alle Wing Loongs können automatisch starten und landen. Leider sind die verschiedenen Quellen dermaßen widersprüchlich, dass alle hier gemachten Angaben als sehr provisorisch anzusehen sind.
Hersteller: Chengdu Aircraft Industrial Corporation, Chengdu, Sichuan, Volksrepublik China.

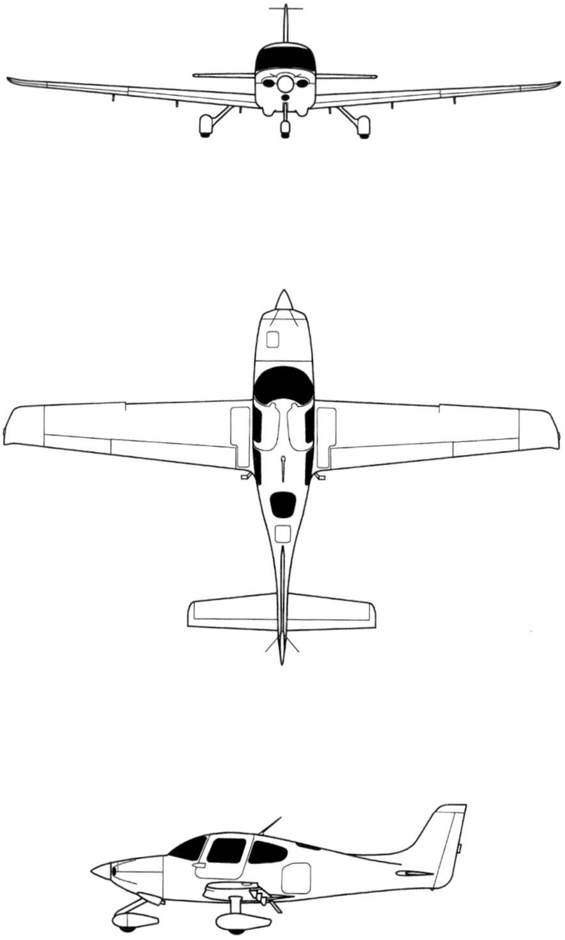

Abmessungen:
Spannweite 11,68 m
Länge 7,92 m
Höhe 2,71 m
Flügelfläche 13,46 m^2.

CIRRUS SR20/SR22/SR22T G6

Ursprungsland: USA.
Kategorie: Sport- und Reiseflugzeug.
Triebwerke (SR20 G6): Ein luftgekühlter Vierzylinder-Boxermotor Continental IO-390 von 215 PS (162 kW), (SR22 Generation 5): Ein luftgekühlter Sechszylinder-Boxermotor Continental IO-550-N von 310 PS (234) kW) bzw. (SR22T) Continental TSIO-550-K von 315 PS (238 kW) Leistung.
Leistungen (SR22 Generation 5): Max. Reisegeschwindigkeit 338 km/h; Anfangssteiggeschwindigkeit 6,45 m/Sek; Dienstgipfelhöhe 5334 m, max. Reichweite mit IFR-Reserven 1500 km.
Gewichte (SR22 Generation 5)**:** Leergewicht 1025 kg; max. Startgewicht 1632 kg.
Zuladung: Pilot und drei Passagiere bzw. Generation 5 vier Passagiere, max. Nutzlast rund 605 kg.
Entwicklungsstand: Im Januar 2017 wurde die aktuellste Ausführung der SR20/22-Familie, die G6 bzw. Generation 6 vorgestellt. Erhältlich ist sie in den Versionen SR20, SR22 und SR22T. Die mittlerweile zahlreiche Familie der Cirrus-Propellerflugzeuge wurde in früheren Ausgaben von Flugzeuge der Welt vorgestellt. Von allen Varianten werden derzeit jährlich rund 300 Maschinen gebaut. Mehr als 6500 Einheiten sind mittlerweile hergestellt worden. Die Lufthansa-Flugschule hat für die Anfängerschulung 25 Cirrus SR20 bestellt.
Bemerkungen: Die Modellvielfalt der Cirrus nimmt weiter zu und das Ausgangsprodukt wird konsequent weiterentwickelt. Die wesentlichste Neuerung der G6-Reihe besteht darin, dass eine völlig neue Avionik Perspective+™ von Garmin eingebaut ist. Diese zeichnet sich durch höhere Leistungen, schnellere Reaktionen und eine verbesserte Connecitivät aus. An den Flügelenden sind neue LED-Positionslichter Cirrus Spectra™ eingebaut. Die SR20 G6 weist eine um ca. 60 kg höhere Nutzlast auf. Von allen drei Modellen sind unter der Bezeichnung Xi auch Ausführungen erhältlich, welche spezifisch nach Kundenwünschen ausgestattet werden. Für die jeweilige Basisausführung der SR20 bzw. SR22 verlangt Cirrus einen Preis von US$ 350 000.– bzw. 482 000.–.
Hersteller: Cirrus Design Corp. (seit 2011 Tochtergesellschaft der CAIGA, China Aviation Industry General Aircraft Co. Ltd., VR China), Duluth, Minnesota, USA.

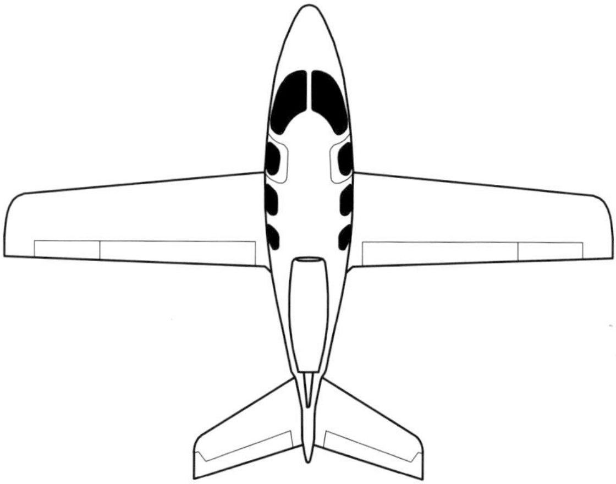

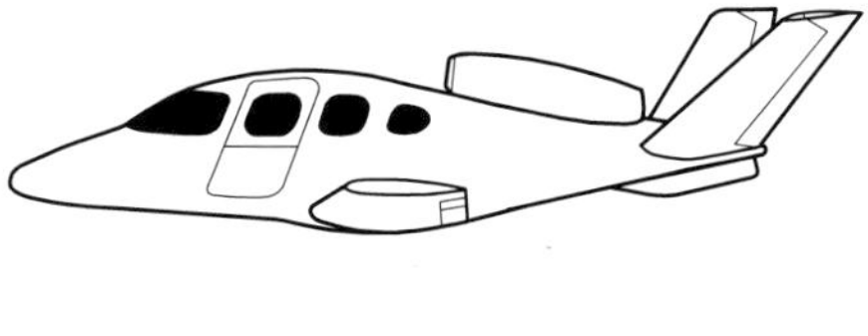

Abmessungen:
Spannweite 11,79 m
Länge 9,42 m
Höhe 3,32 m
Flügelfläche ca. 18,18 m^2.

CIRRUS VISION SF50

Ursprungsland: USA.
Kategorie: Leichtes düsengetriebenes Sport- und Reiseflugzeug.
Triebwerke: Ein Mantelstromtriebwerk Williams International FJ33-5A von 816 kp (8,00 kN) Standschub.
Leistungen: Maximale Reisegeschwindigkeit 590 km/h; normale Reisegeschwindigkeit 555 km/h; Dienstgipfelhöhe 8535 m; normale Reichweite 1850 km, maximal 2590 km.
Gewichte: Rüstgewicht 1678 kg; max. Startgewicht 2727 kg.
Zuladung: Ein Pilot und normal vier, maximal bis zu sechs Passagiere; Nutzlast bei vollen Treibstofftanks 180 kg, max. Nutzlast 545 kg.
Entwicklungsstand: Ein Erprobungsträger flog erstmals am 3. Juli 2008. Der Produktionsprototyp C-Zero startete am 24. März 2014 zum Erstflug, gefolgt vom zweiten C-One am 26. November 2014. Nach längeren Verzögerungen erhielt die Vision im Oktober 2016 die Zulassung. Somit konnten im November die ersten Auslieferungen beginnen. Bisher liegen Bestellungen für rund 600 Maschinen vor. Ab 2018 soll die Produktion auf rund 100 Visions gesteigert werden.
Bemerkungen: In mehreren Belangen ist das erste Flugzeug mit Strahlantrieb von Cirrus eine echte Innovation. Im Gegensatz zu den meisten übrigen ähnlichen Konstruktionen fokussiert dieses Muster nicht auf den Taxiflugmarkt, sondern auf jenen der Privatpiloten, welche ihr einmotoriges Sportflugzeug durch ein höherwertiges Düsenflugzeug ersetzen möchten. Die Vision soll besonders einfach zu fliegen sein. Die Cockpitausrüstung sieht sehr futuristisch aus. Dem Passagierkomfort wird größte Beachtung geschenkt. So soll die Kabine mehr Raum pro Person bieten als einige Konkurrenzmuster. Die Konstruktion besteht vollständig aus Verbundwerkstoffen, wobei das V-förmige Höhenruder besonders auffällt. Einmalig für Jets ist das Rettungssystem mit Fallschirm, welches von den SR20/22-Modellen übernommen wird. Markant ist auch das oben am Rumpf angebrachte Triebwerk, welches für dieses Muster diverse Vorteile bringen soll. Der Wirtschaftlichkeit wird große Beachtung geschenkt. So sollen die Betriebskosten sehr tief sein. Cirrus gibt mit Garmin G3000-Avionik einen Kaufpreis von rund US$ 2 Mio. an.
Hersteller: Cirrus Design Corp. (seit 2011 Tochtergesellschaft der CAIGA, China Aviation Industry General Aircraft Co. Ltd., VR China), Duluth, Minnesota, USA.

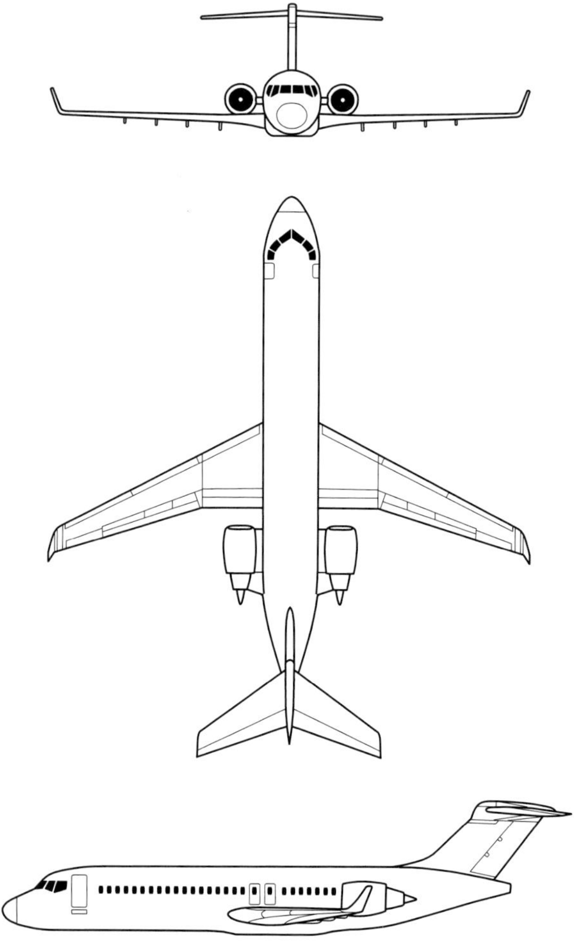

Abmessungen:
Spannweite 27,28 m
Länge (ARJ21-700 bzw. 900) 33,46 bzw. 36,36 m
Höhe 8,44 m
Flügelfläche 79,86 m^2.

COMAC ARJ 21

Ursprungsland: Volksrepublik China.
Kategorie: Kurz- und Mittelstrecken-Verkehrsflugzeug.
Triebwerke: Zwei Mantelstromtriebwerke General Electric CF34-10A von je (ARJ21-700/900) 6954 kp (68,20 kN) bzw. 7737 kp (75,88 kN) Standschub.
Leistungen: Max. Reisegeschwindigkeit Mach 0,82; Dienstgipfelhöhe 11900 m; Reichweite (ARJ21-700STD/900STD) 2225 km, (ARJ-21-700ER/900ER) 3750/3334 km.
Gewichte: Leergewichte (ARJ21-700STD/ER, 900STD/ER) 24955 kg, 26270/26770 kg; max. Startgewichte (ARJ21-700STD/ER, 900STD/ER) 40500/43500 kg, 43616/47182 kg.
Zuladung: Zwei Mann Cockpitbesatzung und (ARJ21-700) zwischen 70 und 80 bzw. (ARJ21-900) zwischen 90 und 100 Passagiere in einer klassischen Kabinenaufteilung mit vier bzw. fünf Sitzen pro Reihe. Max. Nutzlast 11246 kg.
Entwicklungsstand: Der erste Prototyp startete am 28. November 2008 zum Erstflug, gefolgt vom zweiten am 1. Juli 2009. Insgesamt wurden vier Erprobungsmuster gebaut. Nach erheblichen technisch bedingten Verzögerungen wurde die erste Serienmaschine im Dezember 2015 an die Chengdu Airlines ausgeliefert. Primär von chinesischen Luftfahrt- und Leasinggesellschaften lagen Ende 2017 Bestellungen für rund 200 Maschinen vor, alle der Version ARJ21-700. Etwa sechs befanden sich zu diesem Zeitpunkt mittlerweile im Liniendienst.
Bemerkungen: Beim 2002 gestarteten Entwicklungsprogramm ARJ21 **A**dvanced **R**egional **J**et handelt es sich um das erste düsengetriebene Regionalflugzeug, welches vollständig in der Volksrepublik China entwickelt und dort gebaut wird. Von der Kategorie her ist dieses Muster mit der EMBRAER-Reihe 170 bis 195 (siehe Seiten 150/151) und der Suchoj Superjet 100 (siehe Seiten 298/299) vergleichbar. Zwei Passagiervarianten bietet der Hersteller an: Die Basisausführung ARJ21-700 sowie die verlängerte ARJ21-900. Beide gibt es als Normalvariante STD und für längere Strecken als ER. Später soll eine auf dem Rumpf der ARJ21-700 basierende Frachtversion ARJ21F hinzukommen, die fünf sog. LD7-Container aufnehmen kann. Eine Businessjet-Version mit 20 Sitzplätzen wird ebenfalls gebaut. Erste fünf Exemplare sind bereits bestellt.
Hersteller: COMAC Commercial Aircraft Corporation of China Ltd., Endmontage bei Shanghai Aircraft Manufacturing Co. Ltd., Shanghai, Volksrepublik China.

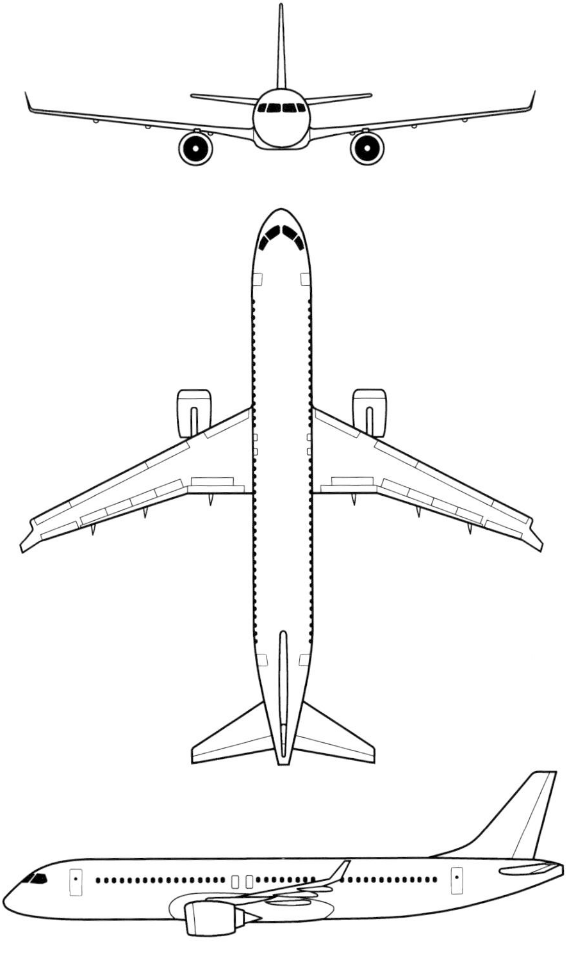

Abmessungen:
Spannweite 35,80 m
Länge 38,90 m
Höhe 11,95 m
Flügelfläche 129,15 m^2.

COMAC C919

Ursprungsland: Volksrepublik China.
Kategorie: Kurz- und Mittelstrecken-Verkehrsflugzeug.
Triebwerke: Zwei Mantelstromtriebwerke CFM International Leap-X1C von je 13000 kp (133,00 kN) Leistung.
Leistungen (nach Angaben des Herstellers): Normale Reisegeschwindigkeit 834 km/h (Mach 0,785); Dienstgipfelhöhe 12100 m; Reichweite je nach Ausführung zwischen 4075 und 5556 km.
Gewichte: Max. Abfluggewicht 77300 kg.
Zuladung: Zwei Mann Cockpitbesatzung und in Einklassenausstattung bis zu 174 Passagiere in Sechserreihen, normalerweise aber 156 Passagiere in zwei Klassen. Max. Nutzlast rund 20000 kg.
Entwicklungsstand: Ein erster von drei geplanten Prototypen startete am 5. Mai 2017 zum Erstflug, gefolgt vom zweiten am 17. Dezember 2017. Aktuellen Plänen zufolge verzögert sich die Aufnahme des Liniendienstes auf 2020 oder sogar 2021. Bisher sind ausschließlich von chinesischen Fluggesellschaften und Leasingunternehmen rund 170 Festaufträge eingegangen. Unter Berücksichtigung der Optionen und Letters of Intent sind es sogar etwa 770 Einheiten von 27 Bestellern.
Bemerkungen: Mit diesem Flugzeugprogramm wagt die Volksrepublik China den Eintritt in den schwierigen, von Airbus und Boeing weitgehend kontrollierten Markt der 150- bis 180-Sitzer. Vorerst sollen zwei Varianten angeboten werden, die sich primär durch die Reichweitenleistungen unterscheiden. Später dürften noch weitere Ausführungen folgen. Die ersten Muster werden einstweilen nur mit dem Leap-X1C-Triebwerk angeboten, später sollen alternative Antriebe, z. B. die chinesische CJ-1000A, hinzukommen. Die ganze Struktur ist weitgehend aus Aluminium-Lithium, an einzelnen Stellen gelangen Composite-Werkstoffe zum Einbau. Der Rumpfdurchmesser wurde gegenüber den westlichen Konkurrenzmustern etwas breiter konzipiert und lässt somit den Passagieren besseren Komfort zukommen. Fast alle chinesischen Flugzeugproduzenten beteiligen sich an diesem Projekt. Nachdem die C919 voraussichtlich weniger durch technologische Spitzenwerte punkten wird, dürfte vermutlich der günstige Preis das Muster durchaus auch für Kunden außerhalb Chinas attraktiv erscheinen lassen.
Hersteller: COMAC Commercial Aircraft Corporation of China Ltd., Endmontage bei Shanghai Aircraft Manufacturing Co. Ltd., Shanghai, Volksrepublik China.

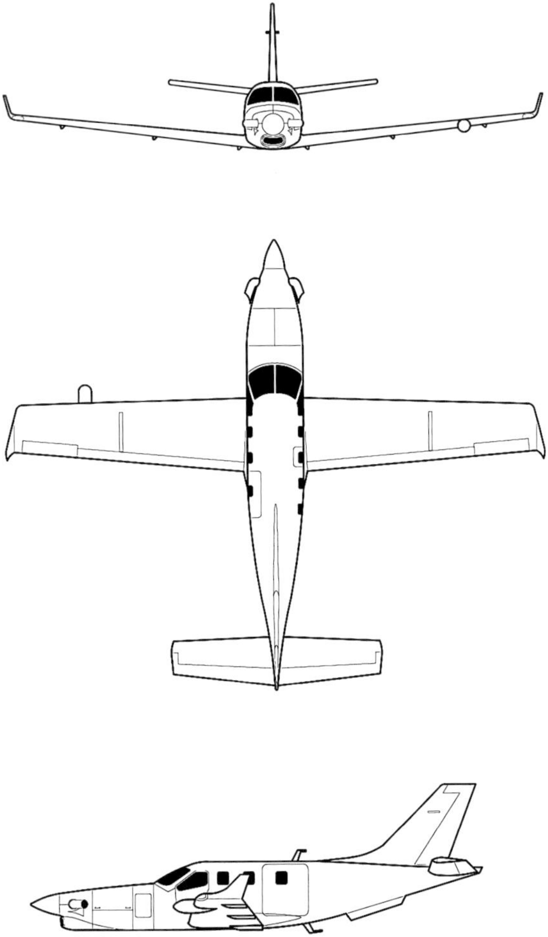

Abmessungen:
Spannweite 12,83 m
Länge 10,73 m
Höhe 4,35 m
Flügelfläche 18,00 m^2.

DAHER TBM 910/930

Ursprungsland: Frankreich.
Kategorie: Leichtes Mehrzweckflugzeug.
Triebwerke: Eine Propellerturbine Pratt & Whitney Canada PT6A-66D von 850 WPS (633 kW) Leistung.
Leistungen: Maximale Reisegeschwindigkeit 611 km/h auf 8530 m; normale Reisegeschwindigkeit 467 km/h; Anfangssteiggeschwindigkeit 11,7 m/Sek; Dienstgipfelhöhe 9449 m; Reichweite mit max. Treibstoffzuladung 3304 km.
Gewichte (TBM 910): Leer 2097 kg; max. Startgewicht 3354 kg.
Zuladung: Ein bis zwei Piloten und bis zu sechs Passagiere. „Club"-Version mit vier Passagiersitzen und Mittelgang. Nutzlast (TBM 910) bei max. Reichweite 404 kg, max. Nutzlast 636 kg.
Entwicklungsstand: Die TBM 930 stellte man im Frühjahr 2016 vor und begann gleich mit den Ablieferungen an die Erstkunden. Weiter gebaut wird die im März 2014 lancierte TBM 900. Das Ausgangsmuster TBM 850 flog erstmals im Februar 2005, gefolgt vom ersten Serienflugzeug im Januar 2006. Von allen Versionen der TBM-Reihe (700, 850, 900, 910 und 930) waren bis Dezember 2017 fast 900 Maschinen hergestellt. Die 200. TBM der 900-Serie, eine 910, wurde im Oktober 2017 einem Kunden übergeben.
Bemerkungen: Die TBM 930 unterscheidet sich von der TBM 900 primär durch die neue Avionik Garmin G3000 mit Touchscreens und einer neu angeordneten Cockpitauslegung. Zudem wurde die Inneneinrichtung überarbeitet und aufgewertet. Daher verlangt für diese Version einen Basispreis von US$ 4,1 Mio. Als verbesserte Ausführung der TBM900 wurde 2017 die TBM 910 lanciert. Sie verfügt über eine Garmin-Avionik der nächsten Generation G1000NXi, verbesserte Netzwerkkonnektivität und Anpassungen an der Inneneinrichtung; Kosten für die Basisversion US$ 3,9 Mio. Die TBM 900-Familie soll gemäß dem Hersteller das schnellste druckbelüftete Propellerturbinen-Flugzeug in ihrer Klasse sein.
Hersteller: Daher, Werk Tarbes, Suresnes, Frankreich.

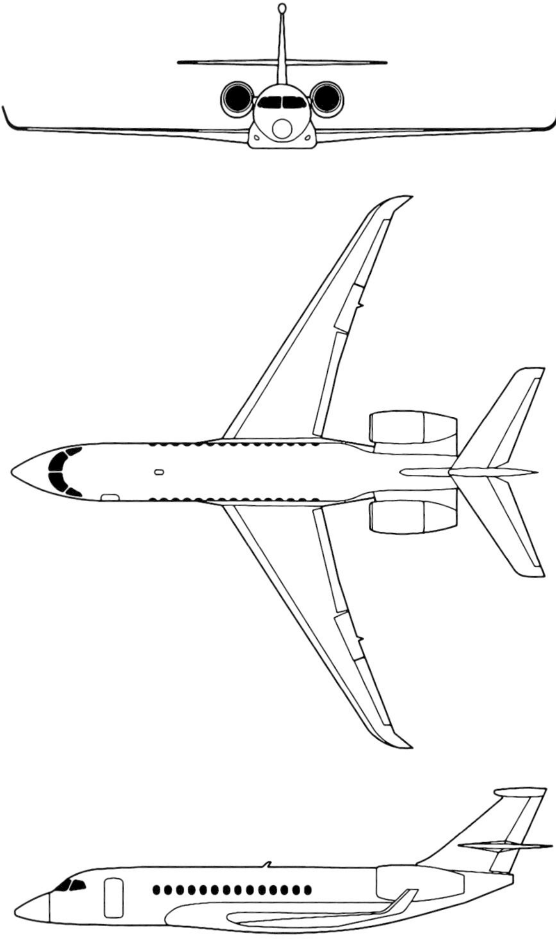

Abmessungen:
Spannweite 25,94 m
Länge 25,17 m
Höhe 7,47 m
Flügelfläche 72,37 m^2.

DASSAULT FALCON 5X

Ursprungsland: Frankreich.
Kategorie: Firmenflugzeug.
Triebwerke: Zwei Mantelstromtriebwerke Safran Snecma Silvercrest 1D von je 5193 kp (50,93 kN) Standschub.
Leistungen (nach Angaben des Herstellers): Max. Reisegeschwindigkeit Mach 0,90; normale Reisegeschwindigkeit Mach 0,85; Dienstgipfelhöhe 15548 m; Reichweite mit acht Passagieren und NBAA-Reserven bei Mach 0,80 9630 km.
Gewichte: Rüstgewicht 19731 kg; max. Startgewicht 31570 kg.
Zuladung: Zwei Piloten im Cockpit und je nach Innenausstattung acht bis zwölf Passagiere, bei dichter Bestuhlung bis zu 16 Passagiere.
Entwicklungsstand: Der erste von drei Prototypen hatte den Rollout am 2. Juni 2015. Aufgrund technischer Probleme mit dem Triebwerk konnte der Erstflug aber erst am 5. Juli 2017 erfolgen. Somit verzögern sich auch die Kundenauslieferungen auf frühestens 2020. Neuesten Angaben zufolge wird das Programm allenfalls ganz eingestellt, da die Probleme mit den Triebwerken nicht in den Griff zu bekommen sind bzw. eine neue Ausführung 6X geplant ist.
Bemerkungen: Im Segment der höherpreisigen mittelgroßen Businessjets will Dassault mit der 5X eine neue Qualität anbieten. Es handelt sich um ein vollständig neues Muster mit einem vergrößerten Rumpfquerschnitt. So beträgt die Kabinenhöhe nun 1,98 m, die Breite 2,58 m. Die Länge beläuft sich auf 11,79 m. Besonderes Augenmerk ist der Kabine gewidmet. Sie soll ausgesprochen komfortabel und luxuriös ausfallen. 28 große Fenster ermöglichen einen guten Ausblick. In der Kabine werden die neuesten technischen Entwicklungen eingebaut, besonders was die Kommunikation angeht. Flügel und das Fly-By-Wire Digital Flight Control System sind neu, beides Eigenentwicklungen von Dassault. Honeywell liefert eine neue, voll digitalisierte Generation des EASy-Systems der dritten Generation mit Head-Up-Display von Elbit. Alle technologischen Maßnahmen zusammen sollen einen sehr wirtschaftlichen Betrieb ermöglichen. Auch kann die 5X auf vergleichsweise kurzen Pisten starten und landen. Vorläufig wurde ein Kaufpreis von US$ 45 Mio. genannt. Dassault plant, basierend auf der 5X, eine ganze Reihe von Neuentwicklungen.
Hersteller: Dassault Falcon Jet Corporation, Werk Bordeaux-Mérignac, St. Cloud, Frankreich.

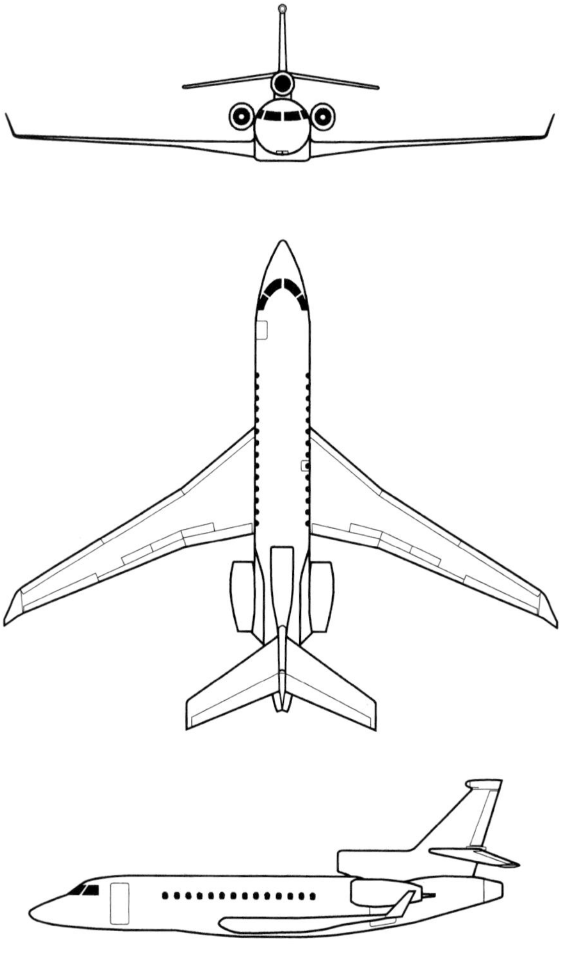

Abmessungen:
Spannweite 26,21 m
Länge 23,19 m
Höhe 7,83 m
Flügelfläche 70,70 m^2.

DASSAULT FALCON 7X

Ursprungsland: Frankreich.
Kategorie: Langstrecken-Firmenflugzeug.
Triebwerke: Drei Mantelstromtriebwerke Pratt & Whitney Canada PW307A von je 2900 kp (28,47 kN) Standschub.
Leistungen: Max. Reisegeschwindigkeit Mach 0,90; Langstreckenreisegeschwindigkeit Mach 0,80; Dienstgipfelhöhe 15554 m; Reichweite mit acht Passagieren und NBAA-Reserven bei Mach 0,80 11119 km.
Gewichte: Leergewicht 15545 kg; max. Startgewicht 31820 kg.
Zuladung: Zwei Piloten im Cockpit und je nach Innenausstattung acht bis zwölf Passagiere in der Kabine, bei enger Bestuhlung 19 Passagiere; Nutzlast bei max. Treibstoffzuladung 1355 kg.
Entwicklungsstand: Die Dassault Falcon 7X absolvierte den Erstflug am 5. Mai 2005, gefolgt von einer zweiten am 5. Juli 2005. Bis Ende 2017 waren etwa 300 Maschinen ausgeliefert. Angesichts des erheblichen Nachfragerückgangs wurde die Jahresproduktion auf rund ein Duzend zurückgefahren.
Bemerkungen: Mit der Falcon 7X baut Dassault sein Angebot an Businessjets im obersten Segment aus. Der Rumpf ist gegenüber der Falcon 900 (siehe Ausgabe 2015) um 2,98 m länger. Bei gleichem Kabinenquerschnitt misst der Passagierraum nun 11,90 m. Dem Komfort wurde größte Aufmerksamkeit geschenkt. So ist der Lärmpegel nochmals reduziert worden. Auch die Klimatisierung wurde verbessert. Mit rund 4,45 m^3 ist der Gepäckraum sehr großzügig ausgefallen. Ganz neu ist der Flügel, welcher für aeroelastische Effekte optimiert wurde, sehr hohe Reisegeschwindigkeiten ermöglicht, die guten Langsamflugeigenschaften jedoch beibehält. Im Vergleich zur Falcon 900EX weist er eine um 44% größere Fläche auf und ist um 5° stärker gepfeilt. Wie alle neuen Falcons ist auch die 7X mit dem „EASy"-Cockpit ausgerüstet. Gesteuert wird mit einem Fly-By-Wire-System. Anstelle von Steuerhörnern sind Sidesticks eingebaut. Dank der leistungsstarken Triebwerke zählt die Falcon 7X derzeit zu den schnellsten Businessjets ihrer Klasse. Dassault gibt einen Listenpreis von mittlerweile US$ 50 Mio. an.
Hersteller: Dassault Falcon Jet Corporation, Werk Bordeaux-Mérignac, St. Cloud, Frankreich.

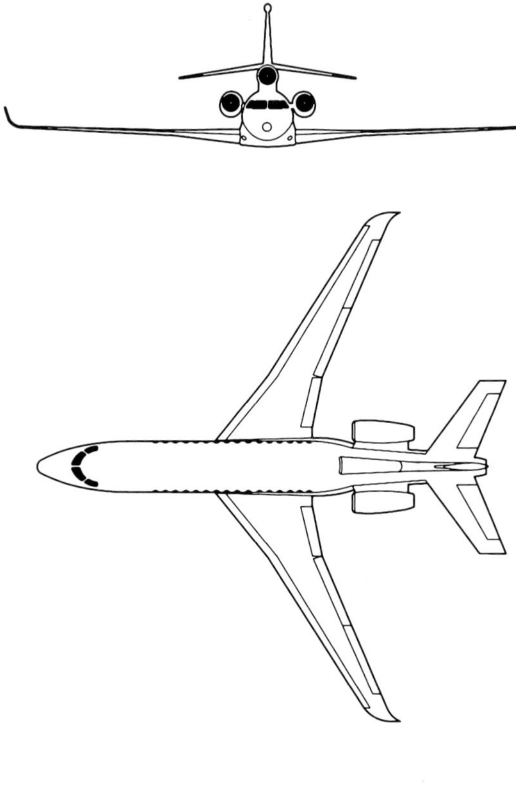

Abmessungen:
Spannweite 26,29 m
Länge 24,46 m
Höhe 7,94 m
Flügelfläche 70,70 m^2.

DASSAULT FALCON 8X

Ursprungsland: Frankreich.
Kategorie: Langstrecken-Firmenflugzeug.
Triebwerke: Drei Mantelstromtriebwerke Pratt & Whitney Canada PW307D von je 3050 kp (29,90 kN) Standschub.
Leistungen: Max. Reisegeschwindigkeit Mach 0,90; Langstreckenreisegeschwindigkeit Mach 0,80; Dienstgipfelhöhe 15554 m; Reichweite mit acht Passagieren und NBAA-Reserven bei Mach 0,80 11945 km.
Gewichte: Rüstgewicht 16410 kg; max. Startgewicht 33113 kg.
Zuladung: Zwei bis drei Piloten im Cockpit und je nach Innenausstattung acht bis zwölf Passagiere in der Kabine, bei enger Bestuhlung 19 Passagiere.
Entwicklungsstand: Der erste von drei Prototypen startete am 6. Februar 2015 zum Erstflug. Dassault lieferte die erste Falcon 8X im Oktober 2016 aus. Der aktuelle Bestellungsstand ist nicht bekannt. Gegen 20 Einheiten waren Ende 2017 ausgeliefert.
Bemerkungen: Die Falcon 8X ist, was Größe und Reichweite angeht, das Flaggschiff der Dassault-Werke. Gegenüber der Falcon 7X (siehe Seiten 134/135) ist der Rumpf um 1,27 m verlängert. Dies kommt vor allem der Kabine zugute, deren Innenlänge bei gleichem Durchmesser 13,00 m beträgt. Besondere Beachtung wurde der Inneneinrichtung geschenkt und dadurch neue Standards gesetzt. So sollen die neuesten technischen Errungenschaften eingebaut sein. Je nach Kundenwunsch können bis zu 30 verschiedene Einrichtungsvarianten bestellt werden, einschließlich einer mit einer Dusche. Dank insgesamt 34 größeren Fenstern ist der Blick nach außen besser. Eingebaut ist eine verbesserte Version des Triebwerks der Falcon 7X. Zusammen mit den Optimierungen am Flügel soll eine gegenüber Konkurrenzmustern bessere Wirtschaftlichkeit erzielt werden. Auch das Cockpit wurde mit dem FalconEye-System aktualisiert und verfügt nun über ein Head-Up-Display. Die Falcon 8X kommt mit einer Startstrecke von nur rund 1800 m aus und kann somit auf deutlich mehr Flugplätzen starten und landen als andere Muster der gleichen Kategorie. Dank Einbau eines Zusatztanks im Rumpf erzielt die 8X auch leicht bessere Reichweiten als die 7X. Der Kaufpreis soll bei US$ 57 Mio. liegen.
Hersteller: Dassault Falcon Jet Corporation, Werk Bordeaux-Mérignac, St. Cloud, Frankreich.

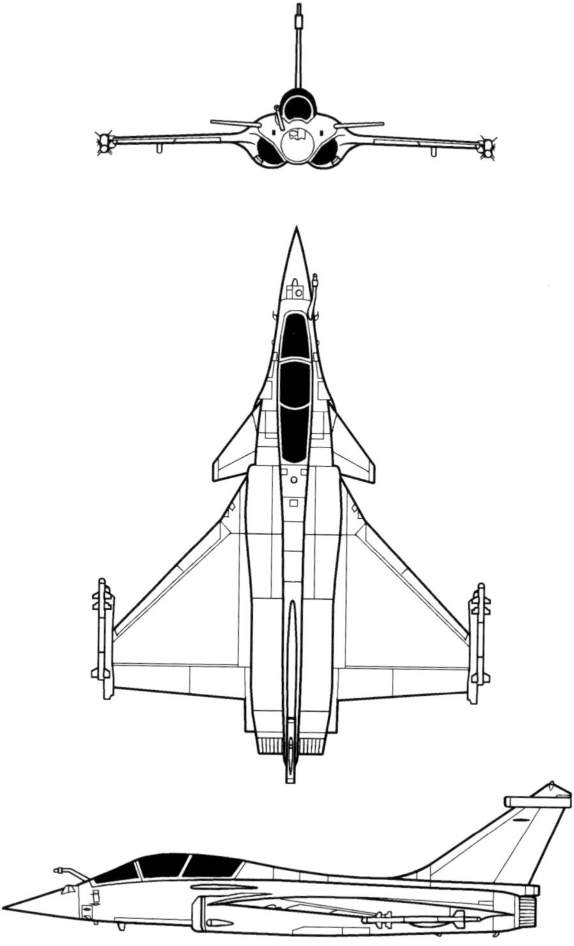

Abmessungen:
Spannweite inkl. Lenkwaffen an den Flügelspitzen 10,90 m
Länge 15,30 m
Höhe 5,34 m
Flügelfläche 45,70 m^2.

DASSAULT RAFALE F3/F4

Ursprungsland: Frankreich.
Kategorie: Zweisitziges Mehrzweckkampfflugzeug B, einsitziger bordgestützter oder landgestützter Abfangjäger M bzw. C.
Triebwerke: Zwei Mantelstromtriebwerke SNECMA M88-4E von je 5100 kp (50,04 kN) Standschub ohne und 7711 kp (75,61 kN) mit Nachbrenner.
Leistungen: Höchstgeschwindigkeit 2124 km/h über 10975 m (Mach 2,0), 1390 km/h im Tiefflug (Mach 1,15); Anfangssteiggeschwindigkeit 305 m/Sek; Dienstgipfelhöhe 16775 m; taktischer Einsatzradius mit acht Mica Luft-Luft-Lenkwaffen, einem Zusatztank von 1700 l unter dem Rumpf und je einem von 1300 l unter den Flügeln 1853 km, bei einem Einsatzprofil hoch-tief-tief-hoch mit 12 250-kg-Bomben, vier Mica-Lenkwaffen und Zusatztanks von insgesamt 4300 l 1093 km.
Gewichte: Rüstgewicht (C) 9100 kg, (B) 10000 kg, (M) 9700 kg; max. Startgewicht 19500 bis 24500 kg.
Bewaffnung: Eine 30-mm-GIAT-DEFA-Kanone 791B und eine Waffenlast von max. 9500 kg, verteilt auf (Rafale M) 13, (Rafale C/B) 14 Aufhängepunkte unter Rumpf und Flügeln sowie an den Flügelenden.
Entwicklungsstand: Erstflug des ersten Prototyps am 19. Mai 1991. Die Französische Luftwaffe und die Aéronavale erhalten zusammen 225 Rafales aller Versionen (180 davon bisher bestellt). Folgende Luftwaffen haben ebenfalls die Rafale bestellt: Ägypten und Qatar je 24, Indien 36.
Bemerkungen: Fast die gesamte Zelle ist aus Verbundwerkstoffen hergestellt, Rumpfspitze und Heck bestehen aus Kevlar. Die Steuerung erfolgt nach dem Fly-By-Wire-Prinzip. Alle seit 2009 produzierten Maschinen entsprechen dem Standard F3, welche primär dank verbesserter Software umfassende Multi-Role-Kapazität aufweisen und neu entwickelte Waffen mitführen können, u. a. seit 2011 auch einen Aufklärungsbehälter AREOS Reco. Im September 2012 wurde die erste Rafale F3 mit dem neuen zweidimensionalen Breitbandradar AESA RBE-2 mit aktiv elektronisch scannender Antenne ausgeliefert. Unter der Bezeichnung Rafale F3R entwickelt Dassault eine neue Version, welche primär Verbesserungen in den Waffensystemen aufweist; Erstflug für 2018 geplant. Bereits wird an einer Version F4 gearbeitet, Details dazu sind bisher nicht bekannt.
Hersteller: Dassault Défense, Vaucresson, Frankreich.

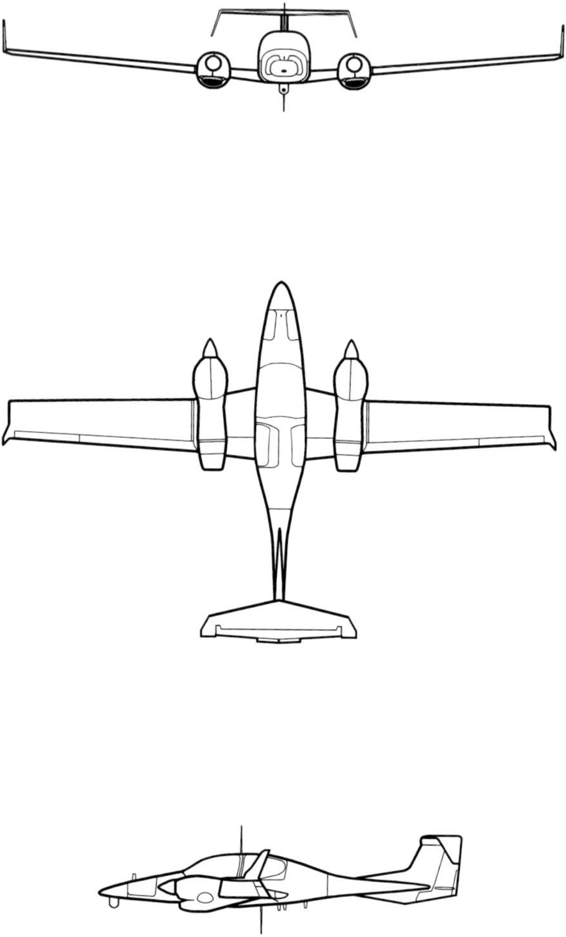

Abmessungen:
Spannweite 13,55 m
Länge 8,56 m
Höhe 2,49 m
Flügelfläche 16,29 m^2.

DIAMOND DA42 NG/DA42-VI

Ursprungsland: Österreich.
Kategorie: Sport- und Reiseflugzeug; Trainingsflugzeug; bemanntes und unbemanntes Überwachungsflugzeug.
Triebwerke: Zwei flüssigkeitsgekühlte Turbodieselmotoren mit Common-Rail Einspritzung Austro Engine AE300 von je 170 PS (127 kW) Leistung.
Leistungen (DA42 NG/-VI): Maximale Reisegeschwindigkeit 328/365 km/h; normale Reisegeschwindigkeit bei 60% Leistung 278 km/h; (DA42-VI) Reisegeschwindigkeit bei 75% Leistung 326 km/h; Anfangssteiggeschwindigkeit 5,5/7,1 m/Sek; Dienstgipfelhöhe 5486 m; Reichweite bei 60% Leistung 1335/1470 km, mit optionalem Zusatztank 2041/2245 km.
Gewichte (DA42 NG/-VI): Leergewichte 1430/1410 kg; max. Startgewichte 1900/1999 kg.
Zuladung (DA42 NG/-VI): Vier Personen einschließlich des Piloten; max. Zuladung 470/590kg.
Entwicklungsstand: Der Prototyp DA42 nahm am 9. Dezember 2002 die Flugerprobung auf. Erste Auslieferungen erfolgten im zweiten Semester 2004. Nebst den Spezialausführungen wie DA42 MPP werden derzeit die Varianten DA42 NG und DA42-VI gebaut. Bisher sind gegen 1000 Einheiten abgesetzt worden.
Bemerkungen: Die aktuellste Ausführung ist die DA42-VI. Bei etwas geringerem Leergewicht weist sie generell bessere Flugleistungen auf. Alle ab 2017 produzierten Einheiten verfügen über die neue Avionik Garmin G1000NXi. Diamond bietet zudem mehrere Überwachungsvarianten an, u.a. die DA42 MPP Guardian (siehe Dreiseitenriss) mit dem sog. OPALE-System in der Rumpfnase. Sie verfügt über diverse Sensoren und Seitenscheiben mit Auswölbungen zur besseren Beobachtung. Im Frühjahr 2009 startete die unbemannte DA42 Dominator 2 zum Erstflug. Sie soll in der Lage sein, ununterbrochen 28 Std. in der Luft zu verbleiben. Erhältlich ist auch die Version Centaur, wahlweise mit oder ohne Pilot (sog. OPA, **O**ptionally-**P**iloted **A**ircraft) einsetzbar. Derzeit fliegt ein Erprobungsmuster mit einem 4-Achsen-Fly-By-Wire-Steuerungssystem. Angeboten wird auch eine DA42 als SIGINT-Plattform für Funkaufklärung, welche zusammen mit der britischen QinetiQ entwickelt wurde. Neu offeriert Diamond die DA-42 TDI auch mit dem Triebwerk Continental Diesel CD-155 mit einer Leistung von 167 PS (125 kW). Dieses kann sowohl mit Jettreibstoff als auch mit Diesel betrieben werden.
Hersteller: Diamond Aircraft Industries GmbH, Flugplatz Wiener-Neustadt Ost, Österreich.

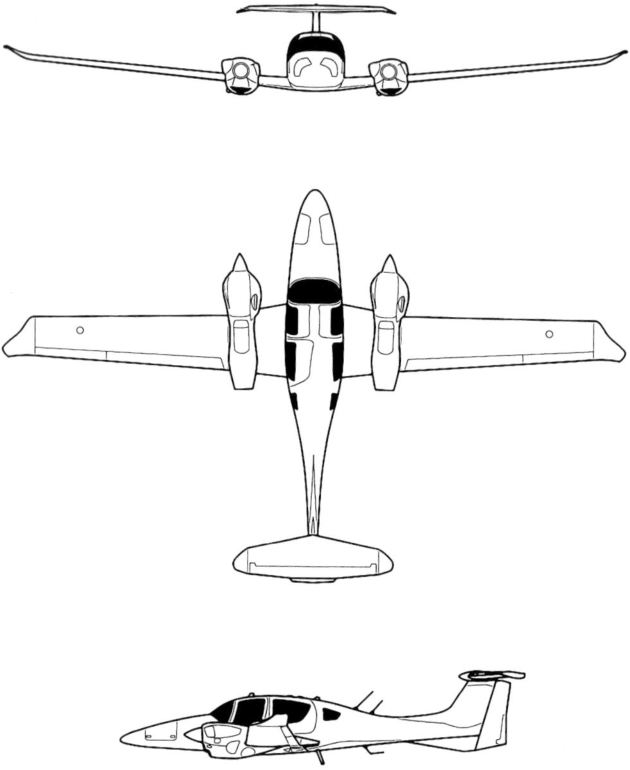

Abmessungen:
Spannweite 14,55 m
Länge 9,19 m
Höhe 2,82 m
Flügelfläche 17,10 m^2.

DIAMOND DA62

Ursprungsland: Österreich.
Kategorie: Sport- und Reiseflugzeug.
Triebwerke: Zwei flüssigkeitsgekühlte Turbodieselmotoren mit Common-Rail Einspritzung Austro Engines AE330 Jet A1 von je 180 PS (134 kW) Leistung.
Leistungen: Maximale Reisegeschwindigkeit 372 km/h auf 4872 m; normale Reisegeschwindigkeit bei 75% Leistung 340 km/h; Anfangssteiggeschwindigkeit 8,4 m/Sek; Dienstgipfelhöhe 6097 m; maximale Reichweite mit Zusatztank 2376 km.
Gewichte: Leergewicht 1570 kg; max. Startgewicht 2000 bzw. 2300 kg.
Zuladung: Vier bis sieben Personen einschließlich des Piloten; max. Zuladung 710 kg.
Entwicklungsstand: Ein erstes noch als DA52 bezeichnetes Erprobungsmuster flog erstmals am 3. April 2014. Zwei Prototypen hat der Hersteller gebaut. Die Zulassung wurde Ende 2015 erteilt. Der Bestellungsstand ist derzeit unbekannt. Bis Ende 2017 sind rund 30 Einheiten gebaut worden.
Bemerkungen: Die DA62 verbindet die Flügel der DA42 mit dem Rumpf der einmotorigen DA50 (siehe Ausgabe 2008). Letzteres Projekt wurde nicht mehr weiterverfolgt. Ein Vorteil der DA62 sind die besseren Platzverhältnisse. Das großzügig gestaltete Interieur ermöglicht ein angenehmes Raumgefühl und mehr Beinfreiheit. Auf beiden Seiten des Rumpfes ist gegenüber der DA42 ein weiteres Fenster eingebaut. Die DA62 erzielt zudem deutlich bessere Flugleistungen. Der gesamte Rumpf besteht aus Fiber-Verbundwerkstoffen und zeichnet sich durch eine hohe Dauerhaftigkeit und Sicherheit aus. Im Cockpit ist die neueste Garmin G1000-Avionik eingebaut. Zwei Varianten mit unterschiedlichem Abfluggewicht werden angeboten, jene mit dem höheren Wert primär für den US Markt. Als Kaufpreis für die Basisversion werden US$ 1,07 Mio. genannt, für die schwere Ausführung US$ 1,2 Mio. Vier Exemplare wurden an die britische Flight Calibration Services als Kalibrierungsflugzeug für Flughäfen geliefert. Von der DA62 ist auch eine MPP-Version (**M**ulti **P**urpose **P**latform) erhältlich, ausgerüstet mit neuesten Tracking- und Sensorsystemen.
Hersteller: Diamond Aircraft Industries GmbH, Flugplatz Wiener-Neustadt Ost, Österreich.

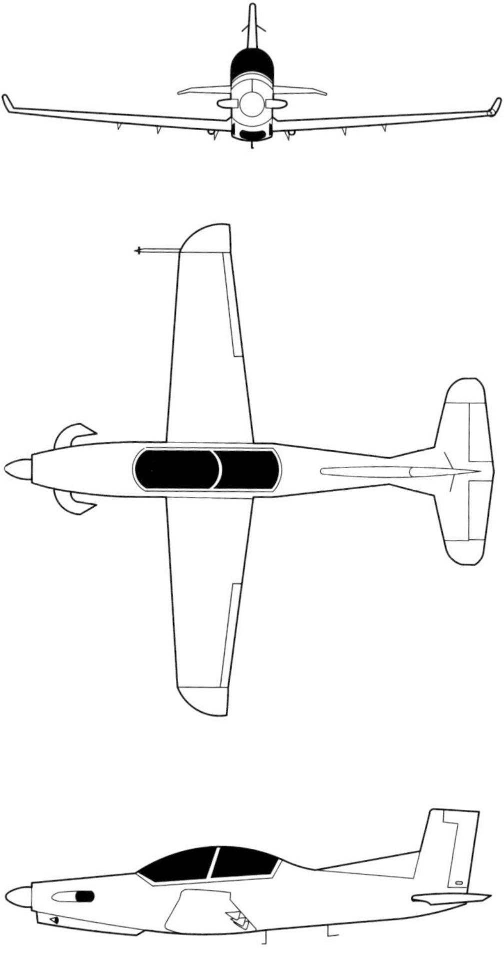

Abmessungen:
Spannweite 11,75 m
Länge 9,75 m
Höhe 3,43 m.

DIAMOND DART-450

Ursprungsland: Österreich.
Kategorie: Militärischer und ziviler Basis- und Fortgeschrittenentrainer sowie Aufklärungs-/Überwachungsflugzeug.
Triebwerke: Eine Propellerturbine (1. Prototyp) Iwtschenko Progress/Motor Sich AI-450S mit einer Leistung von 500 WPS (370 kW), (2. Prototyp) General Electric mit einer Leistung von 550 WPS (410 kW).
Leistungen (nach Angaben des Herstellers): Höchstgeschwindigkeit 426 km/h; normale Reisegeschwindigkeit 350 km/h; Anfangssteiggeschwindigkeit 12,7 m/Sek; Dienstgipfelhöhe 7010 m; max. Reichweite 2300 km, max. Flugdauer 8 Std.
Gewichte: Leergewicht 1430 kg; normales Startgewicht 2080 kg; max. Startgewicht 2400 kg.
Bewaffnung: Noch ist nicht bekannt, ob die DART 450 auch Waffen mitführen kann. Der Hersteller gibt eine maximale Nutzlast von 820 kg an.
Entwicklungsstand: Der erste von zwei Prototypen nahm die Flugerprobung am 17. Mai 2016 auf. Bisher sind Bestellungen für zwei Einheiten bekannt gegeben worden, nicht aber der Abnehmer.
Bemerkungen: DART steht für **D**iamond **A**ircraft **R**econaissance **T**rainer. Es handelt sich hierbei um ein völlig neues Muster des österreichischen Herstellers Diamond Aircraft. Die Konstruktion ist relativ konventionell und entspricht der heutigen Technik. Der freitragende Tiefdecker mit Normalleitwerk und einfahrbarem Bugradfahrwerk ist komplett in Kohlefaserverbundbauweise gefertigt. Die Besatzung sitzt hintereinander auf pneumatisch betätigten Schleudersitzen und steuert per Sidestick Quer- und Höhenruder. Es wird eine dem heute üblichen Standard entsprechende Avionik eingebaut, versehen u.a. mit einem sog. «Intelligent Flight Management System» und einem Head-up Display. Interessant ist, dass im Gegensatz zu allen anderen Konkurrenten kein westliches Triebwerk, sondern ein russisches Modell mit Fünfblattpropeller gewählt wurde. Für allfällige Aufklärungsaufgaben kann die DART-450 mit einziehbaren Sensoren und Kameras ausgestattet werden. Sie soll voll kunstflugtauglich sein.
Hersteller: Diamond Aircraft Industries GmbH, Flugplatz Wiener-Neustadt Ost, Österreich.

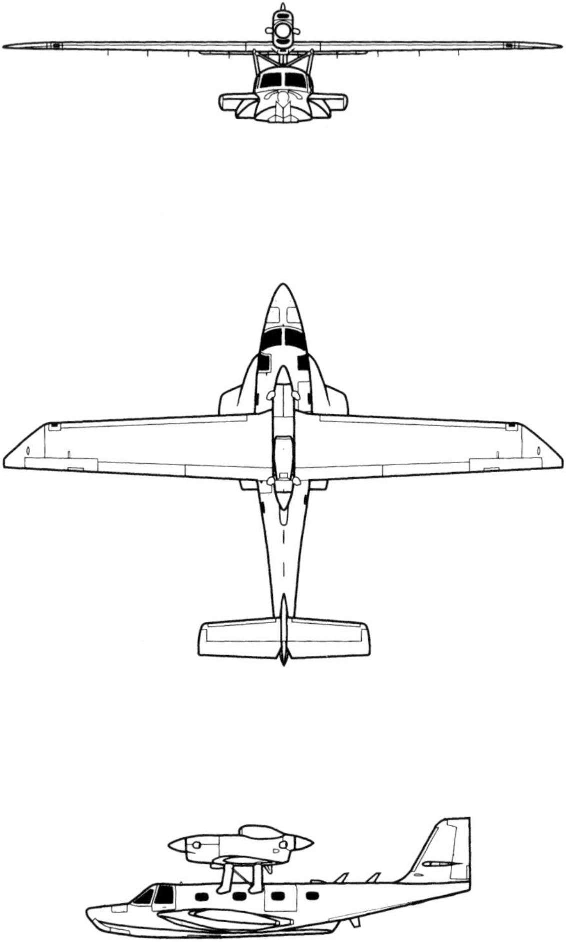

Abmessungen:
Spannweite 17,74 m
Länge 12,90 m
Höhe 5,28 m
Flügelfläche 30,60 m^2.

(CLAUDIUS) DORNIER SEASTAR

Ursprungsland: Deutschland/Kanada/VR China.
Kategorie: Leichtes amphibisches Flugboot.
Triebwerke: Zwei Propellerturbinen Pratt & Whitney Canada PT6A-135A von je auf 500 WPS (373 kW) reduzierter Leistung.
Leistungen (prov. Angaben): Max. Reisegeschwindigkeit 335 km/h auf 2000 m; normale Reisegeschwindigkeit 282 km/h; Anfangssteiggeschwindigkeit 6,2 m/Sek; Dienstgipfelhöhe 8600 m; Reichweite bei einer Nutzlast von 1360 kg 402 km, mit einer solchen von 907 kg 877 km, max. 1660 km. Max. Flugdauer 4,5 Std., bei nur einem laufenden Triebwerk bis zu 11 Std.
Gewichte: Leergewicht 2800 kg; max. Startgewicht 5098 kg.
Zuladung: Pilot und Copilot/Passagier im Cockpit nebeneinander und in der Kabine je nach Einrichtung acht bis zwölf Passagiere. Fracht von 1800 kg bis zu einem Volumen von 6,80 m^3.
Entwicklungsstand: Die bisher einzige gebaute Seastar flog erstmals am 17. August 1984 und wurde 1990 zugelassen. Aus finanziellen Gründen wurde die Produktion aber nie aufgenommen. Nach mehreren Anläufen haben die neuen Eigentümer entschieden, die Serienfertigung nun aufzunehmen. Ein erstes Muster hatte am 18. August 2017 den Roll-out und soll 2018 oder 2019 erstmals fliegen und ab 2020 an Kunden ausgeliefert werden.
Bemerkungen: Die Seastar wurde von einem Team unter der Leitung von Prof. Claudius Dornier entwickelt. Mit ihr wollte man damals versuchen, die große Zahl an alten und nur noch bedingt einsatzfähigen Wasserflugzeugen zu ersetzen. Der Rumpf ist vollständig aus Glasfiber hergestellt, um gegen Korrosion geschützt zu sein. Interessant ist die Triebwerkanordnung in einer Linie mit einem Zug- und einem Druckpropeller. Um gute Start- und Landeeigenschaften zu erzielen, ist der Flügel mit Auftriebshilfen und großen Flügelkappen ausgerüstet. Auftrieb geben auch die seitlich am unteren Rumpfteil angebrachten Wülste, die gleichzeitig als Schwimmkörper dienen. Die Seastar kann außer im Wasser auch zu Lande, auf Grasflächen, Schnee und Eis starten und landen. Die nun angebotene neue Ausführung verfügt über Fünfblattpropeller, die Avionik Primus Epic 2.0 sowie ein neues Fahrwerk von Sumitomo. Als Kaufpreis werden US$ 7,5 Mio. genannt. Wesentliche Komponenten werden bei Diamond Canada und Dornier Oberpfaffenhofen gebaut, die Endmontage findet in China statt.
Hersteller: Dornier Seawings Comp., Teil von Wuxi Industrial Development und Wuxi Communications Industry, Werk Wuxi bei Shanghai, VR China.

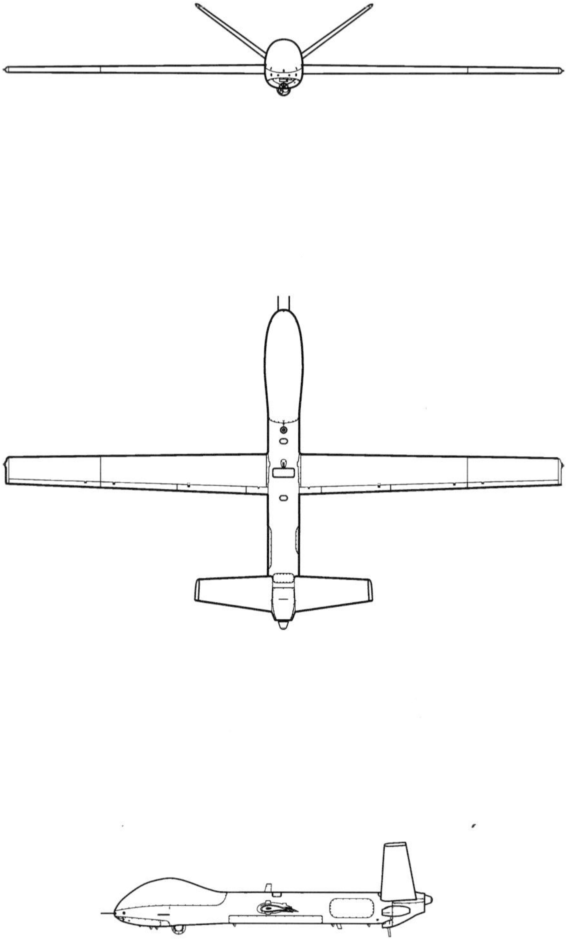

Abmessungen (Hermes 900/ADS15):
Spannweite 15,30/17,00 m
Länge 8,30/9,00 m.

ELBIT HERMES 900 KOCHAV

Ursprungsland: Israel.
Kategorie: Unbemannte Langstrecken-Aufklärungsdrohne für mittlere und große Höhen.
Triebwerke: Ein Kolbentriebwerk Rotax 914 von 100 PS (74,57 kW) Leistung.
Leistungen: Höchstgeschwindigkeit 220 km/h; Patrouillengeschwindigkeit 112 km/h; Dienstgipfelhöhe 9144 m; max. Flugdauer 36 Std.
Gewichte: Max. Startgewicht 1180 kg.
Zuladung: Aufklärungs- und Elektronikausrüstung bis zu einer Nutzlast von 350 kg im Rumpf. Die Hermes 900 kann auch Außenlasten mitführen.
Entwicklungsstand: Die erste Hermes 900 nahm am 9. Dezember 2009 die Flugerprobung auf. Bisher wurde sie von Brasilien, Israel, Chile 3, Kolumbien, Mexicos Bundespolizei und der Schweiz 6 bestellt. Genaue Produktionszahlen sind nicht bekannt.
Bemerkungen: Die Hermes 900 basiert auf der 450 (siehe Ausgabe 2012). Sie ist aber wesentlich leistungsfähiger und kann eine größere Nutzlast auf längere Distanzen mitführen. Sie vertritt die neueste Generation von UAV's. Das Haupteinsatzspektrum dieser mittelgroßen Drohne sind lang dauernde taktische Missionen auf mittlerer bis großer Höhe. Dies umfasst u.a. Zielerfassungen (ISTAR) und -anpassungen bzw. Feuerunterstützung u.a. für Artilleriesysteme, Patrouilleneinsätze über Land oder Meer, Grenzüberwachungen, Koordinationsaufgaben bei Katastrophen sowie SIGINT- bzw. COMINT- und ELINT-Aufgaben. Dazu kann die Hermes 900 mit verschiedenen Aufklärungs- und Überwachungssystemen ausgerüstet werden. Alle Daten werden wie heute üblich via SATCOM-Kommunikationsrelay online auf eine Bodenstation übertragen. Die Elbit Hermes 900 startet, fliegt und landet völlig autonom und kann bei jedem Wetter eingesetzt werden, dies auch integriert mit dem zivilen Flugverkehr. Um die hohen Reichweitenleistungen zu erreichen, verfügt die Hermes 900 über ein Einziehfahrwerk. Seit 2014 fliegt auch eine speziell für Seeüberwachungsaufgaben entwickelte Variante mit einem Überwachungsradar Leonardo T200 und weiteren elektronischen Überwachungssystemen. Alle können via SATCOM Verbindung zur Bodenstation aufnehmen. Die Version ADS15 für die Schweizer Luftwaffe wird mit einem System ausgestattet, welches der Hermes erlaubt, in einem dicht beflogenen Luftraum zu operieren. Sie ist etwas größer, mit 1590 kg deutlich schwerer und verfügt über ein Dieseltriebwerk.
Hersteller: Elbit Systems Ltd., Haifa, Israel.

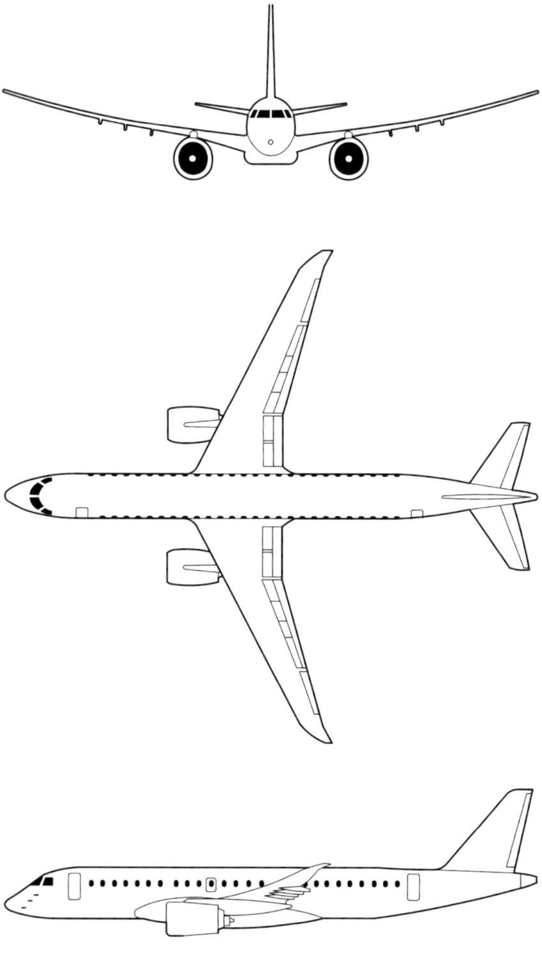

Abmessungen:
Spannweite (175-E2) 31,00 m, (190-E2) 33,70 m, (195-E2) 35,10 m
Länge (175-E2) 32,40 m, (190-E2) 36,24 m, (195-E2) 41,50 m
Höhe (175-E2) 9,98 m, (190-E2) 11,00 m, (195-E2) 10,90 m.

EMBRAER 175-E2/190-E2/195-E2

Ursprungsland: Brasilien.
Kategorie: Regionalverkehrsflugzeug.
Triebwerke: Zwei Mantelstromtriebwerke Pratt & Whitney PW1000G (175-E2) von je 6800 kp (67,00 kN), (190-E2) von je 8618 kp (84,50 kN) bzw. (195-E2) 10432 kp (102,30 kN) Standschub.
Leistungen (175-E2/190-E2/195-E2): Max. Reisegeschwindigkeit 870 km/h (Mach 0,82); Dienstgipfelhöhe 12500 m; Reichweite bei voller Passagierzahl 3815/5178/4815 km.
Gewichte (175-E2/190-E2/195-E2): Max. Startgewichte 44800/56400/61500 kg.
Zuladung (175-E2/190-E2/195-E2): Zwei Piloten und bei Zweiklassenbestuhlung 80/97/120 bzw. mit Einheitsklasse maximal 90/114/146 Passagiere in Viererreihen mit Mittelgang. Max. Nutzlast 10600/13080/16150 kg.
Entwicklungsstand: Der erste Prototyp 190-E2 nahm die Flugerprobung am 23. Mai 2016 auf, die Version 195-E2 folgte am 29. März 2017. Erste Auslieferungen der Variante 190-E2 sollen Mitte 2018 erfolgen, die 175-E2 aber erst 2021. Von den verschiedenen E2-Versionen sind bisher 285 (100 175-E2, 83 190-E2, 102 195-E2) (+ 415 Optionen) bestellt. Der Auftragsbestand aller Ausführungen belief sich Ende 2017 auf rund 1790 Einheiten, wovon etwa 1400 abgeliefert waren. Zusätzlich sind etwa 30 der Business-Jet Variante Lineage 1000 gebaut worden.
Bemerkungen: Mitte 2013 lancierte EMBRAER die Weiterentwicklungen der E-Jet-Reihe, E2 genannt. Angeboten werden basierend auf ihren jeweiligen Ursprungsvarianten drei Modelle: E175-E2, E190-E2, E195-E2. Neu bei allen sind die Triebwerke neuester Technologie sowie ein völlig überarbeiteter Flügel aus Aluminium mit überarbeiteten Flügelenden. Von allen diesen Maßnahmen verspricht sich der Hersteller eine Reduktion des Treibstoffverbrauchs von zwischen 16 und 23%. Die bisherige Avionik wird im Cockpit durch Honeywell's Primus Epic 2 ersetzt.
Hersteller: EMBRAER (Emprêsa Brasileira de Aeronautica SA), Sao José dos Campos, Brasilien.

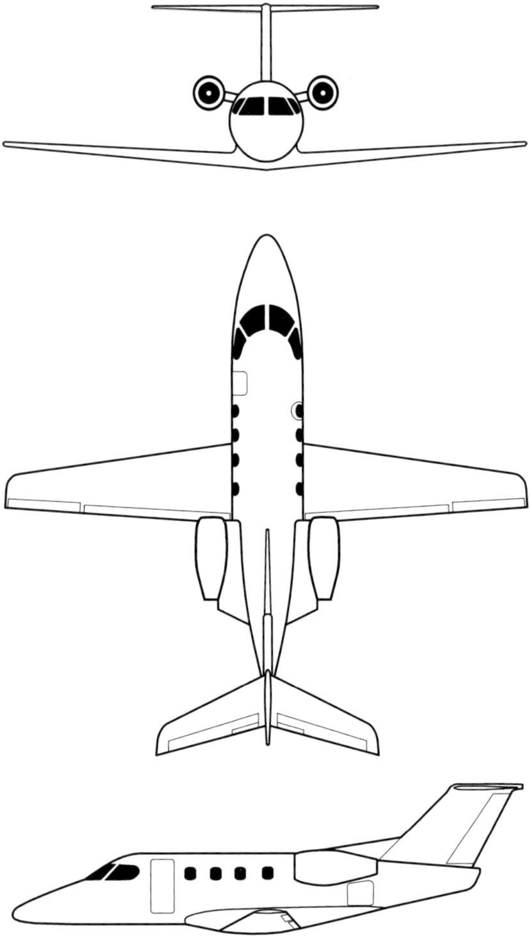

Abmessungen:
Spannweite 12,30 m
Länge 12,82 m
Höhe 4,35 m
Flügelfläche 18,80 m^2.

EMBRAER PHENOM 100 E/EV

Ursprungsland: Brasilien.
Kategorie: Leichtes Firmenflugzeug.
Triebwerke: Zwei Mantelstromtriebwerke Pratt & Whitney Canada PW617F-E von je 768 kp (7,53 kN) Standschub.
Leistungen: Max. Reisegeschwindigkeit 720 km/h (Mach 0,70); Dienstgipfelhöhe 12497 m; Reichweite mit vier Passagieren unter IFR-Bedingungen 2182 km, unter VFR-Bedingungen 2450 km.
Gewichte: Rüstgewicht 3235 kg; max. Startgewicht 4750 kg.
Zuladung: Ein bis zwei Piloten im Cockpit und vier bzw. (100 E) fünf Passagiere in der Kabine; max. Nutzlast 595 kg.
Entwicklungsstand: Die Phenom 100 erhob sich erstmals am 26. Juli 2007 in die Lüfte. Die Erstauslieferungen begannen nach Erhalt der Zulassung im November 2008. Ende 2017 waren fast 500 Maschinen fertig gestellt. In Melbourne, Florida, USA, hat EMBRAER ein zweites Montagewerk errichtet.
Bemerkungen: Mit den leichten und kostengünstigen Modellen Phenom 100 und 300 hat sich EMBRAER im unteren Segment der Firmen- und Taxiflugzeuge mit neuen Lösungen eingebracht. Die Konstruktion entspricht dem heute üblichen Standard, wobei man dem Komfortaspekt große Beachtung schenkt. So verfügt die Phenom 100 über die größte Kabine in ihrer Klasse. Der Querschnitt beläuft sich auf 1,55 m Breite und 1,50 m Höhe. Dank vergleichsweise großen Fenstern soll der Innenraum besonders hell sein. Im Cockpit gelangt die Avionik Garmin G1000 zum Einbau. Obwohl zwischen Phenom 100 und der wesentlich teureren Phenom 300 weitgehend Teilegleichheit besteht, unterscheiden sich die beiden Muster bezüglich Triebwerke, Gewichte und Flugleistungen erheblich. Seit 2013 ist die Phenom 100 E mit leicht verbesserter Inneneinrichtung erhältlich. EMBARER verlangt für diese Variante US$ 4,16 Mio. 2016 lancierte der Hersteller eine weiter verbesserte Version Phenom 100EV (Evolution) mit der Garmin G3000-Avionik. Dank reduziertem Leergewicht und um rund 15 kp stärkeren Triebwerken verbessern sich insbesondere die Steigleistungen auf hoch gelegenen Flugplätzen. Sie ist für US$ 4,5 Mio. erhältlich.
Hersteller: EMBRAER (Emprêsa Brasileira de Aeronautica SA), Sao José dos Campos, Brasilien und 2. Montagewerk in Melbourne, Florida, USA.

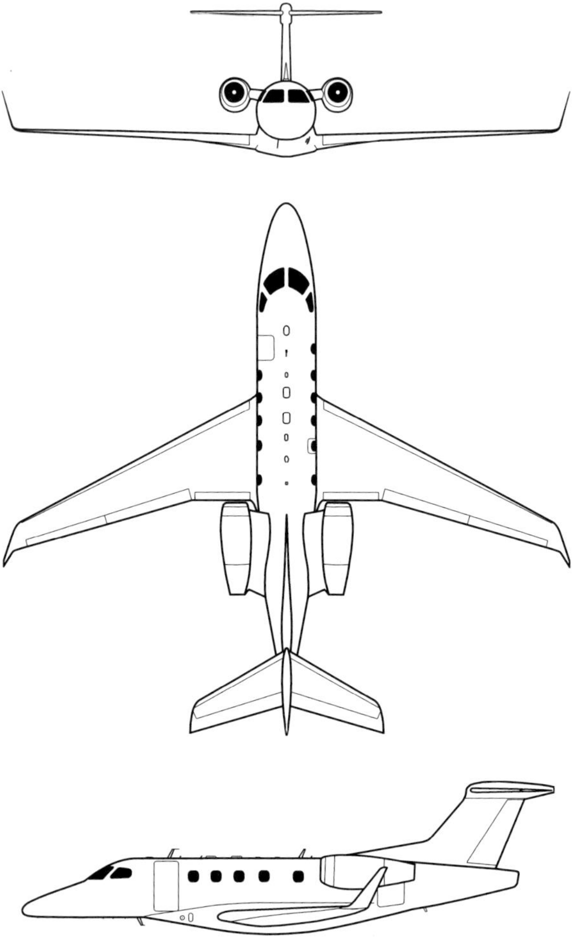

Abmessungen:
Spannweite 15,91 m
Länge 15,64 m
Höhe 5,10 m
Flügelfläche 28,50 m^2.

EMBRAER PHENOM 300/300E

Ursprungsland: Brasilien.
Kategorie: Leichtes Firmenflugzeug.
Triebwerke: Zwei Mantelstromtriebwerke Pratt & Whitney Canada PW535-E von je 1525 kp (15,00 kN) Standschub.
Leistungen: Max. Reisegeschwindigkeit 838 km/h (Mach 0,78); Zeit um 10668 m zu erreichen 12 Min., Dienstgipfelhöhe 13716 m; Reichweite mit sechs Personen unter IFR-Bedingungen 3645 km.
Gewichte: Rüstgewicht 5265 kg, max. Startgewicht 8150 kg.
Zuladung: Ein bis zwei Piloten im Cockpit und sechs Passagiere in der Kabine, einschließlich einer Galley und einer Toilette. Maximal ist Platz für neun Personen vorhanden.
Entwicklungsstand: Die Phenom 300 nahm die Flugerprobung am 29. April 2008 auf. Mit der Erstauslieferung begann der Hersteller Anfang 2010. Als derzeit größter Besteller hat die NetJets 60 Maschinen (+ 65 Optionen) in Auftrag gegeben. Wie die Phenom 100 wird auch die Phenom 300 zusätzlich in Melbourne, Florida, gebaut. Ende 2017 waren rund 430 Phenom 300 abgeliefert. Die Jahresproduktion beläuft sich gegenwärtig auf etwa 40 Einheiten.
Bemerkungen: Mit der Phenom 100, der hier beschriebenen Phenom 300 und den Phenom 450, 500 bis hin zur Lineage 1000 entwickelte EMBRAER in kurzer Zeit eine ganze Familie von Businessjets. Sie alle versuchen sich im stark umkämpften Markt dadurch zu positionieren, als sie gegenüber Mitbewerbern preislich eher auf der günstigen Seite liegen. Die Konstruktion entspricht dem heute üblichen Standard, wobei man dem Komfortaspekt große Beachtung schenkt. So verfügt die Phenom 300 über die größte Kabine in ihrer Klasse. Der Querschnitt beläuft sich analog zur Phenom 100 auf 1,55 m Breite und 1,50 m Höhe. Dank vergleichsweise großen Fenstern ist der Innenraum besonders hell. Die Inneneinrichtung entstand in Zusammenarbeit mit BMW Group Design Work. Im Cockpit gelangt die Avionik Garmin G1000 zum Einbau. Der Verkaufspreis wurde von EMBRAER auf US$ 8,96 Mio. angesetzt. Seit 2017 ist die verbesserte Phenom 300E (Enhanced) erhältlich, versehen mit einer komfortableren Kabine und einem überarbeiteten Inflight-Entertainment-System.
Hersteller: EMBRAER (Emprêsa Brasileira de Aeronautica SA), Sao José dos Campos, Brasilien und 2. Montagewerk in Melbourne, Florida, USA.

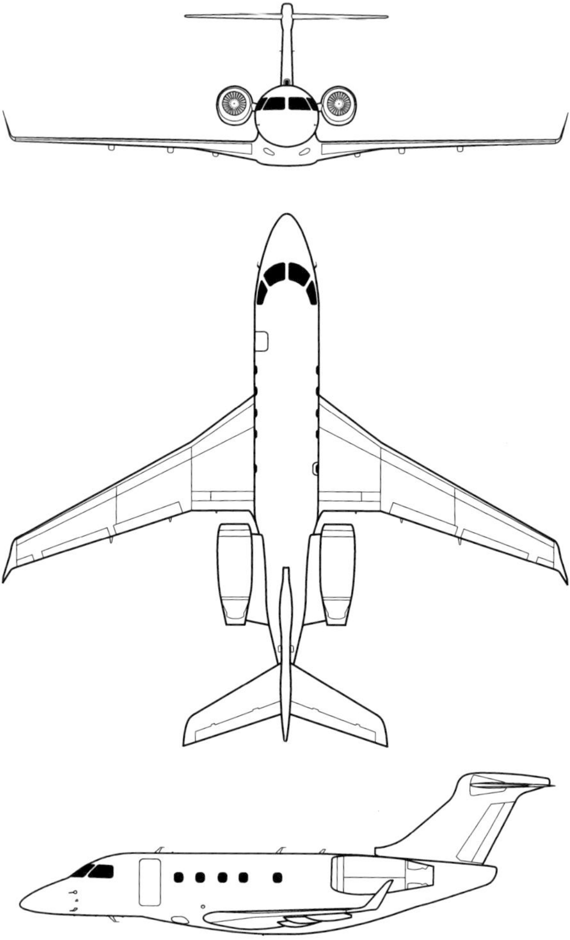

Abmessungen:
Spannweite 20,25 m
Länge (450) 19,68 m, (500) 20,74 m
Höhe 6,44 m
Flügelfläche 40,15 m².

EMBRAER LEGACY 450/500

Ursprungsland: Brasilien.
Kategorie: Mittelstrecken-Firmenflugzeuge.
Triebwerke: Zwei Mantelstromtriebwerke Honeywell HFT7500E von je (450) 2757 kp (27,03 kN), (500) 2966 kp (29,09 kN) Standschub.
Leistungen: Max. Reisegeschwindigkeit (500/450) 863/857 km/h (Mach 0,83); Zeit um 13100 m zu erreichen 22 Min., Dienstgipfelhöhe 13716 m; Reichweite mit (500) sechs bzw. (450) vier Personen unter IFR-Bedingungen rund (450) 5370 km, (500) 5788 km.
Gewichte: Rüstgewichte (500/450) 10631/10400 kg; max. Startgewichte (500/450) 17200/16000 kg.
Zuladung: Ein bis zwei Piloten im Cockpit und (450) sechs, (500) acht Passagiere in der Kabine, einschließlich einer Galley und einer Toilette. Maximal ist Platz für (450) neun bzw. (500) zwölf Personen vorhanden; max. Nutzlast (beide) 1270 kg, bei max. Treibstoffzuladung (beide) 725 kg.
Entwicklungsstand: Der erste Prototyp Legacy 500 hatte seinen Erstflug am 27. November 2012. Die Legacy 450 folgte am 28. Dezember 2013. Im Oktober 2014 wurde die erste Legacy 500 an einen Kunden ausgeliefert, gefolgt von der ersten Legacy 450 im Dezember 2015. Bisher sind von der 500 etwa 50 und von der 450 rund 25 Einheiten abgeliefert worden.
Bemerkungen: Die Legacy 450 und 500 schließen die Lücke im mittleren Segment des Angebots an Business Jets von EMBRAER, womit der Hersteller vom Viersitzer bis zur Lineage 1000 mit bis zu 20 Plätzen das ganze Spektrum von Geschäftsflugzeugen abdecken kann. Beide Versionen sind von neuester Konstruktion und mit modernster Avionik Pro Line Fusion von Collins, Fly-By-Wire-Steuerung, vier Flachbildschirmen im Cockpit mit besonders hoher Auflösung, Synthetic Vison System, Head-Up-Display, Sidesticks zum Steuern usw. ausgerüstet. Die komfortable Kabine weist gegenüber Mitbewerbern in der gleichen Klasse den größten Querschnitt mit einer Breite von 2,08 m und einer Höhe von 1,83 m auf. Mit der Entwicklung der Inneneinrichtung hat man die BMW Group Design Works in den USA beauftragt. Die 450 und 500 unterscheiden sich sonst nur durch die verschiedenen Rumpflängen und die Leistungswerte der Triebwerke. EMBRAER gibt als Verkaufspreise für die jeweilige Basisversion (450) US$ 16,7 Mio. und (500) US$ 20 Mio. an.
Hersteller: EMBRAER (Emprêsa Brasileira de Aeronautica SA), Sao José dos Campos, Brasilien, Werk Melbourne, Florida, USA.

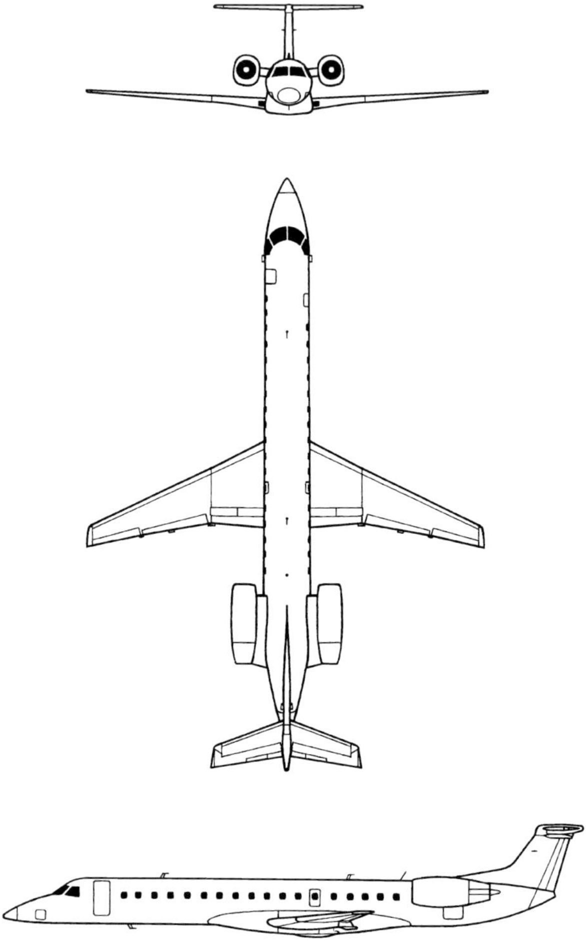

Abmessungen:
Spannweite 21,17 m
Länge 26,33 m, (ERJ-145) 29,87 m
Höhe 6,76 m
Flügelfläche 51,18 m^2.

EMBRAER LEGACY 600/650E

Ursprungsland: Brasilien.
Kategorie: Firmenflugzeug.
Triebwerke: Zwei Mantelstromtriebwerke Rolls Royce Allison (600) AE3007-A1E von je 3600 kp (35,38 kN), (650) AE3007A2 von je 4091 kp (40,12 kN) Standschub.
Leistungen: Höchstgeschwindigkeit Mach 0,80; max. Reisegeschwindigkeit 833 km/h (Mach 0,78); Dienstgipfelhöhe 12500 m; Reichweite mit vier Passagieren rund (600) 6290 km, (650) 7220 km.
Gewichte (600/650): Leergewicht 13675/14190 kg; max. Startgewicht 22500/24300 kg.
Zuladung (600/650): Zwei Piloten und je nach Inneneinrichtung bis zu 16 Passagiere, als Corporate Shuttle sogar bis zu 37 Personen; Nutzlast mit vollen Treibstofftanks 653/778 kg, max. 2325/2210 kg.
Entwicklungsstand: Die Businessjet-Version Legacy 600 fliegt seit 31. März 2001, die Ausführung 650 seit 23. September 2009. Bisher sind von beiden Ausführungen über 280 Einheiten abgeliefert worden. Weiterhin in kleinen Stückzahlen produziert der Hersteller die Regionalverkehrsvarianten ERJ-135/ERJ-145 Amazon (siehe Dreiseitenriss und Ausgabe 2006). Die ERJ-145 wie auch die Legacy 650 werden auch in der Volksrepublik China hergestellt.
Bemerkungen: Drei Ausführungen sind erhältlich: Eine 10- bis 16-plätzige Executive-Version, ein 16- bis 37-Plätzer Corporate Shuttle sowie eine Variante als Staatsflugzeug. Abgeleitet ist die Legacy von der ERJ-135. Sie weist nebst einer anderen Inneneinrichtung neue Triebwerke auf. Zudem wurde der Frachtraum umgebaut, um einen Zusatztank von 3978 l aufzunehmen. Im Übrigen besteht zum Ausgangsmuster weitgehend Teilegleichheit. Die 2012 vorgestellte Legacy 650 verfügt über stärkere Triebwerke und insbesondere bessere Reichweitenleistungen. Äußerlich kaum zu unterscheiden, sind doch einige wesentliche Veränderungen vorgenommen worden: Zusatztreibstofftank im zentralen Flügelkasten, verstärkter Flügel, neues Betankungssystem, Cockpit-Avionik Honeywell Primus Elite. Der Kaufpreis soll US$ 31,5 Mio. betragen. 2017 lancierte EMBRAER eine weiter verbesserte Ausführung, die Legacy 650E. Hauptneuerung sind die modernisierte Avionik und die überarbeitete Inneneinrichtung. Zudem wurde der Basispreis auf US$ 26 Mio. gesenkt.
Hersteller: EMBRAER (Emprêsa Brasileira de Aeronautica SA), Sao José dos Campos, Brasilien.

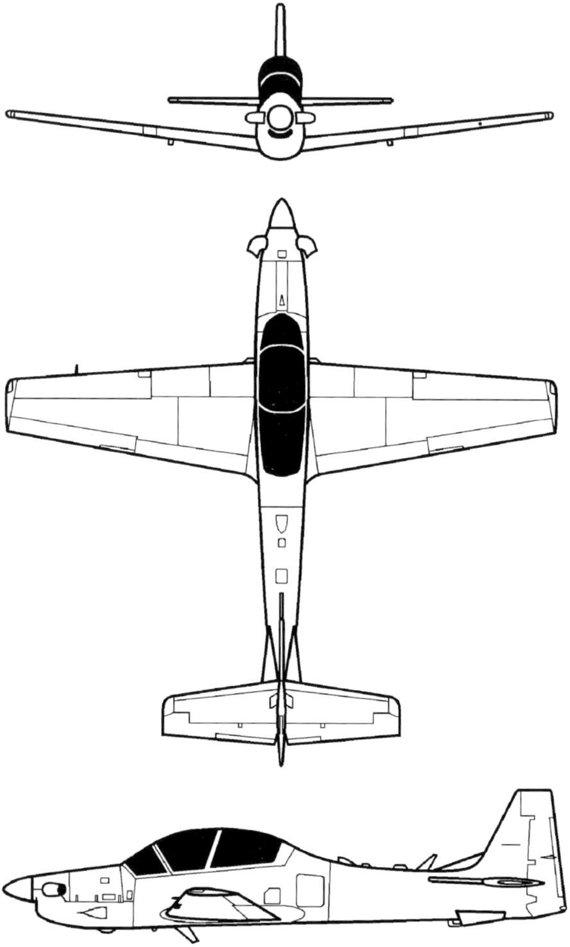

Abmessungen:
Spannweite 11,14 m
Länge 11,38 m
Höhe 3,97 m
Flügelfläche 19,40 m^2.

EMBRAER EMB-314/A-29 SUPER TUCANO

Ursprungsland: Brasilien.
Kategorie (EMB-314): Zweisitziger Basis- und Fortgeschrittenentrainer bzw. leichtes einsitziges (A-29) bzw. zweisitziges (AT-29) Erdkampf- und Überwachungsflugzeug.
Triebwerke: Eine Propellerturbine Pratt & Whitney Canada PT6A-68/3 von 1600 WPS (1190 kW) Leistung, reduziert auf 1250 WPS (932 kW).
Leistungen: Höchstgeschwindigkeit 590 km/h; max. Reisegeschwindigkeit 535 km/h; Anfangssteiggeschwindigkeit 24 m/Sek; Dienstgipfelhöhe 10600 m; Aktionsradius auf 3300 m ohne Bewaffnung 750 km, bei voller Bewaffnung 540 km.
Gewichte: Leergewicht 3150 kg; normales Startgewicht 3600 kg, mit Waffenlast 5250 kg.
Bewaffnung (AT-29): Zwei in den Flügeln fest eingebaute 12,7-mm-Maschinengewehre sowie an fünf Aufhängestationen unter dem Rumpf und unter den Flügeln eine Vielzahl von Waffenlasten bis zu 1500 kg.
Entwicklungsstand: Der erste, bereits dem Serienstandard entsprechende Prototyp YA-29 nahm die Flugerprobung am 2. Juni 1999 auf. Die Brasilianische Luftwaffe hat alle 99 AT-/A-29 erhalten. Weitere 16 Nationen beschafften über 150 Einheiten dieses Typs. Neuester Besteller: Nigeria voraussichtlich 12.
Bemerkungen: Die A-29/AT-29 sind die Erdkampf- bzw. COIN-Ausführungen des Trainers EMB-314 Super Tucano. Sie unterscheiden sich von ihm hauptsächlich durch eine missionsbezogene Ausrüstung: Elbit-Angriffs- und Navigationselektronik, GPS, Head-Up-Display, Multifunktionsbildschirme, punktuell verstärkte Zellen- und Flügelstruktur. Das Cockpit ist gepanzert und druckbelüftet. Die Besatzung kann für Nachteinsätze mit **N**ight-**V**ision-**G**oggles (NVG) ausgestattet werden. Der Zweisitzer AT-29 verfügt zusätzlich über ein nach vorne gerichtetes FLIR-Gerät. So ausgerüstet, soll die A-29 primär zur Bekämpfung von Drogenschmugglern und Guerillas in der Amazonasregion eingesetzt werden. Dabei arbeitet sie mit der AEW-Version der EMB-145SA (siehe Ausgabe 2009) zusammen. Mit der A-29 beteiligt sich EMBRAER am OA-X-Wettbewerb eines neuen leichten Erdkämpfers für die USAF sowie für mit den USA befreundeten Nationen.
Hersteller: EMBRAER (Emprêsa Brasileira de Aeronautica SA), Sao José dos Campos, Brasilien.

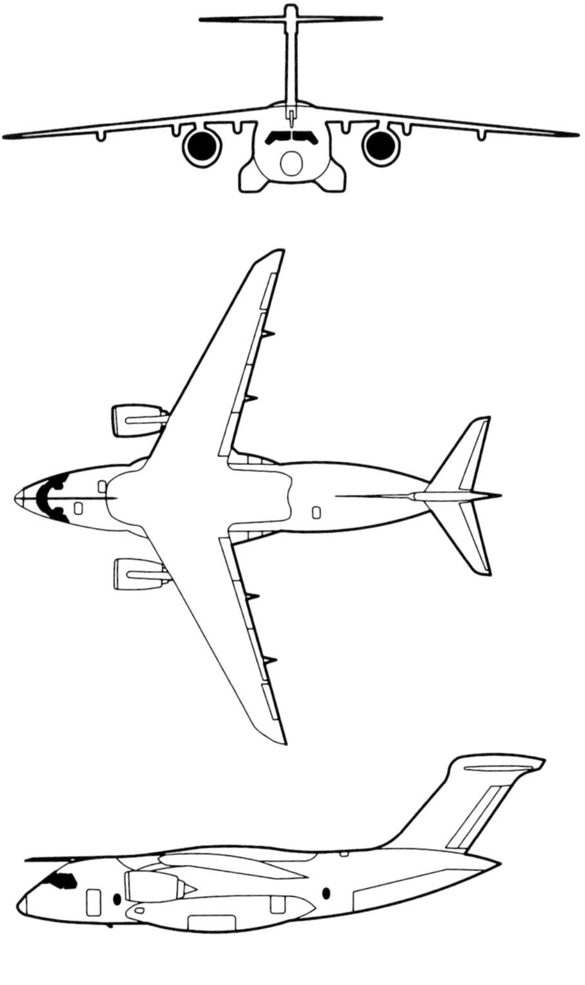

Abmessungen:
Spannweite 35,05 m
Länge 35,20 m
Höhe 12,15 m
Flügelfläche 140 m^2.

EMBRAER KC-390

Ursprungsland: Brasilien.
Kategorie: Mittelschwerer Militärfrachter und Tanker.
Triebwerke: Zwei Mantelstromtriebwerke IAE V2500-E5 von je rund 14200 kp (139,25 kN) Standschub.
Leistungen (nach Angaben des Herstellers)**:** Höchstgeschwindigkeit 870 km/h bzw. Mach 0,80; Dienstgipfelhöhe 11000 m; Reichweite mit 19000 kg Nutzlast 3400 km, mit 14700 kg 4800 km; Überführungsreichweite 6200 km.
Gewichte: Normales Startgewicht 74000 kg, maximal 87000 kg.
Zuladung: Zwei Piloten und bis zu 80 voll ausgerüstete Soldaten, 66 Fallschirmspringer, 74 Verletzte auf Tragen oder sieben Standardpaletten. Die maximale Nutzlast beläuft sich auf 26000 kg.
Entwicklungsstand: Am 21. Oktober 2014 verließ der erste Prototyp die Endmontagehalle und startete am 3. Februar 2015 zum Erstflug. Ein zweiter folgte am 28. April 2016. Bisher sind Bestellungen bzw. Kaufabsichten von mehreren Luftwaffen eingegangen: Argentinien 6, Brasilien 28, Chile 6, Kolumbien 12, Portugal 5 oder 6, Tschechien 2. Die Indienststellung wird für 2018 erwartet.
Bemerkungen: Die erfolgreiche EMBRAER wagt sich mit der KC-390 in ein völlig anderes Luftfahrt-Segment. Als Alternative zur C-130J (siehe Seiten 224/225) lancierte sie vor einigen Jahren dieses Muster. Im Laufe der Entwicklung wurden die Spezifikationen laufend angepasst und die Leistungsparameter nach oben korrigiert. Die Avionik Pro Line Fusion entspricht jener der Legacy 450/500. So soll die KC-390 für nur rund US$ 50 Mio. angeboten werden. Typisch für ein solches Muster ist die robuste und relativ einfache Bauweise sowie die Möglichkeit, auf kurzen Naturpisten starten und landen zu können. Die Innenmaße des Frachtraums betragen: Länge 12,68 m ohne bzw. 18,54 m einschließlich der Laderampe Breite 3,45 m, Höhe zwischen 2,74 und 2,94 m. Damit ist das Innenvolumen etwas größer als beispielsweise jenes der C-130. An der Herstellung beteiligen sich auch Unternehmen aus Argentinien, Kolumbien, Portugal und Tschechien. Später könnte auch eine Tankerversion folgen. Die KC-390 wurde auch erprobt, um als Tankflugzeug eingesetzt werden zu können.
Hersteller: EMBRAER (Emprêsa Brasileira de Aeronautica SA), Sao José dos Campos, Brasilien.

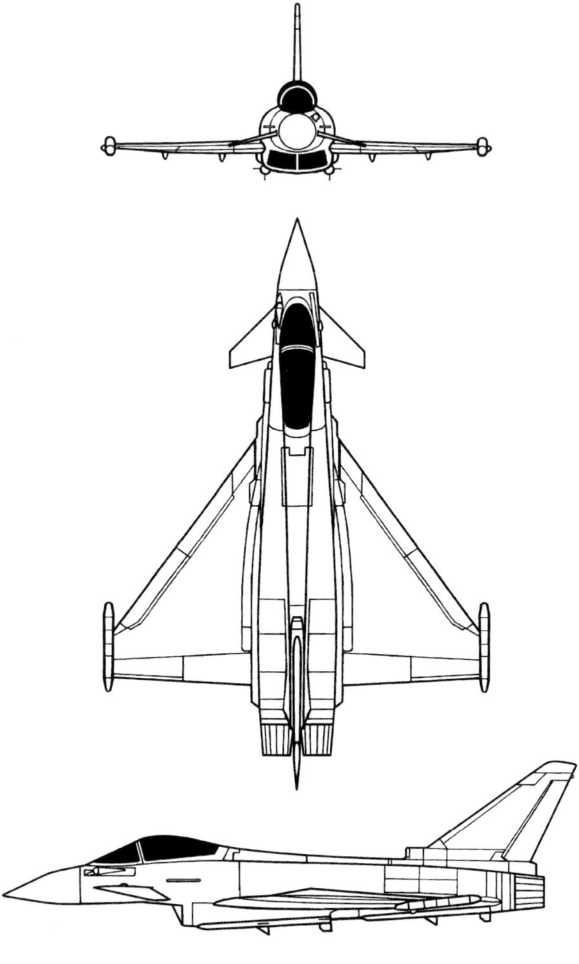

Abmessungen:
Spannweite 10,95 m
Länge 15,96 m
Höhe 5,28 m
Flügelfläche 50,00 m^2.

EUROFIGHTER TYPHOON

Ursprungsland: Großbritannien, Deutschland, Italien und Spanien.
Kategorie: Luftüberlegenheitsjäger und Mehrzweckkampfflugzeug.
Triebwerke: Zwei Mantelstromtriebwerke Eurojet EJ200 von je rund 6100 kp (60 kN) Standschub ohne und 9185 kp (90 kN) mit Nachbrenner.
Leistungen: Höchstgeschwindigkeit in großer Höhe Mach 2,0+, in Bodennähe 1390 km/h; Anfangssteiggeschwindigkeit 315 m/Sek; Dienstgipfelhöhe 16765 m; Aktionsradius mit je zwei Luft-Luft-Lenkwaffen AIM-120 und AIM-132 inkl. Außentanks 1390+ km; Überführungsreichweite mit zwei Außentanks 3700 km.
Gewichte: Leer 11150 kg; max. Startgewicht 23500 kg.
Bewaffnung: Eine 27-mm-Mauser-Kanone im Rumpf und beispielsweise eine Zusammensetzung von sechs Kurzstrecken-Luft-Luft-Lenkwaffen AIM-132 und vier Mittelstrecken-Luft-Luft-Lenkwaffen AIM-120. Max. Waffenlast 7500 kg an 13 Waffenstationen.
Entwicklungsstand: Der erste Prototyp nahm am 27. März 1994 die Flugerprobung auf, gefolgt vom ersten Serienmuster im Laufe von 2002. 2003 sind die ersten Serienmaschinen abgeliefert und 2004 die ersten Einheiten aufgestellt worden. Aktuelle Beschaffungszahlen: Großbritannien 160, Deutschland 140, Italien 96, Kuwait 28, Spanien 73, Oman 12, Österreich 15, Saudi Arabien 72. Neuester Besteller: Qatar 24. Mitte 2012 hat die Produktion der Tranche 3 begonnen. 112 davon sollen gebaut werden. Im April 2017 wurde die 500. Einheit abgeliefert.
Bemerkungen: Die Typhoon wird als Ein- wie als Doppelsitzer angeboten. Die ersten der Tranche 1 zugehörigen Einheiten sind vorerst für Abfangaufgaben konfiguriert. Hierbei kann ohne Nachbrenner die sog. Supercruise-Geschwindigkeit von Mach 1,2 bis 1,3 erreicht werden. Derzeit werden die Maschinen der Tranche 3A bzw. 3B gebaut. Diese restlichen zu beschaffenden Eurofighters erhalten ein neues AESA-Radar und ein überarbeitetes Cockpit mit Voice-Control (= sprachgesteuerte Systemführung). Durch laufende Modifikationen wird der Eurofighter stets auf dem neuesten technologischen Stand gehalten. Die neueste, P1E genannt, verbessert besonders die Strike-Fähigkeiten des Jägers. Aerodynamische Anpassungen werden die Agilität des Eurofighters weiter verbessern. Weitere technische Maßnahmen sollen die Erdkampffähigkeit erweitern.
Hersteller: Eurofighter, München, Deutschland.

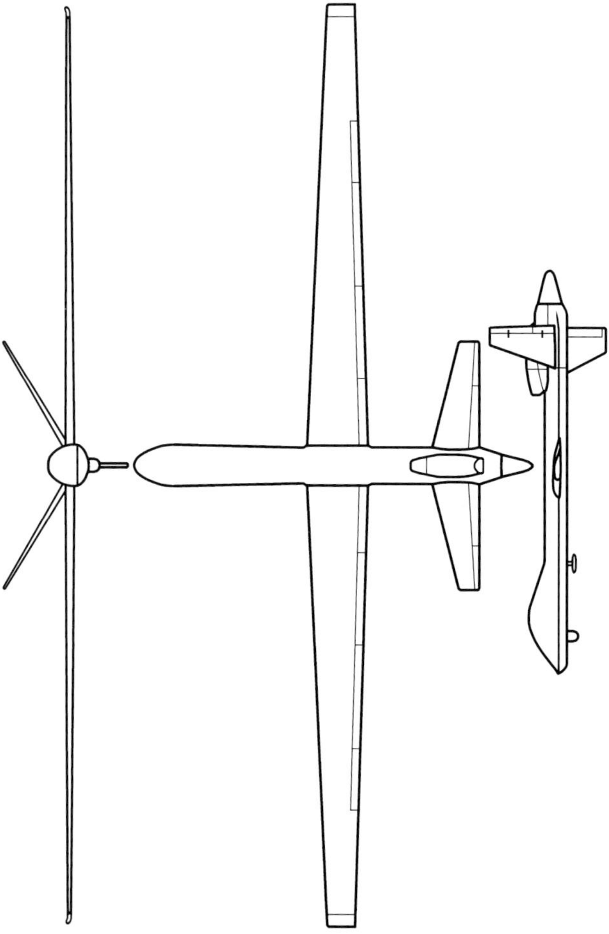

Abmessungen:
Spannweite (Reaper) 20,12 m, (Reaper-ER) 24,08 m
Länge 10,97 m
Höhe 3,56 m.

GENERAL ATOMICS MQ-9A REAPER

Ursprungsland: USA.
Kategorie: Unbemannte Drohne für Erdkampf, Aufklärungs- und ELINT-Aufgaben in großen Höhen.
Triebwerke: Eine Propellerturbine Honeywell TPE331-10T von 900 WPS (670 kW) Leistung.
Leistungen: Höchstgeschwindigkeit ca. 410 km/h; Dauergeschwindigkeit 370 km/h; Dienstgipfelhöhe über 15240 m; Reichweite 4000 km; max. Flugdauer (Reaper) 27 Std., (Reaper-ER) 40 Std.
Gewichte: Leergewicht 2223 kg; max. Startgewicht 4763 kg, (Block 5) 5311 kg.
Zuladung/Bewaffnung: Aufklärungssysteme im Gesamtgewicht von intern 363 kg, extern 1361 kg. Es können aber auch beispielsweise bis zu zehn Hellfire-Panzerabwehrlenkwaffen oder sechs 225-kg-GPS-Bomben mitgeführt werden.
Entwicklungsstand: Im Februar 2001 startete ein Erprobungsträger zum Erstflug. 2002 bestellte die USAF zwei operationelle Prototypen (2005 abgeliefert). Insgesamt ist die Beschaffung von bis zu 346 Reapers geplant. Rund zwei Drittel davon sind bereits gebaut. Folgende weitere Länder setzen diese Drohne ein: Frankreich 12, Großbritannien 10 (weitere 26 geplant), Italien 8, Niederlande, Spanien und Türkei je 4. Zwei als Predator B bezeichnete Reapers erhielt die US Customs and Border Protection (CBP). Die neueste Version Reaper-ER flog erstmals am 18. Februar 2016 und soll ab 2018 einsatzbereit sein.
Bemerkungen: Das neue Triebwerk bietet gegenüber dem Ausgangsmuster RQ-1A Predator A (siehe Ausgabe 2006) in allen Bereichen wesentlich bessere Flugleistungen an. Zudem ist die Nutzlast deutlich höher, es können u.a. auch mehr Waffen mitgeführt werden. Der Flügel ist gegenüber dem Ausgangsmuster deutlich größer, der Rumpf dicker. Er kann dadurch mehr Treibstoff aufnehmen. Während die RQ-1 vorwiegend für Aufklärungsaufgaben vorgesehen ist, wird die MQ-9 vorab als Erdkämpfer/Aufklärer in besonderen Situationen eingesetzt. Dazu verfügt sie u.a. über ein synthetisches Breitband-Radar APY-8 Lynx mit hoher Auflösung. Seit Mai 2012 fliegt eine neue Block 5 mit erhöhtem Abfluggewicht, neuem Generator, aufdatierter Elektronik und überarbeitetem Fahrwerk. Die Reaper-ER, auch als Predator B bezeichnet, weist einen um fast 4 Meter längeren Flügel mit vergrößerter Treibstoffkapazität auf und verfügt über zusätzliche Waffenstationen.
Hersteller: General Atomics Aeronautical Systems Inc., San Diego, Werk Poway, Kalifornien, USA.

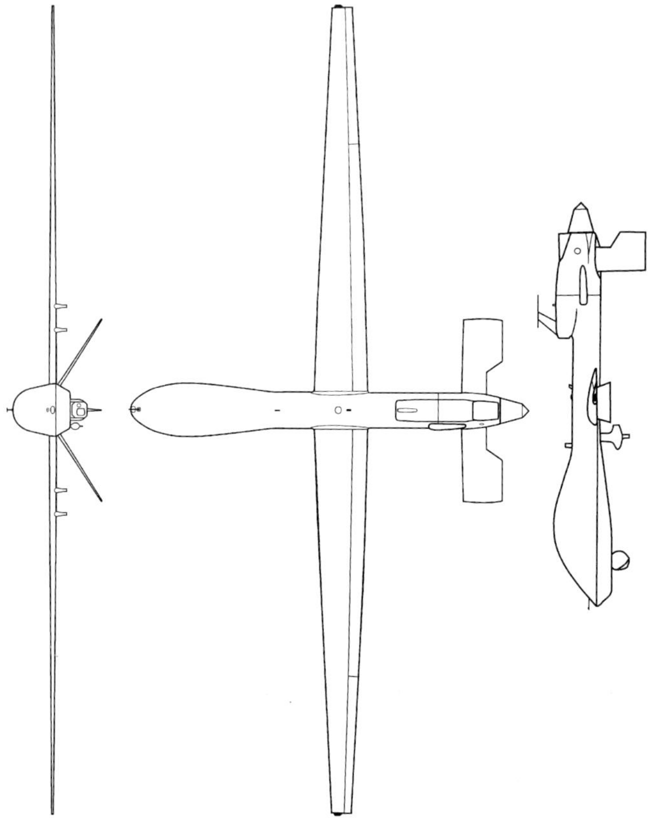

Abmessungen:
Spannweite 17,00 m
Länge 8,53 m
Höhe 2,10 m.

GENERAL ATOMICS MQ-1C GRAY EAGLE

Ursprungsland: USA.
Kategorie: Unbemannter Langstrecken-Aufklärer für mittlere Höhen.
Triebwerke: Ein Dieseltriebwerk Thielert Centurion mit Schubpropeller von 135 PS (100 kW) Leistung.
Leistungen: Patrouilliergeschwindigkeit 250 km/h; Dienstgipfelhöhe 8840 m; Aktionsradius 400 km; max. Flugdauer 36 Std.; (ER) bis zu 41 Std.
Gewichte: Max. Startgewicht 1633 kg.
Zuladung: Aufklärungs- und Elektronikausrüstung bis zu einem Gewicht von 488 kg, davon 261 kg intern und 227 kg extern. Typischerweise umfasst die Ausrüstung ein Kamerasystem MTS-A EO/IR, ein SIGINT-Aufklärungsmodul sowie eine Kommunikationseinrichtung mit der Bodenstation.
Bewaffnung: Lenkwaffen AGM-114 Hellfire oder Viper Strike an vier Aufhängepunkten unter den Flügeln.
Entwicklungsstand: Der Prototyp nahm die Flugerprobung am 6. Juni 2007 auf. Die US Army will bis 2022 167 Gray Eagles beschaffen. Ein Großteil davon ist bereits ab 2009 im Einsatz. Die neueste Ausführung MQ-1C ER (bisher 19 bestellt), wird ab 2018 abgeliefert.
Bemerkungen: Die Gray Eagle (früher als Warrior bezeichnet) ist ein typischer Vertreter der sog. MALE-UAV's (**M**edium **A**ltitude **L**ong **E**ndurance). Sie basiert auf der MQ-1 Predator (siehe Ausgabe 2006), weist jedoch einen Flügel mit größerer Spannweite und einen verlängerten Vorderrumpf auf. Damit kann sie größere Nutzlasten mitführen. An der Rumpfspitze ist ein synthetisches Breitbandradar von Northrop Grumman eingebaut. Unter den Flügeln besteht die Möglichkeit, Waffen mitzuführen. Erstmals kommt ein Dieselmotor in einer größeren Drohne zur Anwendung. Dieser lässt zu, sowohl Jet Fuel (Kerosen) wie auch Autodiesel zu verwenden. Das ganze System kann durch eine C-130 Hercules transportiert werden und ist zwei Stunden nach dem Ausladen einsatzbereit. Die Bodenstation hat in einem auf einem Normlastwagen beladbaren MTV S-280-Container Platz. Neu ist die MQ-1C ER, welche u. a. folgende Verbesserungen aufweist: Neues 153 kW-Diesel-Triebwerk Lycoming DEL-120, 50% vergrößerte Treibstofftanks und damit auf gegen 50 Std. verlängerte Einsatzdauer, auf 1900 kg erhöhtes Abfluggewicht, 50% größere Nutzlast mit zusätzlichem Aufhängepunkt unter dem Rumpf.
Hersteller: General Atomics Aeronautical Systems Inc., San Diego, Werk Poway, Kalifornien, USA.

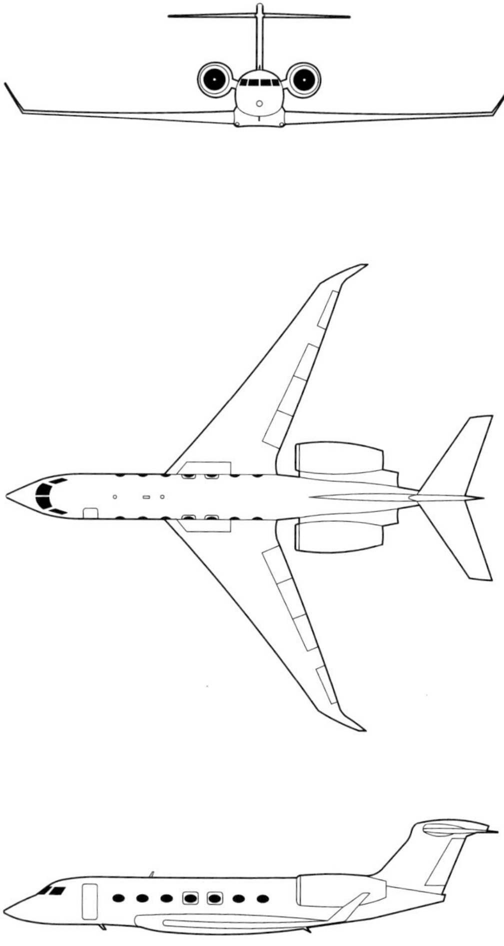

Abmessungen (G500/G600):
Spannweite 26,55/28,95 m
Länge 27,78/29,26
Höhe 7,78/7,70 m
Flügelfläche ca. 95,20/117,80 m^2.

GULFSTREAM AEROSPACE GULFSTREAM G500/G600

Ursprungsland: USA.
Kategorie: Mittel- bis Langstreckenfirmenflugzeuge.
Triebwerke (G500/G600): Zwei Mantelstromtriebwerke Pratt & Whitney Canada PW814GA/PW815GA von 6869/7112 kp (67,36/69,74 kN) Standschub.
Leistungen: Höchstgeschwindigkeit 956 km/h (Mach 0,925); Langstrecken-Reisegeschwindigkeit 904 km/h (Mach 0,85); Dienstgipfelhöhe 15545 m; Reichweite mit acht Passagieren bei Mach 0,85 (G500) 9630 km, (G600) 12038 km, bei Mach 0,90 9445 km.
Gewichte (G500/G600): Rüstgewicht 21137/23332 kg; max. Startgewicht 34859/41540 kg.
Zuladung (G500/G600): Zwei Piloten im Cockpit und je nach Innenausstattung 12/13, 14/15 oder bei dichter Bestuhlung bis zu 19 Passagiere; Nutzlast bei vollen Tanks 816 kg, max. 2495/2720 kg.
Entwicklungsstand: Der erste von fünf Prototypen der G500 begann die Flugerprobung am 18. Mai 2015, das erste Serientestflugzeug am 5. August 2016. Die Zulassung wird für das erste Quartal 2018 erwartet. Am 17. Dezember 2016 hob erstmals auch die G600 in die Lüfte. Der Bestellungsstand wurde bisher nicht publiziert. Bekannt ist aber, dass Qatar Executive und Flexjet diese beiden Muster bestellt haben.
Bemerkungen: Bei der G500 und der G600 handelt es sich um vollständige Neuentwicklungen, selbst wenn äußerlich gewisse Ähnlichkeiten zur G650 (siehe Seiten 174/175) bestehen. Der Flügel ist nach neuesten aerodynamischen Erkenntnissen optimiert. Im Cockpit kommt die Avionik von Honeywell Symmetry™ mit zehn integrierten Touchscreens zum Einbau. Gesteuert werden beide mit Sidesticks. Ein sog. **E**nhanced **V**ision **S**ystem (EVS) neuester Generation erleichtert dem Piloten die Sicht bei ungünstiger Wetterlage. Dieses EVS ist zudem mit einem Head-Up-Display verbunden. Die Kabine wurde vollständig neu konzipiert. Der Kabinendurchmesser ist mit einer Breite von 2,41 m und einer Höhe von 1,93 m nur wenig kleiner als bei der G650, jedoch deutlich größer wie bei der G450/550. Die Innenlänge beträgt (G500) 12,65 m, (G600) 13,77 m. Eine G500 soll für US$ 43,5 Mio. angeboten werden, die G600 kostet ab US$ 54,5 Mio.
Hersteller: Gulfstream Aerospace Corp. (Tochterfirma von General Dynamics), Savannah, Georgia, USA.

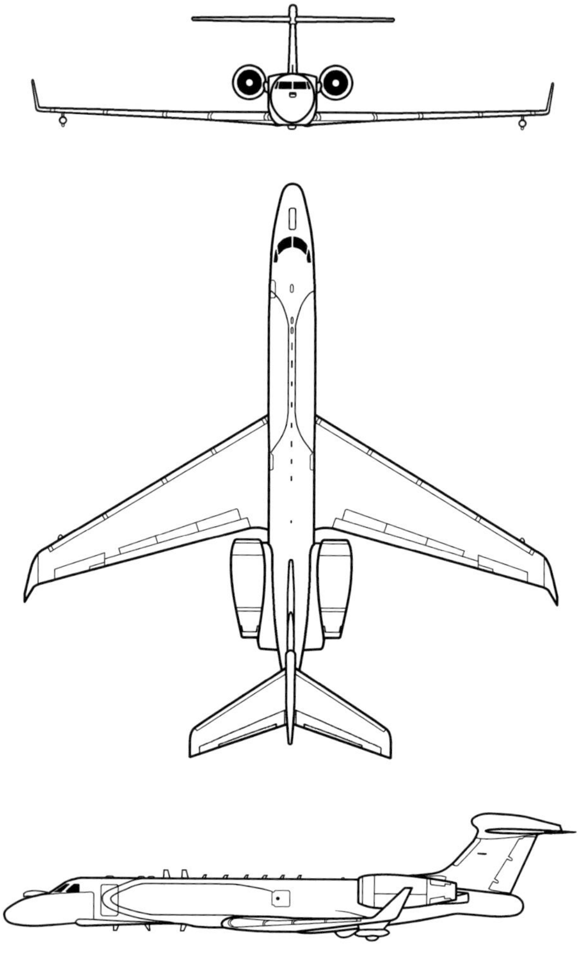

Abmessungen:
Spannweite 28,50 m
Länge 29,40 m
Höhe 7,90 m
Flügelfläche 105,63 m^2.

GULFSTREAM G550 SPECIAL MISSION

Ursprungsland: USA/(Israel).
Kategorie: Elektronischer Aufklärer für ELINT- bzw. SIGINT-Aufgaben und Radarfrühwarnflugzeug.
Triebwerke: Zwei Mantelstromtriebwerke BMW/Rolls-Royce BR 710-48 von je 6980 kp (68,40 kN) Standschub.
Leistungen (G550): Max. Reisegeschwindigkeit 940 km/h (Mach 0,885); Langstrecken-Reisegeschwindigkeit 851 km/h; Anfangssteiggeschwindigkeit 21,3 m/Sek; Dienstgipfelhöhe (G550 CAEW) 12500 m; Einsatzdauer (G550 CAEW) rund 10 Stunden.
Gewichte (G550): Rüstgewicht 21919 kg; max. Startgewicht (G550) 41277 kg.
Zuladung: Zwei Piloten im Cockpit und (G550 SEMA) zwei bis drei Systemoperateure, (G550 CAEW) sechs Missionsspezialisten.
Entwicklungsstand: Das erste Exemplar begann die Flugerprobung am 26. März 2005. Israel hat drei G550 SEMA und eine G550 CAEW beschafft. Die Auslieferung begann im September 2006. Italien beschaffte vorläufig zwei, Singapur erhielt vier G550 CAEW. Neueste Besteller: Australien 2 bis 5, USAF noch eine unbekannte Anzahl G550 CAEW als Ersatz der EC-130H-Flotte, US Navy vorerst 1.
Bemerkungen: Mehrere Versionen sind erhältlich, welche auf der G550-Plattform (siehe Ausgabe 2010) basieren. Der Elektronik- und Funkaufklärer G550 SEMA verfügt für sog. ELINT- und SIGINT-Aufgaben über ein System IAI Elta EL/I-3001, dessen sichtbarer Teil aus einem großen Behälter vorne unter dem Rumpf besteht. Zudem sind an Rumpf und Flügeln Sensoren installiert. Die Übertragung der aufgefangenen Daten erfolgt über ein SATCOM-System (**Sat**ellite **Com**munications). Der Radarfrühwarner G550 CAEW (**C**ompact **A**irborne **E**arly **W**arning, siehe Dreiseitenriss) erhält ein Radar Elta EL/W-2085 Phalcon im Rumpf. Zudem sind vier fest montierte Antennen vorne, hinten und je seitlich am Rumpf angebracht, um eine 360°-Abdeckung zu ermöglichen. Laufend werden neue Systeme zur Verbesserung der Leistungsfähigkeit eingebaut.
Hersteller: Gulfstream Aerospace Corp., (Tochtergesellschaft von General Dynamics), Savannah, Georgia, USA.

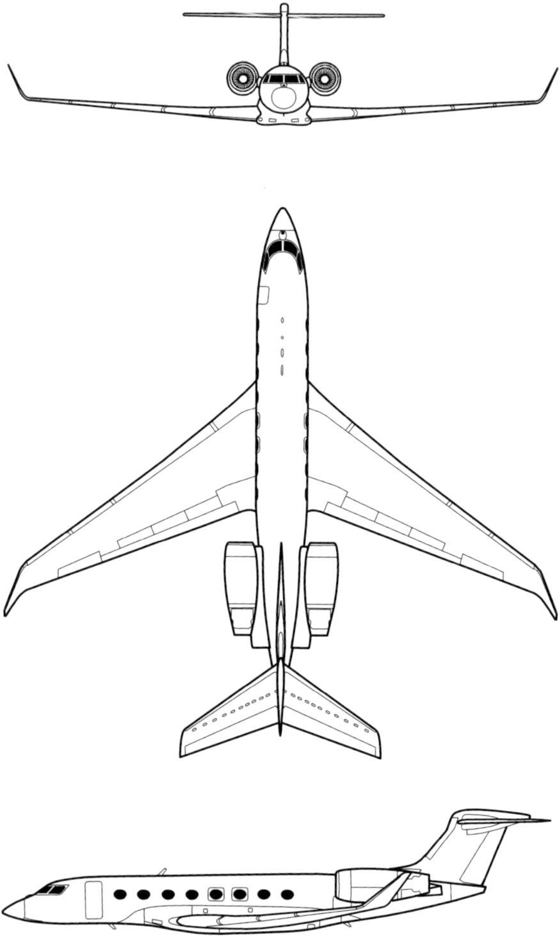

Abmessungen:
Spannweite 30,36 m
Länge 30,41 m
Höhe 7,82 m
Flügelfläche 119,20 m^2.

GULFSTREAM AEROSPACE GULFSTREAM G650/G650ER

Ursprungsland: USA.
Kategorie: Langstrecken-Firmenflugzeug.
Triebwerke: Zwei Mantelstromtriebwerke BMW/Rolls Royce BR725 A1-12 von je 7300 kp (71,60 kN) Standschub.
Leistungen: Max. Reisegeschwindigkeit Mach 0,925; normale Reisegeschwindigkeit 956 km/h (Mach 0,90), Langstrecken-Reisegeschwindigkeit 904 km/h (Mach 0,85); Dienstgipfelhöhe 15550 m; max. Reichweite mit vier Besatzungsmitgliedern und acht Passagieren 12964 km, (G650ER) 13890 km.
Gewichte: Rüstgewicht 24494 kg; max. Startgewicht 45178 kg, (G650ER) 47000 kg.
Zuladung: Zwei Piloten im Cockpit und normalerweise acht Passagiere. Maximal können 18 Personen mitfliegen. Nutzlast bei vollen Tanks 816 kg, max. Nutzlast 2948 kg.
Entwicklungsstand: Der Erstflug des Prototyps G650 erfolgte am 25. November 2009, jener der ersten Serienmaschine am 6. Juni 2010. Mit den Auslieferungen begann man Ende 2012. Die ersten G650ER sind im Dezember 2014 an die Kunden übergeben worden. Im Oktober 2016 konnte die 200. G650 abgeliefert werden. Jährlich werden rund 50 Einheiten gebaut.
Bemerkungen: Beim Gulfstream-Spitzenmodell G650 handelt es sich um eine vollständige Neukonstruktion. Es zeichnet sich vor allem durch eine sehr großzügige, 16,33 m lange Kabine mit einer Innenhöhe von 1,95 m und einer Breite von 2,59 m aus. Mit einer Reisegeschwindigkeit von Mach 0,925 ist die G650 im steten Wettbewerb mit der Cessna Citation X+ (siehe Seiten 110/111) um das aktuell schnellste Firmenflugzeug der Welt. Bei einem Testflug erreichte ein Prototyp sogar die Höchstgeschwindigkeit von Mach 0,995. Die neueste BR725-Turbofan-Ausführung mit digitaler Steuerung (FADEC) und 24 Schaufeln in Sichelform verspricht einen geringen Verbrauch bei tiefen Emissionswerten. Die Flugsteuerung erfolgt durch ein Fly-By-Wire-System. Das Cockpit Planeview II umfasst u. a. Synthetic Vision-Displays, Head-Up-Display, 3-D-Wetterradar und das neueste Flight Control-System. 2014 lancierte der Hersteller die G650ER, die dank eines Zusatztanks noch größere Strecken zurücklegen kann. Der Kaufpreis für die Basisausführung liegt bei US$ 64,5 Mio., jener der G650ER bei US$ 66,5 Mio.
Hersteller: Gulfstream Aerospace Corp. (Tochtergesellschaft von General Dynamics), Savannah, Georgia, USA.

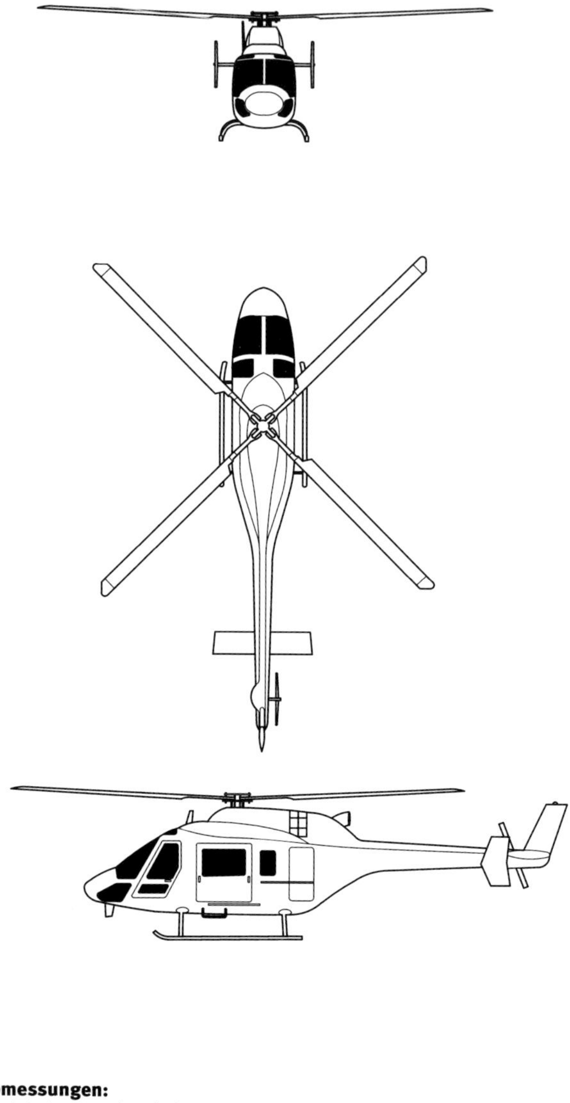

Abmessungen:
Noch keine Angaben bekannt.

HINDUSTAN AERONAUTICS (HAL) LUH

Ursprungsland: Indien.
Kategorie: Leichter militärischer und ziviler Mehrzweckhubschrauber.
Triebwerke: Eine Gasturbine HAL/Safran Ardiden/Shakti 1U mit einer auf 1005 WPS (750 kW) reduzierten Leistung.
Leistungen (nach Angaben des Herstellers): Höchstgeschwindigkeit 250 km/h; normale Reisegeschwindigkeit 220 km/h; max. Schrägsteiggeschwindigkeit 7,5 m/Sek; Dienstgipfelhöhe 6500 m; Reichweite mit max. interner Treibstoffzuladung rund 350 km.
Gewichte: Leergewicht 1910 kg; max. Startgewicht 3150 kg.
Zuladung: Zwei Piloten und bis zu sechs Passagiere.
Bewaffnung: Noch keine Angaben bekannt. Es ist jedoch davon auszugehen, dass die LOH-Ausführung über eine gewisse Bewaffnung verfügen wird.
Entwicklungsstand: Ein erster Prototyp flog erstmals am 6. September 2016 gefolgt vom zweiten am 22. Mai 2017. Luftwaffe wie Armee Indiens wollen als Ersatz der veralteten Cheetah- und Chetak-Hubschrauber (siehe Ausgaben 2014) von der LUH-Version vorerst 187 Einheiten beschaffen, später allenfalls noch mehr. Die Produktion soll 2018 mit rund 10 Einheiten pro Jahr beginnen, später will man sie auf 36 LUH's steigern. Über Aufträge von Dritten ist bisher nichts bekannt geworden.
Bemerkungen: Im Auftrag der Indischen Streitkräfte lanciert HAL unter dem Namen LUH (**L**ight **U**tility **H**elicopter) ein völlig neues Muster. Geplant ist auch die Ableitung LOH (**L**ight **O**bservation **H**elicopter). In der heutigen Zeit ist es eher ungewöhnlich, dass ein Hubschrauber dieser Größe nur über ein Triebwerk mit Vierblatt-Rotor verfügt. Der Antrieb wurde in Zusammenarbeit mit der französischen Safran entwickelt. Soweit bekannt, ist die Rumpfkonstruktion noch sehr konventionell. Auf beiden Seiten sind große Schiebetüren angebracht, die ein schnelleres Be- und Entladen ermöglichen. Der zweite Prototyp weist gegenüber dem ersten einige Verbesserungen sowie einen überarbeiteten Heckausleger auf. Was die Beobachtungsversion LOH angeht, sind bisher noch keinerlei konkrete Informationen verfügbar.
Hersteller: Hindustan Aeronautics Ltd. (HAL), Helicopter Division, Bangalore, Indien.

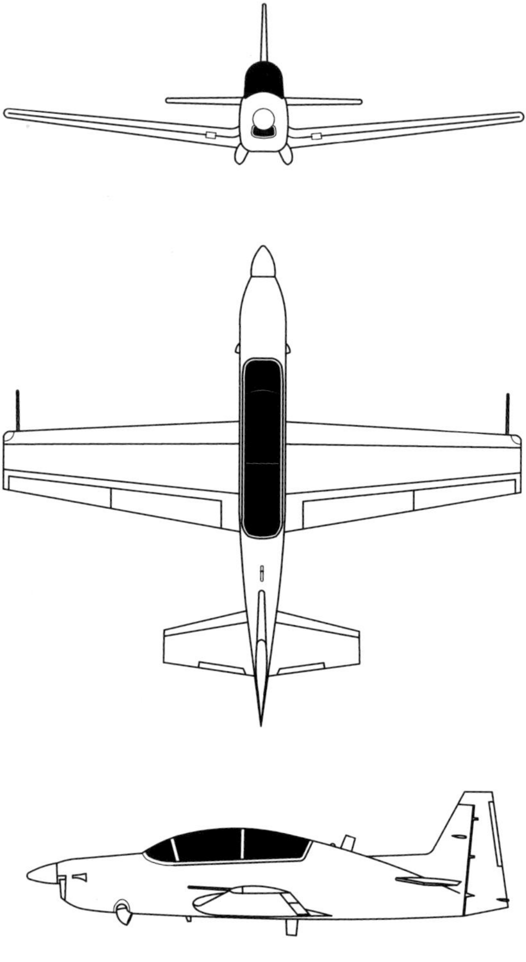

Abmessungen:
Noch keine Angaben bekannt.

HINDUSTAN AERONAUTICS (HAL) HTT-40

Ursprungsland: Indien.
Kategorie: Zweisitziger Basis- und Intermediate-Trainer.
Triebwerke: Eine Propellerturbine Honeywell TPE331-12B von 950 WPS (708 kW) Leistung.
Leistungen (noch sehr provisorische Angaben): Höchstgeschwindigkeit 600 km/h; normale Reisegeschwindigkeit 450 km/h; Dienstgipfelhöhe 6000 m; max. Reichweite 1000 km.
Gewichte: Startgewicht 2800 kg.
Bewaffnung: Es ist vorgesehen, dass die HTT-40 auch Waffen mitführen kann.
Entwicklungsstand: Der erste von drei geplanten Prototypen flog erstmals am 27. Juni 2016. Ein zweiter folgte am 31. Mai 2017. Je nach Quelle wird die Luftwaffe Indiens bis zu 181 Einheiten beschaffen. Für 70 wurde bisher eine Absichtserklärung unterzeichnet. Die HTT-40 soll dabei die HAL HPT-32 Deepak (siehe Ausgabe 1983) ersetzen.
Bemerkungen: Mit der neuen HTT-40 will die indische Luftfahrtindustrie ebenfalls in das Segment der propellerturbinengetriebenen Trainer eindringen. Damit wird das Konzept, zunehmend einheimische Produkte („Make-in-India-Policy") für die Streitkräfte Indiens einzusetzen, konsequent weitergeführt. Dies auch unter Inkaufnahme von redundanten Beschaffungen. So soll die HTT-40 bei der Luftwaffe die gleiche Aufgabe wie die bereits beschaffte Pilatus PC-7 Mk. II (siehe Ausgabe 2015) erfüllen. Das Cockpit verfügt über die heute üblichen Flachbildschirme eines noch unbekannten Herstellers. Es soll klimatisiert sein. Die Piloten sitzen auf zwei Zero-Zero-Schleudersitzen Martin Baker MK16A. Weitere Informationen über Konstruktion, Verwendung von Werkstoffen usw. sind im Moment noch nicht erhältlich.
Hersteller: Hindustan Aeronautics Ltd. (HAL), Aircraft Division, Bangalore, Indien.

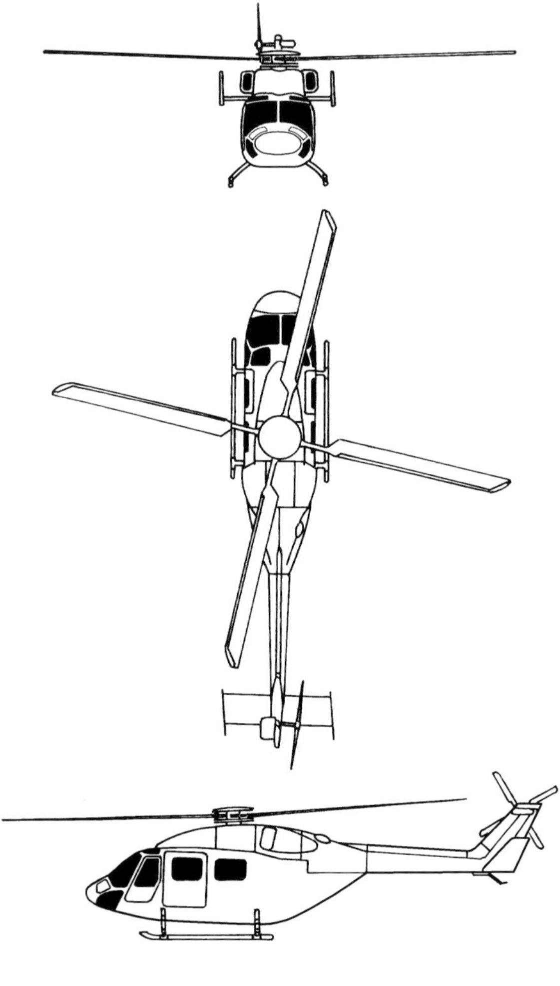

Abmessungen:
Rotordurchmesser 13,20 m
Rumpflänge 13,43 m
Höhe inkl. drehendem Heckrotor 4,98 m.

HAL DHRUV/RUDRA

Ursprungsland: Indien.
Kategorie: Militärischer und ziviler Mehrzweckhubschrauber.
Triebwerke: Zwei Gasturbinen Turboméca TM 333-2B von je 1000 WPS (746 kW) Leistung.
Leistungen (Basisausführung mit Kufenfahrwerk): Max. Reisegeschwindigkeit 255 km/h; max. Schrägsteiggeschwindigkeit 10,3 m/Sek; Dienstgipfelhöhe 4500 m; Schwebehöhe ohne Bodeneffekt 2600 m; max. Reichweite 640 km; max. Flugdauer 3,7 Std.
Gewichte (Luftwaffen-/Marineversion): Leer 2216/2352 kg; max. Startgewicht 4000/5000 kg.
Zuladung: Zwei Piloten und bis zu 14 Passagiere. Max. Nutzlast als Außenlast 1500 kg.
Entwicklungsstand: Der erste Prototyp nahm die Flugerprobung im August 1992 auf. Zusammen mit 2017 erfolgten Nachbestellungen erhält die Indische Armee 145 Dhruvs, die Luftwaffe 54 und die Marine 69. Weitere 20 beschafft die Indische Küstenwache. Folgende Länder erhielten ebenfalls die Dhruv: Ecuador 7, Malediven 1, Mauretanien 1, Nepal 2, Peru 2. Weitere gingen an zivile Betreiber. Die INDMA (= indischer Zivilschutz) erhält zwölf SAR-Hubschrauber für den Katastrophenfall. Bis Ende 2017 waren über 220 Dhruvs abgeliefert. Der erstmals im August 2007 geflogene Prototyp einer leicht bewaffneten Ausführung Mk.IV Rudra befindet sich nun im Einsatz.
Bemerkungen: Die Dhruv gibt es in verschiedenen Varianten: (Armee) Truppentransporter/ Nachschubhubschrauber sowie Modelle für Antitank- und Minenlegemissionen, alle ausgerüstet mit einem Kufenfahrwerk; (Marine) Verbindungs- und Evakuationsaufgaben sowie SAR- und ASW-Aufträge, ausgerüstet mit einem einziehbaren Dreipunkt-Radfahrwerk, faltbarem Haupt- und Heckrotor und Sonar; (Luftwaffe) Rettungshubschrauber, Mehrzwecktransporter. Auch eine Zivilversion für normalerweise bis zu 12 Passagiere wird angeboten. Haupt- wie Heckrotor sind gelenklos aus Faserverbundwerkstoffen, der Rumpf besteht nebst Aluminium aus Karbon und Kevlar. Seit Mitte 2007 fliegt eine neue Version Dhruv Mk.III mit stärkeren Shakti-Triebwerken mit einer Startleistung von 1200 WPS (895 kW). Diese 2012 bei der Indischen Luftwaffe eingeführte Version weist insbesondere bessere Flugleistungen in großen Höhen auf.
Hersteller: Hindustan Aeronautics Ltd. (HAL), Helicopter Division, Bangalore, Indien.

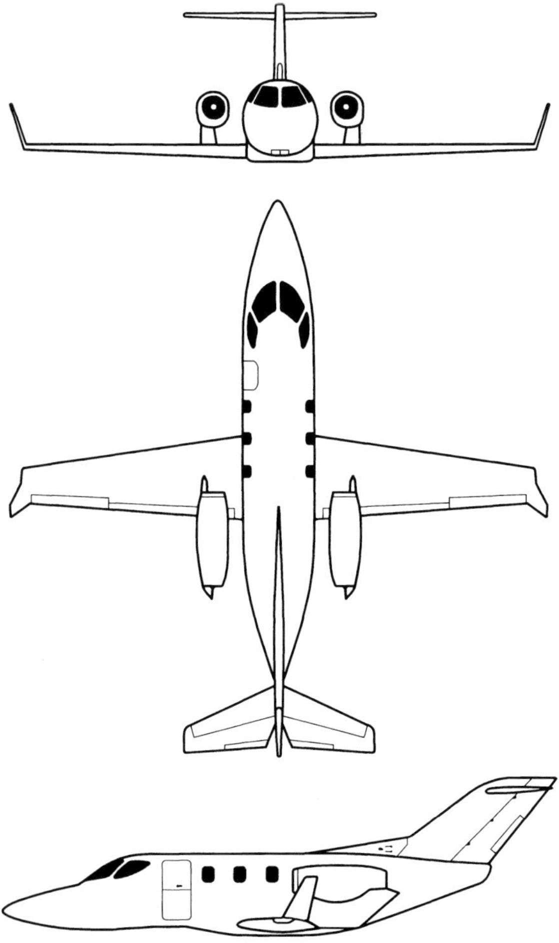

Abmessungen:
Spannweite 12,12 m
Länge 12,99 m
Höhe 4,54 m
Flügelfläche ca. 17,50 m^2.

HONDA AIRCRAFT HA-420 HONDAJET

Ursprungsland: Japan/USA.
Kategorie: Leichtes Firmenflugzeug.
Triebwerke: Zwei Mantelstromtriebwerke HF120 von je 930 kp (9,11 kN) Standschub.
Leistungen: Max. Reisegeschwindigkeit 780 km/h auf 9150 m; max. Steiggeschwindigkeit 20,3 m/Sek; Dienstgipfelhöhe 13100 m; Reichweite mit maximaler Nutzlast 2185 km, max. Reichweite mit vier Passagieren unter IFR-Bedingungen 2265 km.
Gewichte: Leergewicht 3267 kg; max. Startgewicht 4808 kg.
Zuladung: Zwei Piloten bzw. ein Pilot/Passagier im Cockpit und bis zu fünf Personen im Passagierraum.
Entwicklungsstand: Am 16. Dezember 2003 startete ein Erprobungsträger zum Erstflug. Der erste von drei eigentlichen Prototypen fliegt nach längerer Verzögerung seit November 2011. Das erste Serienflugzeug startete am 27. Juni 2014 zum Erstflug. Mit zehnjähriger Verzögerung sind die Kundenauslieferungen im Dezember 2015 angelaufen. Über 100 HondaJets wurden bisher bestellt, davon waren Ende 2017 rund 70 abgeliefert.
Bemerkungen: Die als Auto- und Motorradhersteller bekannte Firma macht mit diesem Typ den ersten Schritt in die Luftfahrt. Einzigartig ist, dass Flugzeug wie Triebwerk vom gleichen Hersteller stammen. Der Rumpf ist eine kompakte und leichte Konstruktion aus Verbundwerkstoffen und soll die größten Platzverhältnisse seiner Klasse aufweisen. Die Flügelstruktur wurde aus einem einzigen Aluminumblock gefräst und weist dank eines Laminarprofils beste aerodynamische Werte auf. Ungewöhnlich ist die Anordnung der Triebwerke über den Flügeln. So erspart man sich teure und schwere Aufhängevorrichtungen am Rumpf. Alle diese Maßnahmen und das innovative Triebwerk lassen gegenüber einem konventionellen Muster Verbrauchsreduktionen von 40% erzielen. Das Cockpit ist neu mit einem Avionik-Set Garmin G3000 ausgerüstet. Der Verkaufspreis beläuft sich auf US$ 4,5 Mio. Honda prüft derzeit eine Variante mit nur einem Triebwerk zu entwickeln.
Hersteller: Honda Motor Co. Ltd., Honda Aircraft Corp., Werk Greensboro, North Carolina, USA und Tokyo, Japan.

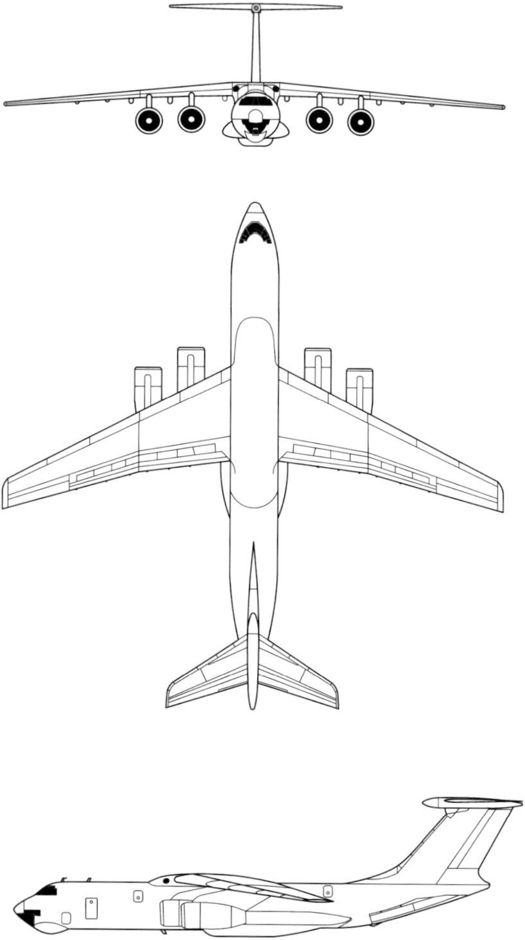

Abmessungen:
Spannweite 50,50 m
Länge 46,59 m
Höhe 14,76 m
Flügelfläche 300 m^2.

ILJUSCHIN IL-76MD-90A

Ursprungsland: Russland.
Kategorie: Schwerer militärischer und ziviler Mittel- und Langstreckentransporter.
Triebwerke: Vier Mantelstromtriebwerke Aviadvigatel/Perm PS-90A-76 von je 16000 kp (157,8 kN) Standschub.
Leistungen: Höchstgeschwindigkeit 850 km/h auf 10000 m; max. Reisegeschwindigkeit 825 km/h; Anfangssteiggeschwindigkeit 9,0 m/Sek; Dienstgipfelhöhe 15500 m; Reichweite mit einer Nutzlast von 40000 kg 6500 km, bei 60000 kg 4000 km, maximal 9700 km.
Gewichte: Leergewicht 89000 kg; max. Startgewicht 210000 kg.
Zuladung: Zwei Mann Cockpitbesatzung, zusätzlich ein bis zwei Lademeister und auf zwei Decks bis zu 225 Soldaten oder bis zu 114 liegende Patienten. Max. Nutzlast 60000 kg.
Entwicklungsstand: Der Prototyp der neuesten Version Il-476 hat den Erstflug am 22. September 2012 absolviert, ein erstes Serienexemplar folgte im Dezember 2014. Die Luftwaffe Russlands hat bei einem Gesamtbedarf von 100 Einheiten bisher je nach Quelle zwischen 28 und 39 neu als Il-76MD-90A bezeichnete Transporter bestellt, die zwischen 2018 und 2022 abzuliefern sind. Ab 2015 können auch zivile Nutzer diesen Typ bestellen. Von der Tankerversion will die Russische Luftwaffe bis zu 38 Einheiten beschaffen. Zwei IL-76MD-90A wird voraussichtlich Kasachstan bestellen. Eine von der Il-76MD-90A abgeleitete als A-100 bezeichnete AEW&C-Version nahm am 18. November 2017 die Flugerprobung auf.
Bemerkungen: Mit der Il-76MD-90A (früher Il-476 genannt) wurde eine in wesentlichen Teilen überarbeitete Weiterentwicklung lanciert. So weist sie einen neuen Flügel mit besseren aerodynamischen Eigenschaften auf. Eingebaut wurden deutlich leistungsgesteigerte und modernere PS90A-Triebwerke. Zudem sind Avionik und weitere Bordsysteme durch neue, voll digitalisierte Versionen ersetzt worden. Das Fahrwerk ist wegen dem erhöhten Abfluggewicht verstärkt. Die Il-76MD-90A erzielt eine Treibstoffersparnis von rund 17%, was zu einer Erhöhung der Reichweite von 27% führt. Auch die Nutzlast ist deutlich erhöht. Als Nachfolgerin der AEW&C-Ausführung A-50U Mainstay ist die A-100 vorgesehen, welche u. a. über ein neues AESA-Radar verfügt.
Hersteller: Iljuschin Design Bureau, Moskau, Werk Aviastar, Ulyanovsk, Russland.

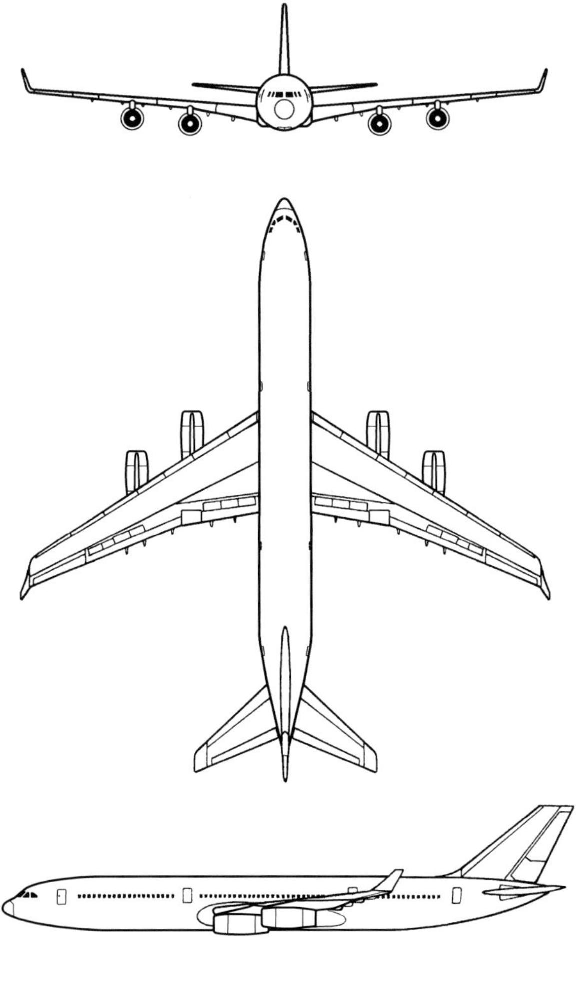

Abmessungen:
Spannweite inkl. Winglets 60,11 m
Länge (Il-96-300) 55,35 m, (Il-96-400M, T) 63,94 m
Höhe 15,72 m
Flügelfläche 391,6 m^2.

ILJUSCHIN IL-96-400M/-400T/-400TZ

Ursprungsland: Russland.
Kategorie: (Il-96-400M) Langstrecken-Verkehrsflugzeug, (Il-96-400T) Frachter und (Il-96-400TZ) militärischer Tanker.
Triebwerke: Vier Mantelstromtriebwerke (Il-96-400T) Aviadvigatel/Perm PS-90A von je 16000 kp (156,90 kN) Standschub, später Aviadvigatel PD-35 Turbofan.
Leistungen: Max. Reisegeschwindigkeit 900 km/h; normale Reisegeschwindigkeit 850 bis 870 km/h; Dienstgipfelhöhe 13100 m; Reichweite mit max. Nutzlast (Il-96-400M) 11482 km.
Gewichte: Rüstgewicht 132400 kg; max. Startgewicht 270000 kg.
Zuladung: Zwei Mann Cockpitbesatzung und (Il-96-400M) drei verschiedene Inneneinrichtungen z. B. für 22/18 Erstklasse-, 40/44 Businessklasse- und 173/250 Zweitklassepassagiere oder in Einheitsklasse 300/375 Passagiere. Max. Nutzlast (Il-96-400T) 92000 kg.
Entwicklungsstand: Der Prototyp der Ausführung Il-96-400M/T flog erstmals am 6. April 1993. Bisher gingen Aufträge für rund 30 Il-96-300 und für 14 Il-96-400T ein. Je zwei Frachter erhielten die Atlant-Soyuz und Volga-Dnepr. Soweit bekannt sind alle abgeliefert worden. Für militärische Aufgaben wird aber weiterhin eine kleine Stückzahl gebaut, darunter die neue Tankerversion Il-96-400TZ. Bei einem Bedarf von zwischen 20 und 40 Flugzeugen hat die Luftwaffe Russlands bisher zwei Einheiten bestellt.
Bemerkungen: Die Il-96-400M bzw. T (siehe Dreiseitenriss) ist eine mit westlichen Triebwerken und Rockwell-Collins-Avionik versehene Ausführung für den internationalen Markt. Der Rumpf wurde gegenüber der Il-96-300 um 9,35 m verlängert, das Seitenleitwerk dafür etwas verkleinert. Das Cockpit ist voll digitalisiert und für Zweimannbetrieb eingerichtet. Von ihr abgeleitet, entstand unter der Bezeichnung Il-96-400T eine gleich große Fracht-Variante, ausgerüstet mit russischen Triebwerken und russischer Avionik. Angesichts des westlichen Embargos setzt man vermehrt auf die heimische Luftfahrtindustrie. Ein Gewinner davon ist die reaktivierte Il-96-400 in verschiedenen Ausführungen. Die neu entwickelte Tankerversion soll in der Lage sein, 3500 km vom Stützpunkt entfernt 65 Tonnen Treibstoff zu transferieren. Dafür ist sie mit zwei Pods UPAZ-1/ORM-1 unter den Flügeln ausgerüstet.
Hersteller: Iljuschin Design Bureau, Moskau, Werk Woronesch, Russland.

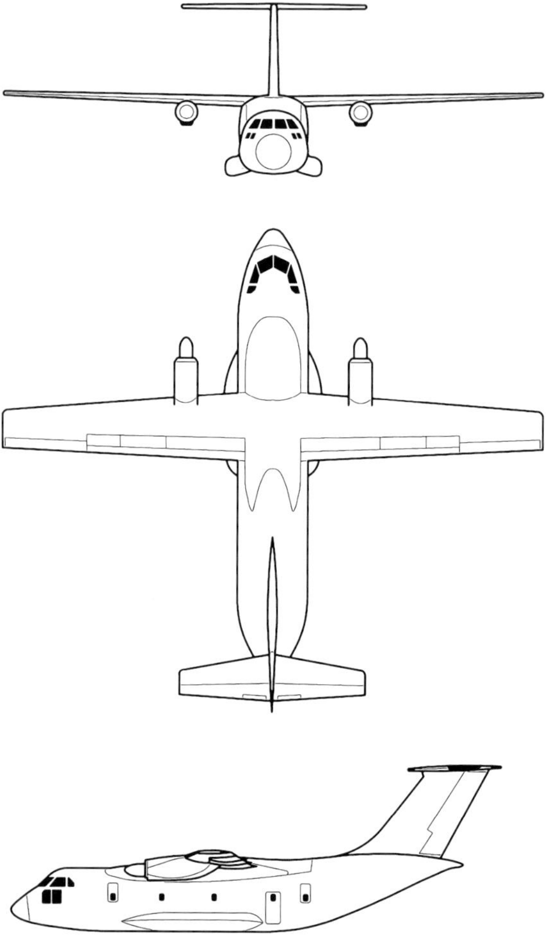

Abmessungen:
Spannweite 27,60 m
Länge 24,15 m
Höhe 8,89 m
Flügelfläche 65,00 m^2.

ILJUSCHIN IL-112V

Ursprungsland: Russland.
Kategorie: Militärischer Mehrzweck- und STOL-Transporter.
Triebwerke: Zwei Propellerturbinen Klimow TV7-117ST von je 2800 WPS (2100 kW) Leistung.
Leistungen (nach Angaben des Herstellers): Normale Reisegeschwindigkeit 500 km/h; Dienstgipfelhöhe 7600 m; Reichweite mit 2500 kg Nutzlast 2400 km, mit max. Nutzlast 1000 km.
Gewichte: Max. Startgewicht 21000 kg.
Zuladung: Zwei Mann Cockpitbesatzung und voraussichtlich etwa 50 voll ausgerüstete Soldaten, als Frachter eine Nutzlast von 5000 kg.
Entwicklungsstand: Nach langen Verzögerungen und Verschiebungen des Erstflugs soll dieser nun definitiv im Laufe 2018 stattfinden. Zwei Prototypen befinden sich im Bau. Für die Russische Luftwaffe sind je nach Quelle zwischen 35 und 70 Einheiten vorgesehen. Diese sollen die mittlerweile sehr alten Antonow An-26 ersetzen. Noch ist nicht bekannt, wann die Indienststellung erfolgt.
Bemerkungen: In Größe und Auslegung ist die Neuentwicklung Il-112V mit der Leonardo C-27J (siehe Seiten 208/209) vergleichbar. Nach langem Hin und Her wurde nun definitiv entschieden, die Il-112V fertig zu entwickeln und in die Serienfertigung zu gehen. Sie soll für vielfältige militärische Aufgaben eingesetzt werden, ist dazu sehr robust konzipiert und in der Lage, im harten russischen Winter einsatzfähig zu bleiben. Die Konfiguration weist die für Militärtransporter typische Auslegung auf. Der Frachtraum soll 8,40 m lang, 2,45 m breit und 2,40 m hoch werden. Einige Elemente werden vom Verkehrsflugzeug Iljuschin Il-114 (siehe Seiten 190/191) übernommen. Das Cockpit verfügt über eine EFIS-Avionik mit den heute üblichen LCD-Monitoren. Eventuell wird sich Indien an der Entwicklung der Il-112V beteiligen.
Hersteller: Iljuschin Aviation Complex, Herstellung bei Voronezh Aircraft Production Association, Voronezh, Russland.

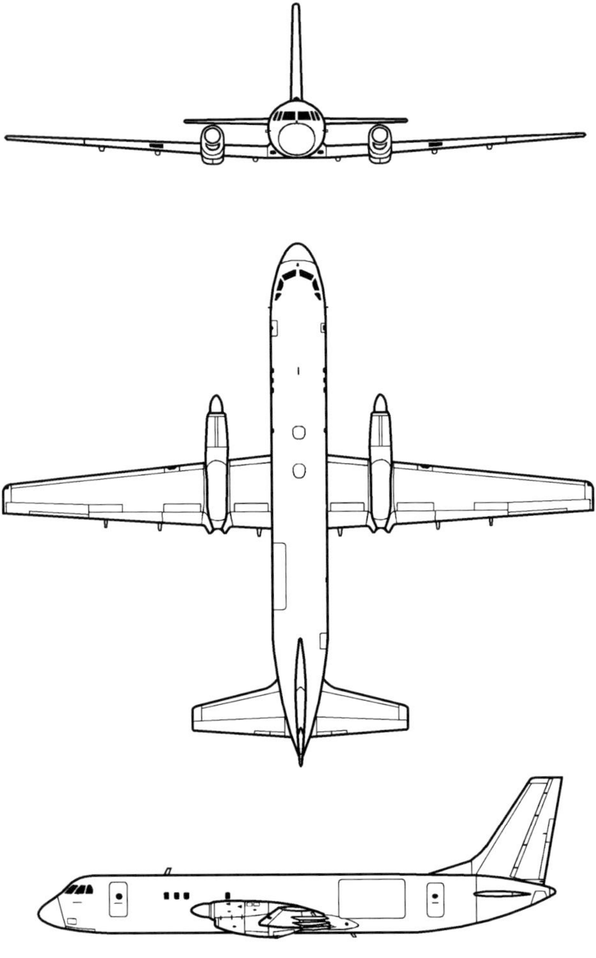

Abmessungen:
Spannweite 30,00 m
Länge 26,88 m
Höhe 9,19 m
Flügelfläche 81,90 m^2.

ILJUSCHIN IL-114

Ursprungsland: Russland.
Kategorie: Regionalverkehrsflugzeug (Il-114) und leichter Frachter (Il-114T).
Triebwerke: Zwei Propellerturbinen Isotow TV7-117S von je 2500 WPS (1860 kW) Leistung.
Leistungen: Max. Reisegeschwindigkeit 500 km/h auf 8150 m; Reiseflughöhe 8150 m; Reichweite mit 5400 kg Nutzlast 1000 km, mit 3000 kg Nutzlast 3250 km.
Gewichte: Leergewicht 13700 kg; max. Startgewicht 21000 kg, als Frachter 23500 kg.
Zuladung: Zwei Piloten und Standard-Innenausstattung für maximal 64 Passagiere in Viererreihen mit Mittelgang; als Frachter max. Nutzlast 6500 kg.
Entwicklungsstand: Der erste von fünf Prototypen flog am 29. März 1990. Die Zulassung wurde am 16. April 1997 erteilt. Bis zur Aufgabe der Produktion wurden nur etwa 20 Einheiten gebaut. Einige Spezialausführungen setzen die russischen Streitkräfte ein. Die Weiterentwicklung Il-114-300 soll 2018 erstmals fliegen.
Bemerkungen: Die Il-114 wird hauptsächlich im Binnenluftverkehr bis 1000 km eingesetzt, wobei auch Flugplätze mit Graspisten anzufliegen sind. Die Zelle besteht teilweise aus Verbundwerkstoffen, hochentwickelten Aluminiumlegierungen und auch Titaniumteilen. Das Triebwerk soll einen äußerst geringen spezifischen Kraftstoffverbrauch aufweisen und zusammen mit dem Sechsblatt-Propeller aus Verbundwerkstoff für ein sehr tiefes Lärmniveau verantwortlich sein. Die Frachtausführung (siehe Silhouette) ist auf der rechten Seite mit einem Ladetor von 3,31 m x 1,78 m ausgerüstet. Mit der Version Il-114-300 soll das Muster nun auf den neuesten Stand der Technik gebracht werden und in Russland bisher eingesetzte Kurzstreckenflugzeuge westlicher Provenienz ablösen. Sie wird leistungsstärkere Triebwerke Klimow TV7-117ST von je 3000 WPS (2240 kW) aufweisen und über ein digitales Cockpit verfügen. Auch eine Seeüberwachungsvariante Il-114 MPA ist geplant, ausgerüstet mit einem Suchradar, elektro-optischen Instrumenten und Radio kontrollierten Bojen. Selbst eine Bewaffnung ist vorgesehen.
Hersteller: Iljuschin Design Bureau, Moskau, Russland und Werk Taschkent, Usbekistan.

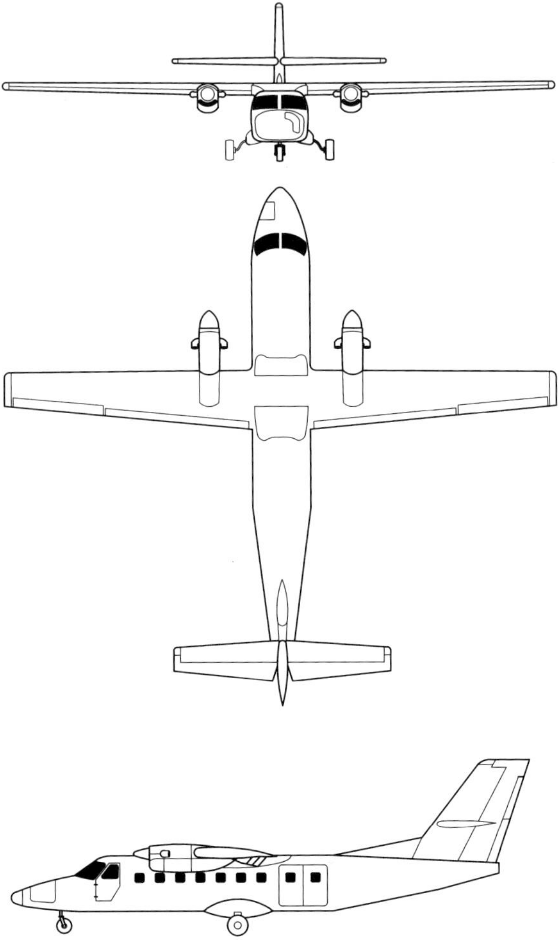

Abmessungen:
Spannweite 19,50 m
Länge 16,49 m
Höhe 6,18 m
Flügelfläche ca. 43,20 m^2.

INDONESIAN AEROSPACE N219

Ursprungsland: Indonesien.
Kategorie: Leichter Mehrzwecktransporter.
Triebwerke: Zwei Propellerturbinen Pratt & Whitney Canada PT6A-42 von je 850 WPS (634 kW) Startleistung.
Leistungen (nach Angaben des Herstellers): Max. Reisegeschwindigkeit 388 km/h; ökonomische Reisegeschwindigkeit 350 km/h; Anfangssteiggeschwindigkeit 11,7 m/Sek; Dienstgipfelhöhe 3050 m; Reichweite mit max. Nutzlast 275 km, max. Reichweite 1553 km.
Gewichte: Leergewicht 4039 kg, max. Startgewicht 7030 kg.
Zuladung: 2 Piloten und 19 Passagiere; max. Nutzlast 2300 kg.
Entwicklungsstand: Ein erster von zwei geplanten Prototypen hat nach Verzögerungen am 16. August 2017 den Erstflug absolviert. Der Hersteller plant, die ersten Serienmuster ab 2019 abliefern zu können. Je nach Quelle sind bisher zwischen 20 und 120 Maschinen von zivilen Betreibern, u. a. von Lion Air, bestellt worden.
Bemerkungen: Die N219 ist eine Weiterentwicklung der CASA C212-400 (siehe Ausgabe 2014). Ausgerichtet primär für den Drittweltmarkt, soll sie von Konzept und Konstruktion her ein sehr einfach zu fliegendes, robustes Transportflugzeug darstellen. So ist der Rumpf nicht druckbelüftet und das Fahrwerk lässt sich nicht einziehen. Das Muster verbindet eine bewährte Metallstruktur mit zum Teil modernsten Systemen. Die N219 ist in der Lage, von unvorbereiteten, hochgelegenen Pisten zu starten und zu landen. In seiner Klasse weist der Transporter den größten Frachtraum mit einer Länge von 6,50 m, einer Breite von 1,82 m und einer Höhe von 1,70 m auf. Geplant sind mehrere Ausführungen für verschiedenste Aufgaben, u. a. auch als Seeüberwacher. Der Hersteller gibt einen Basispreis von US$ 4 Mio. an. Der geringe Anschaffungspreis, verbunden mit der einfachen Konzeption lassen einen äußerst wirtschaftlichen Betrieb zu.
Hersteller: Indonesian Aerospace, PT Dirgantara Indonesia Inc., JL Pajajaran 145, Bandung, Indonesien.

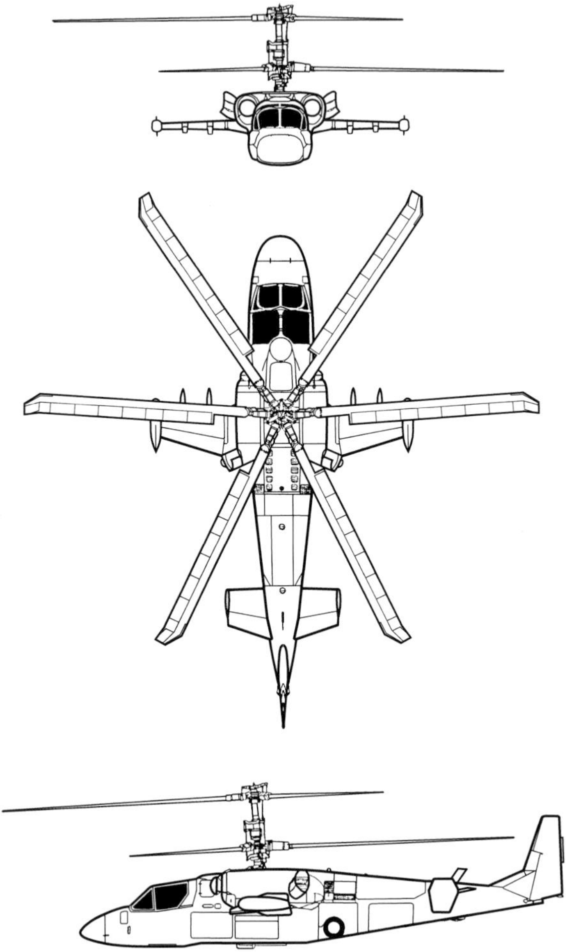

Abmessungen:
Rotordurchmesser 14,50 m
Rumpflänge bei drehenden Rotoren 15,96 m
Höhe über Rotorkopf 4,93 m.

KAMOW KA-52 ALLIGATOR

Ursprungsland: Russland.
Kategorie: Zweisitziger Kampfhubschrauber mit Sitzen nebeneinander.
Triebwerke: Zwei Gasturbinen TV3-117VMA-SB3 von je 2500 WPS (1864 kW) Leistung.
Leistungen: Höchstgeschwindigkeit in einem Bahnneigungsflug 350 km/h; max. Dauergeschwindigkeit 310 km/h; max. Schrägsteiggeschwindigkeit 8 m/Sek; Dienstgipfelhöhe 5500 m; Schwebehöhe ohne Bodeneffekt 3600 m; Einsatzradius 250 km; Überführungsreichweite 1160 km.
Gewichte: Leergewicht 7800 kg; max. Startgewicht 10400 kg.
Bewaffnung: Eine einläufige 30-mm-Kanone Shipunow 2A42 an der rechten Rumpfseite und beispielsweise bis zu 16 Panzerabwehrlenkwaffen oder ungelenkte 80 x 80-mm- bzw. 20 x 130-mm-Raketen an vier Pylonen unter den beiden Stummelflügeln; max. Nutzlast 2300 kg.
Entwicklungsstand: Die Ka-52 fliegt seit 25. Juli 1997. Nach dem Bau von einigen Prototypen und Vorserienhubschraubern ist die Serienproduktion 2010 angelaufen. Die Einsatzbereitschaft bei den Streitkräften Russlands wurde im Mai 2011 erklärt. Neu sollen bis 2020 insgesamt 167 Ka-52 beschafft werden, Ende 2017 waren rund 120 davon ausgeliefert. Im März 2015 flog erstmals die Marineausführung Ka-52K. 32 Hubschrauber dieser Version beschafft die Marine Russlands. Weitere 46 erhält die Ägyptische Luftwaffe.
Bemerkungen: Die Ka-52 dient primär für Luftnahunterstützungs-Aufgaben, in zweiter Linie auch für Luftkampfeinsätze. Auffällig ist der koaxiale, gegenläufige Doppelrotor. Der Rumpf, insbesondere das Cockpit, aber auch Triebwerke, Getriebe und Rotoren sind so gepanzert, dass sie einer Beschiessung mit 20-mm-Geschossen standhalten können. Sehr ungewöhnlich ist die Ausrüstung der Ka-52 mit Schleudersitzen KA-37-800. Vor dem Ausstieg werden die Koaxialrotoren abgesprengt. Die Ka-52 ist für Nacht- und Allwettereinsätze konzipiert und verfügt über eine entsprechende Avionik Argument-52. Im Cockpit sind vier Multifunktionsscreens eingebaut. Einige Funktionen kann der Pilot via Helmsteuerungssystem bedienen. Die Marineversion Ka-52K erhält ein überarbeitetes Kampfradar Zhuk-A, faltbare Rotoren und die Ausrüstung, um Antischiffs-Lenkwaffen mitführen zu können. Ganz neu wird die Ausführung Vitebsk-52, bei der insbesondere die Selbstschutzmaßnahmen weiter verbessert werden.
Hersteller: OKB Nikolai I. Kamow, Werk Arsenyew, Moskau, Russland.

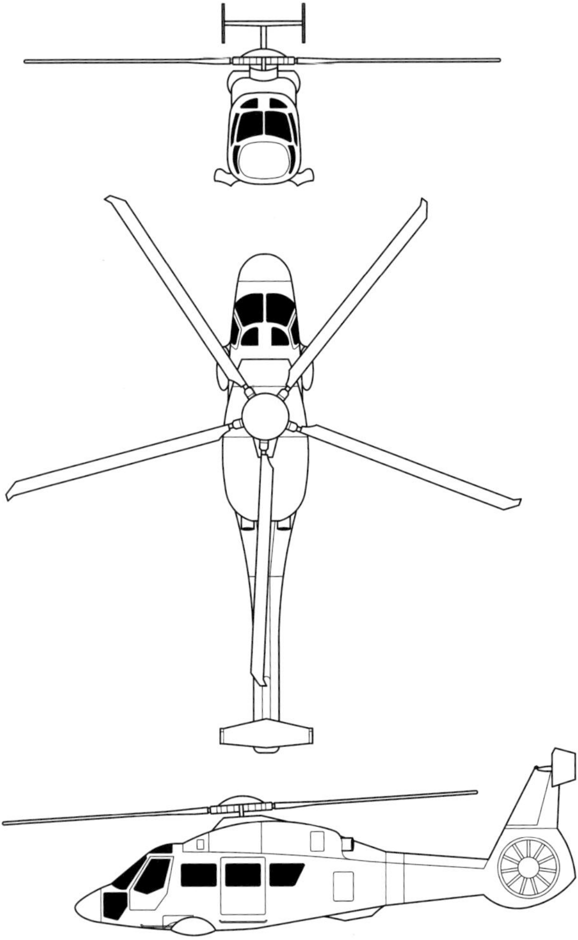

Abmessungen:
Rotordurchmesser 13,80 m
Rumpflänge bei drehendem Rotor 15,70 m,
Rumpflänge allein 13,50 m
Höhe inkl. Rotorkopf 3,70 m, über Heck 4,87 m.

KAMOW KA-62

Ursprungsland: Russland.
Kategorie: Ziviler Mehrzweckhubschrauber.
Triebwerke: Zwei Gasturbinen Turboméca Ardiden 3G von je 1680 WPS (1252 kW) Leistung.
Leistungen (nach Angaben des Herstellers): Höchstgeschwindigkeit bei normaler Zuladung 310 km/h; max. Reisegeschwindigkeit 290 km/h; Dienstgipfelhöhe 6100 m; Schwebehöhe mit Bodeneffekt 3150 m; Reichweite mit 12 Passagieren 600 km, mit max. interner Treibstoffzuladung 730 km, Überführungsreichweite mit Zusatztank 1135 km.
Gewichte: Max. Startgewicht 6500 kg.
Zuladung: Ein bis zwei Piloten und bis zu 16 Passagiere in vier Reihen. Max. Nutzlast intern 2000 kg, extern 2500 kg.
Entwicklungsstand: Die 2012 neu vorgestellte Weiterentwicklung Ka-62 hat nach langen Verzögerungen am 28. April 2016 den Erstflug absolviert. Aktuellen Plänen zufolge soll sie ab 2020 die Einsatzreife erreichen. Die Luftwaffe Russlands will vorerst 16 Einheiten, die Marine eine Spezialausführung der Ka-62 beschaffen. Erste zivile Aufträge aus Brasilien und Kolumbien sind ebenfalls eingegangen.
Bemerkungen: Ausgehend von der Ka-60, welche in der Folge nicht weiterentwickelt wurde, lancierte der Hersteller eine wesentlich überarbeitete Weiterentwicklung Ka-62. Von den Dimensionen und vom Aussehen her sind keine wesentlichen Unterschiede zur Ka-60 vorhanden. Rund 50% der Struktur einschließlich des Fünfblattrotors bestehen aus Verbundwerkstoffen. Es sind neue, sehr leistungsfähige Triebwerke mit FADEC-Managementsystem vorgesehen. Das digitale Cockpit wird von Transas geliefert. Der Heckrotor entspricht etwa dem Fenestron-Modell von Eurocopter und weist elf Blätter auf. Das Fahrwerk ist einziehbar. Nebst dem Transport von Passagieren wurde die Ka-62 auch für Sanitäts- und Frachteinsätze ausgelegt. Die beiden großen Gleittüren erleichtern das Ein- und Ausladen. Mit der Ka-62 will der Hersteller einen besonders zuverlässigen und leicht zu bedienenden Hubschrauber anbieten. Es sind sowohl zivile wie auch militärische Varianten geplant.
Hersteller: OKB Nikolai I. Kamow, Werk Progress Arsenyev Aviation Company, Arsenyev, Russland.

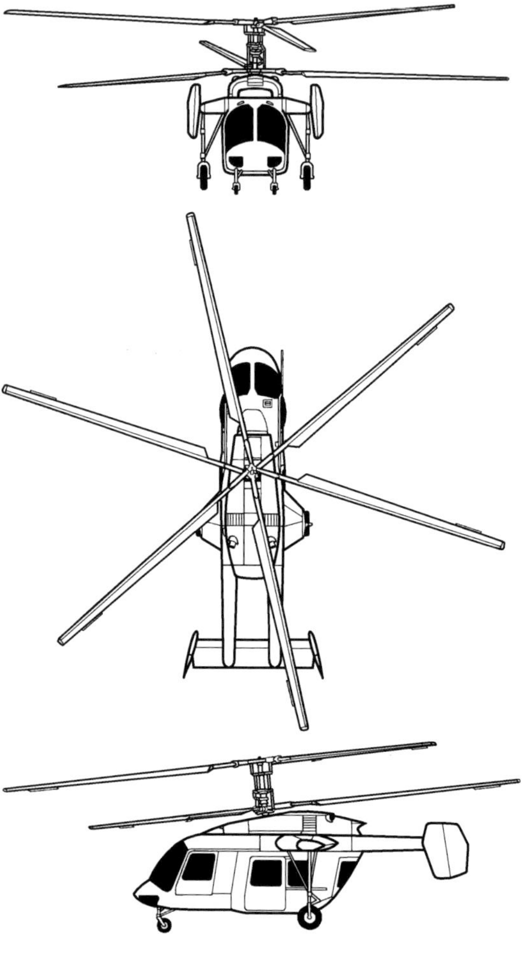

Abmessungen:
Rotordurchmesser (jeder einzelne) 13,00 m
Rumpflänge 8,10 m
Höhe inkl. Rotorkopf 4,25 m.

KAMOW KA-226/-226T

Ursprungsland: Russland.
Kategorie: Leichter Mehrzweckhubschrauber.
Triebwerke: Zwei Gasturbinen (Ka-226) Rolls Royce 250-C20B von je 420 WPS (313 kW) oder (Ka-226T) Safran Arrius 2G von je 670 WPS (500 kW) Leistung.
Leistungen (Ka-226): Höchstgeschwindigkeit 210 km/h (Ka-226T 250 km/h); ökonom. Reisegeschwindigkeit 185 km/h; max. Schrägsteiggeschwindigkeit 10,1 m/Sek; Dienstgipfelhöhe 3500 m (Ka-226T 5000 m); Reichweite mit max. Nutzlast 400 km, mit max. Treibstoffzuladung 600 km.
Gewichte (Ka-226/Ka-226T): Leergewicht 1952 kg; max. Startgewicht 3400/3600 kg.
Zuladung (Ka-226): Ein bis zwei Piloten und bis zu acht Passagiere; max. Nutzlast intern 1046 kg, extern 1300 kg.
Entwicklungsstand: Erstflug dieser Variante am 4. September 1997. Der russische Gasproduzent Gazprom bestellte 22 Exemplare, die ab 2004 zur Ablieferung gelangten. Sie werden hauptsächlich für Patrouillieneinsätze entlang der Gaspipelines eingesetzt. Weitere sind an verschiedene russische Behörden gegangen. Zehn Ka-226 hat die Russische Luftwaffe erhalten; Gesamtbedarf 30. Ein Prototyp der Ka-226T fliegt seit 2010, mit Erstauslieferungen ab 2012. Die Indische Luftwaffe und die Armee beschaffen 200 Ka-226T (Lizenzbau bei HAL).
Bemerkungen: Die Ka-226 ist eine zweimotorige stark verbesserte Ausführung der früheren Ka-26/126-Modelle. Wie bei den meisten russischen Weiterentwicklungen, wurde in wichtigen Komponenten auf westliche Produkte zurückgegriffen. In diesem Fall sind es die Triebwerke von Rolls Royce bzw. von Safran sowie die gesamte Avionik. Das Besondere an der Ka-226 ist, dass die gesamte Passagierkabine als separater „Behälter" an den Hubschrauber befestigt und bei anderer Verwendung des Hubschraubers durch mehrere andere angebotene Module ausgewechselt werden kann. Dadurch ist die Ka-226 ausgesprochen flexibel einsetzbar, wie als Passagiertransporter, Frachter, für Ambulanz- und Sprüheinsätze mit Behältern mit bis zu 1000 l Inhalt usw. Wie die Vorgänger ist auch die Ka-226 sehr einfach und robust ausgelegt und verfügt über den für Kamow typischen Koaxial-Rotor. Die Ka-226T besitzt leistungsstärkere Triebwerke Safran Arrius 2G2 und die neueste Variante Ka-226TG über eine verbesserte Avionik. Neu ist auch eine bordgestützte Version mit faltbaren Rotoren erhältlich.
Hersteller: OKB Nikolai Kamow: Werk Ulan-Ude, Buryatia, Russland.

Abmessungen:
Spannweite 44,40 m
Länge 43,90 m
Höhe 14,20 m.

KAWASAKI C-2

Ursprungsland: Japan.
Kategorie: Mittelschwerer militärischer Transporter.
Triebwerke: Zwei Mantelstromtriebwerke General Electric CF6-80C2K1F von je 27150 kp (266,20 kN) Standschub.
Leistungen: Max. Reisegeschwindigkeit 980 km/h, normale Reisegeschwindigkeit 890 km/h (Mach 0,80); Dienstgipfelhöhe 12200 m; Reichweite bei einer Nutzlast von 12000 kg 6500 km, mit max. Nutzlast 5700 km, max. Reichweite 9700 km.
Gewichte: Leergewicht 60800 kg; max. Startgewicht 141570 kg.
Zuladung: Zwei Mann Cockpitbesatzung, 110 Soldaten, 40 Verwundete auf Tragen oder normal 30000 kg Fracht, max. bis zu 37000 kg.
Entwicklungsstand: Technische Probleme waren verantwortlich, dass der Prototyp C-X die Flugerprobung erst mit zweijähriger Verspätung am 26. Januar 2010 aufnahm, gefolgt vom zweiten und letzten Prototypen XC-2 am 27. Januar 2011. Bei den Japanischen Selbstverteidigungskräften ersetzt die C-2 die Kawasaki C-1. Vorläufig sind 40 Einheiten geplant, elf davon bisher bestellt. Ende 2017 waren sechs Serienflugzeuge an die Japanische Luftwaffe ausgeliefert. Neuerdings interessieren sich auch die Vereinigten Arabischen Republiken für die Beschaffung der C2.
Bemerkungen: Um Synergieeffekte zu erzielen und Kosten zu sparen, wurde die C-2 parallel mit der (X)P-1 (siehe Seiten 202/203) entwickelt. Wenn auch äußerlich wenige Gemeinsamkeiten zu erkennen sind, weisen beide Muster doch viele gleiche Komponenten auf. Dazu gehören die Grundkonstruktion des Flügels, viele Systeme und die Cockpits. Mit diesem Typ bekommen die japanischen Selbstverteidigungsstreitkräfte einen Transporter, welcher ausreichende Nutzlasten auch über strategische Distanzen verlegen kann. Der Frachtraum ohne Rampe ist 16,00 m, mit Rampe 21,50 m lang sowie je 4,00 m hoch und breit. Die C-2 kann auf unvorbereiteten und relativ kurzen Pisten starten und landen. Bei maximaler Nutzlast benötigt sie jedoch eine Startbahn von mindestens 2300 m Länge. Wie heute üblich, ist das Cockpit mit Multifunktionsbildschirmen ausgerüstet. Die Besatzung wird durch ein taktisches Flight Management System unterstützt. Die Steuerung erfolgt durch Fly-By-Wire. Die C-2 kann im Fluge betankt werden. Von der C-2 soll ein ziviles Frachtflugzeug YCX abgeleitet werden.
Hersteller: Kawasaki Heavy Industries, Werk Gifu, Japan.

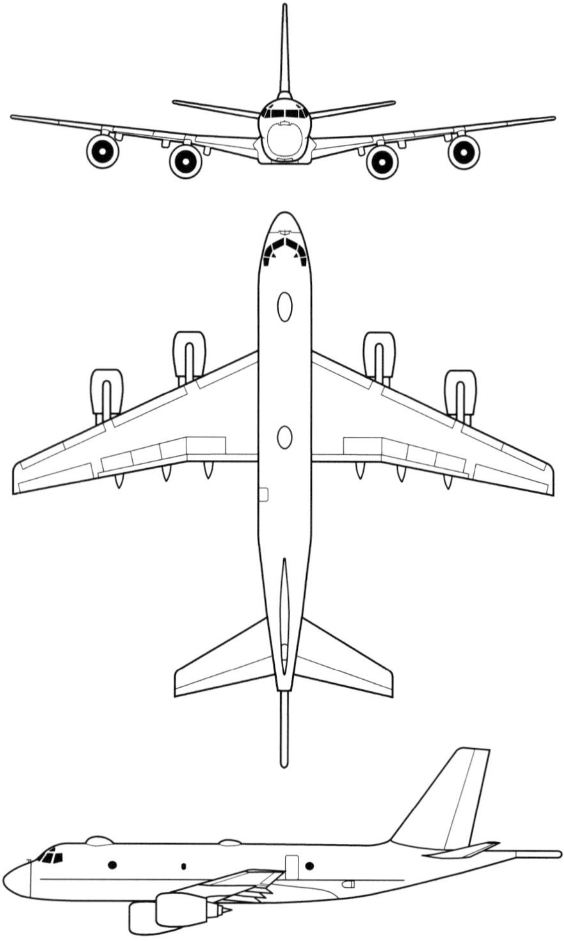

Abmessungen:
Spannweite 35,40 m
Länge 38,00 m
Höhe 12,10 m
Flügelfläche 170,0 m^2.

KAWASAKI P-1

Ursprungsland: Japan.
Kategorie: Seeaufklärungs- und Mehrzweckkampfflugzeug.
Triebwerke: Vier Mantelstromtriebwerke Ishikawajima-Harima IHI F7-10 von je 6123 kp (60,0 kN) Standschub.
Leistungen: Höchstgeschwindigkeit 966 km/h; Reisegeschwindigkeit 833 km/h; Dienstgipfelhöhe 13500 m; Aktionsradius in bewaffneter Konfiguration 2500 km; max. Reichweite 8000 km.
Gewichte: Max. Startgewicht 79600 kg.
Zuladung: Zwei Mann Cockpitbesatzung und in der Regel elf Systemoperateure.
Bewaffnung: Antischiffslenkwaffen, Tiefwasserbomben, Torpedos, Minen, Sonarbojen usw. bis zu einem Gesamtgewicht von 9000 kg im internen Waffenschacht sowie an bis zu acht Außenlaststationen.
Entwicklungsstand: Ein erster Prototyp XP-1 begann die Erprobung am 28. September 2007, der zweite am 19. Juni 2008. Die Japanische Marine will etwa 70 P-1 beschaffen, welche die Lockheed P-3 Orion ersetzen. 54 davon sind bereits bestellt. Das erste Serienflugzeug wurde am 26. März 2013 der Marine übergeben. Ende 2017 waren etwa 15 P-1 abgeliefert. Die Einsatzfähigkeit einer ersten Staffel erfolgte 2015, 2017 hat sie den Sollbestand erreicht.
Bemerkungen: Obwohl äußerlich sehr unterschiedlich, ist die P-1 der C-2 (siehe Seiten 200/201) konstruktiv sehr ähnlich. Es handelt sich um eine konventionelle Ganzmetall-Konstruktion. Nur Höhen- und Seitenleitwerk sind teilweise aus polymeren Werkstoffen. Als große Innovation ist die XP-1 mit einem Flight-By-Light-System ausgerüstet. Dieses soll wesentlich schnellere Befehle ausführen und gegen elektromagnetische Felder weniger störanfällig sein. Zur Ortung von Unterseebooten wird die P-1 mit diversen Sensoren, einem Phased Array Radar von Toshiba, magnetischen Detektoren, Infrarot-Scheinwerfersystem usw. ausgerüstet sein. Weiter sind verschiedene Systeme zum Ergreifen von elektronischen Gegenmaßnahmen eingebaut. Kawasaki prüft derzeit, aus der P-1 eine AEW&C-Variante zu entwickeln.
Hersteller: Kawasaki Heavy Industries, Werk Gifu, Japan.

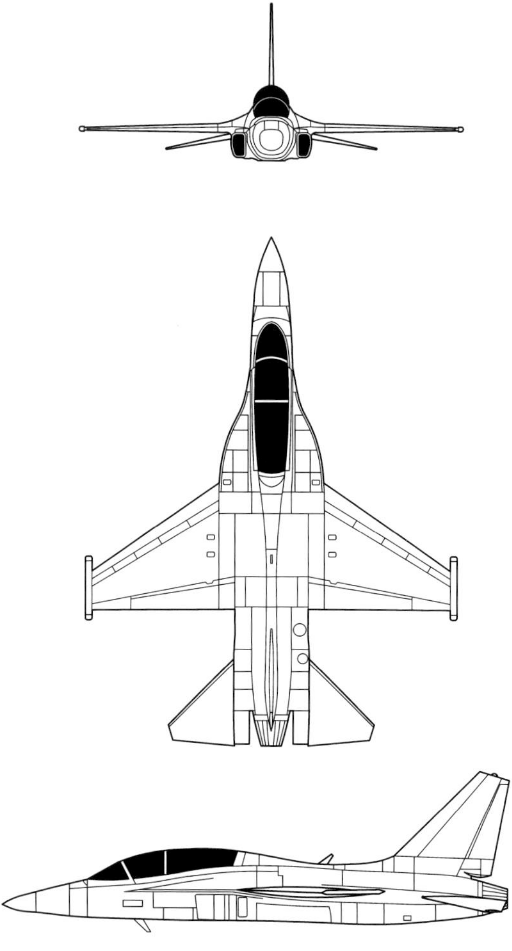

Abmessungen:
Spannweite 9,45 m
Länge 13,14 m
Höhe 4,82 m
Flügelfläche 26,60 m^2.

KOREA AEROSPACE INDUSTRIES T-50/FA-50 GOLDEN EAGLE

Ursprungsland: Südkorea.
Kategorie: Zweisitziger Trainer T-50 und leichtes Mehrzweckkampfflugzeug FA-50.
Triebwerke: Ein Mantelstromtriebwerk General Electric F404-GE-102 von 5400 kp (53,1 kN) Standschub ohne und 8000 kp (78,7 kN) mit Nachverbrennung.
Leistungen: Höchstgeschwindigkeit Mach 1,5; Anfangssteiggeschwindigkeit 137 m/Sek; Dienstgipfelhöhe 14630 m; Reichweite 1850 km.
Gewichte: Leergewicht 6470 kg; max. Startgewicht ohne Außenlasten 8890 kg, mit Außenlasten 12500 kg.
Bewaffnung (FA-50): Eine dreiläufige 20-mm-Kanone M61A2 im Vorderrumpf mit Austrittsöffnung unter der linken Flügelvorderkante. An sieben Aufhängepunkten, einem unter dem Rumpf, vier unter den Flügeln und zwei an den Flügelenden Luft-Luft- bzw. Luft-Boden-Lenkwaffen sowie Bomben aller Art bis zu einem Gewicht von 4500 kg.
Entwicklungsstand: Der erste von vier Prototypen hatte am 20. August 2002 seinen Erstflug. Die Luftwaffe Südkoreas beschaffte 50 T-50A als Fortgeschrittenentrainer und 10 T-50B für ihre Kunstflugstaffel. Weitere 22 Jagdflugzeugtrainer TA-50A (Erstflug des Prototyps am 29. August 2003, des ersten Serienflugzeuges Anfang 2011) wurden gebaut. Die neueste Variante ist das leichte Kampfflugzeug FA-50. Der Prototyp flog erstmals 2011, Beginn der Ablieferung ab August 2013. Bisher sind 60 FA-50 von der Korean Air Force in Auftrag gegeben worden. Weitere Bestellungen: Indonesien 16 T-50i, Irak 24 T-50IQ, Philippinen 12 TA-50 und Thailand neu 12 T-50TH.
Bemerkungen: Vier Ausführungen sind derzeit vorgesehen: Der Fortgeschrittenentrainer T-50A, die für Kunstflugeinsätze optimierte T-50B, ein Waffentrainer TA-50A mit einem Bordradar EL-2032. Freigegeben wurde 2009 die Entwicklung des leichten Mehrzweckjägers FA-50, versehen mit einem leistungsfähigeren Bordradar Elta EL/M-2032, Kampfelektronik und größerer Treibstoffkapazität. Konstruktiv unterscheiden sich die verschiedenen Ausführungen kaum voneinander, sondern nur durch ihre Ausrüstung. Alle verfügen über ein Fly-By-Wire-Steuerungssystem und eine Cockpitausrüstung mit HUD. KAI prüft derzeit, eine Stealth-Variante der FA-50 zu entwickeln.
Hersteller: Korea Aerospace Industries Ltd. (KAI), Inchon, Werk Sachon, Republik Südkorea.

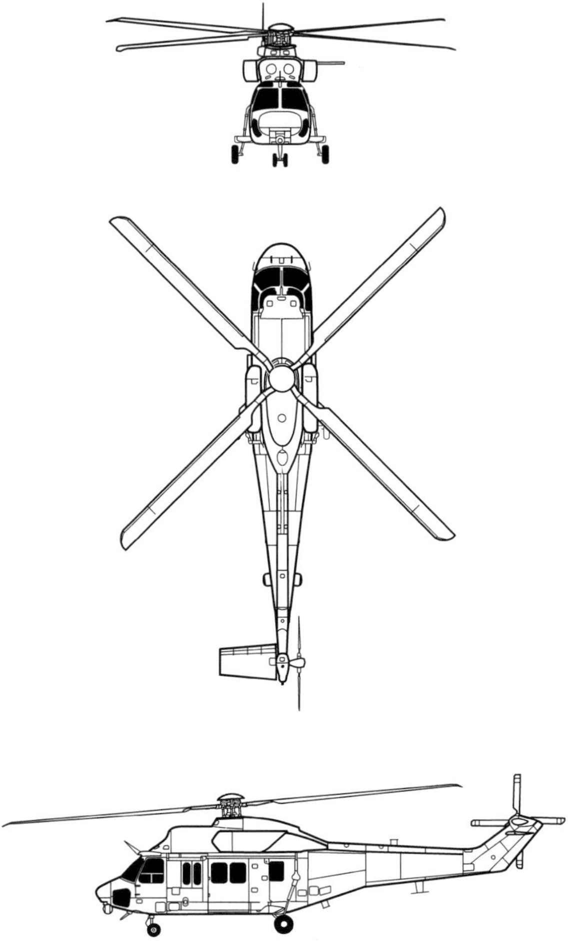

Abmessungen:
Rotordurchmesser 15,80 m
Rumpflänge inkl. Rotor 19,02 m, ohne Rotor 15,09 m
Höhe über Hauptrotor 4,50 m, über Heckrotor 5,01 m.

KOREA AEROSPACE KUH-1 SURION

Ursprungsland: Südkorea.
Kategorie: Mittelschwerer Mehrzweckhubschrauber für militärische Aufgaben.
Triebwerke: Zwei Gasturbinen General Electric TE700-GE-701 von je 1777 WPS (1383 kW) Leistung.
Leistungen: Höchstgeschwindigkeit 298 km/h; max. Reisegeschwindigkeit 274 km/h; max. Schwebehöhe 2820 m; Reichweite mit max. interner Treibstoffzuladung rund 525 km; Flugdauer 2,77 Std.
Gewichte: Leergewicht 4973 kg; max. Startgewicht 8709 kg.
Zuladung: Zwei Piloten und 16 Passagiere bzw. 10 vollausgerüstete Soldaten oder sechs Verletzte auf Bahren; Nutzlast intern 3700 kg, extern 2722 kg.
Bewaffnung: Zwei 7,62-mm-Maschinengewehre an den Seitentüren sowie an Stummelflügeln 20-mm-Kanonenbehälter oder Werfer für ungelenkte Raketen.
Entwicklungsstand: Der erste von vier Prototypen absolvierte seinen Erstflug am 10. März 2010. Die südkoreanischen Streitkräfte wollen rund 245 Surions als neuen Standardhubschrauber beschaffen. Ein Export ist ebenfalls vorgesehen. Am 22. Januar 2016 flog erstmals auch eine Medevac-Version. Bisher sind acht dieser Version bestellt. Von allen Ausführungen werden jährlich rund 30 Einheiten gebaut. Auch die Police National Agency Südkoreas sowie der Korea Forest Service beschaffen die Surion.
Bemerkungen: Mit der Surion lanciert der koreanische Hersteller seinen ersten, weitgehend in Eigenregie entwickelten Hubschrauber. Technisch arbeitete man mit Airbus Helicopters zusammen. Von diesem Hersteller stammen das Getriebe, der Rotormast und der Autopilot. Angesiedelt in der Klasse von H 175 bzw. S-70/UH-60 (siehe Seiten 34/35 bzw. 280/281) oder AW 139 (siehe Seiten 216/217) weist sie alle konstruktiven Merkmale von modernen Hubschraubern auf. Die Surion ist mit einem Festfahrwerk ausgerüstet. Details der Ausrüstungselektronik sind noch nicht bekannt. Später sollen von diesem Muster weitere Versionen abgeleitet werden, allenfalls sogar eine Kampfhubschrauber-Ausführung mit Tandem-Sitzen. Zusammen mit Airbus Helicopters wurde 2011 die Entwicklung einer Marineversion beschlossen. Von dieser Ausführung sind bisher 30 Maschinen für den Einsatz ab den neuen Hubschrauberträgern der Marine Südkoreas bestellt.
Hersteller: Korea Aerospace Industries Ltd. (KAI), Inchon, Werk Sachon, Republik Südkorea.

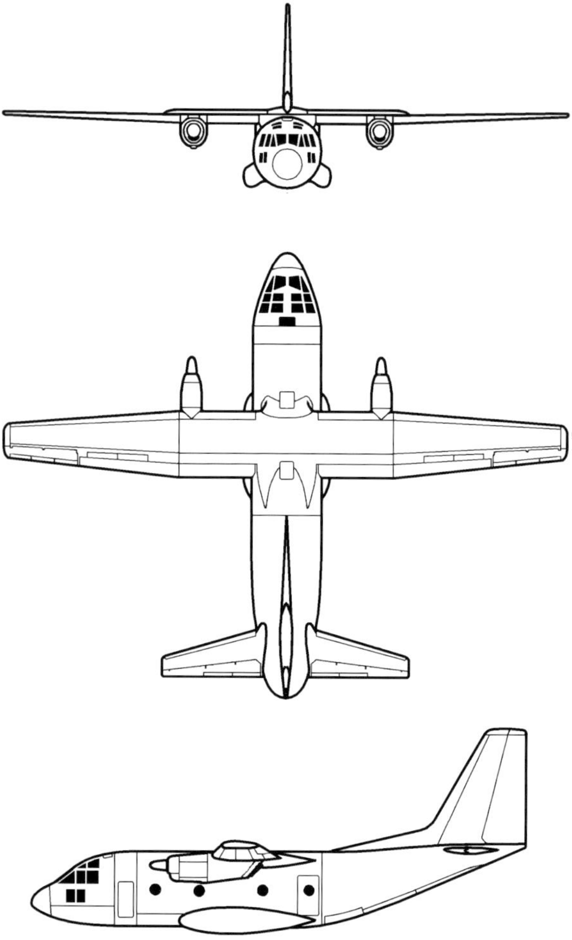

Abmessungen:
Spannweite 28,70 m
Länge 22,70 m
Höhe 9,64 m
Flügelfläche 82,00 m^2.

LEONARDO C-27J SPARTAN

Ursprungsland: Italien.
Kategorie: Militärischer Mehrzweck- und STOL-Transporter.
Triebwerke: Zwei Propellerturbinen Allison AE2100-D2 von je 4637 WPS (3460 kW) Leistung.
Leistungen: Max. Reisegeschwindigkeit 602 km/h, Langstrecken-Reisegeschwindigkeit 500 km/h auf 6000 m; Anfangssteiggeschwindigkeit 10+ m/Sek; Dienstgipfelhöhe 9150 m; Reichweite mit einer Nutzlast von 10000 kg 1852 km, mit 6000 kg 4260 km; Überführungsreichweite 5926 km.
Gewichte: Leergewicht 16500 kg; max. Startgewicht 31800 kg.
Zuladung: Zwei Mann Cockpitbesatzung und als Truppentransporter 53 voll ausgerüstete Soldaten, 46 Fallschirmjäger oder 36 Verwundete bzw. bis zu 11500 kg Fracht.
Entwicklungsstand: Der erste Prototyp der C-27J fliegt seit 25. September 1999, gefolgt vom ersten Serienmuster am 12. Mai 2000. Die C-27J wurde nach zivilen Grundsätzen im Juni 2001 zugelassen, erste Auslieferungen erfolgten ab 2003. 82 Bestellungen sind bisher eingegangen, u. a. von Australien 10, Bulgarien 2, Griechenland 8, Italien 12, Litauen 3, Marokko 4, Mexico 4, Peru 4, Rumänien 7, Slowakei 2, Taiwan 6, Tschad 2, USAF 16 (an USCG und US Forest Service übergeben).
Bemerkungen: Die C-27J ist in einem Joint-Venture von 50:50 mit Lockheed Martin entwickelt worden. Sie weist viele Gemeinsamkeiten mit dem mittelschweren Transporter C-130J Hercules II auf (siehe Seiten 224/225). So sind Triebwerk, Sechsblattpropeller und Avionik weitgehend identisch. Damit verspricht man sich bei einem gemeinsamen Beschaffen beider Muster einen wesentlich wirtschaftlicheren Betrieb. Zusammen mit der US Firma ATK bietet der Hersteller unter der Bezeichnung MC-27J Praetorian eine Version als Kampfzonentransporter an. Dazu können mittels einschiebbaren Paletten u. a. eine 30-mm-Kanone GAU-23 Bushmaster, elektrooptische Instrumente oder Infrarotsensoren mitgeführt werden. Die Italienische Luftwaffe wird drei bestehende Einheiten in diese Version umbauen. Seit Mitte 2017 ist eine verbesserte Variante verfügbar. Die Triebwerke leisten neu 5100 WPS (3800 kW). Zudem wird eine überarbeitete Avionik eingebaut. Zusammen mit den bereits erhältlichen Winglets kann damit das maximale Startgewicht um 700 kg auf 32500 kg erhöht werden.
Hersteller: Leonardo S.p.A., Rom, Werk Torino-Caselle, Italien.

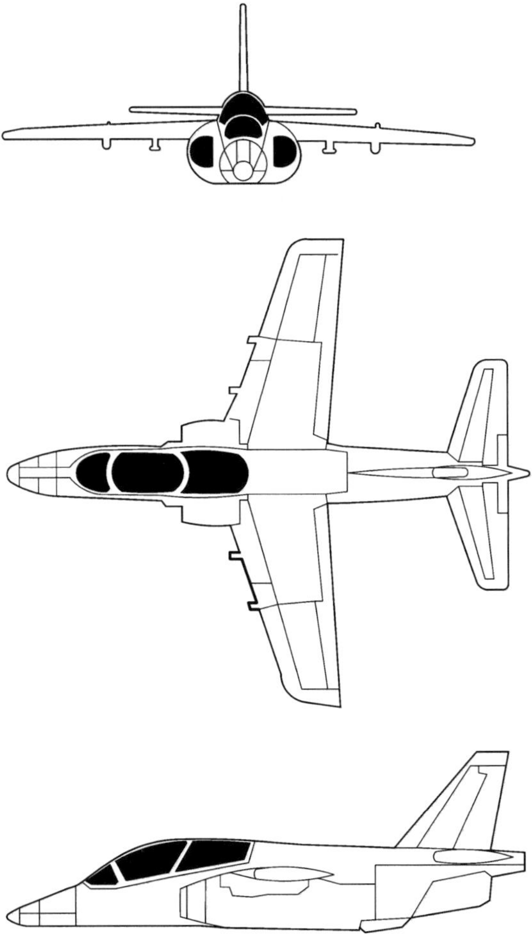

Abmessungen:
Spannweite 8,47 m
Länge 9,85 m
Höhe 3,74 m
Flügelfläche 12,60 m^2.

LEONARDO M-345 HET

Ursprungsland: Italien.
Kategorie: Basis- und Intermediate-Trainer.
Triebwerke: Ein Mantelstromtriebwerk Williams International FJ44-4M-34 von 1542 kp (15,12 kN) Standschub.
Leistungen: Höchstgeschwindigkeit auf 6000 m 787 km/h, auf Meereshöhe 700 km/h; max. Reisegeschwindigkeit 740 km/h; Anfangssteiggeschwindigkeit 26,4 m/Sek; Dienstgipfelhöhe 12190 m; max. Reichweite 1410 km, mit zwei Zusatztanks 1850 km.
Gewichte: Leergewicht 2350 kg; normales Abfluggewicht als Trainer ohne Bewaffnung 3300 kg; max. Startgewicht 4500 kg.
Bewaffnung: An vier Stationen unter den Flügeln und einer unter dem Rumpf können Waffen aller Art bis zu einem Gewicht von 1200 kg mitgeführt werden.
Entwicklungsstand: Ein noch nicht der definitiven Ausführung entsprechender Demonstrator M-311 fliegt seit 2012. Der erste eigentliche Prototyp nahm am 29. Dezember 2016 die Flugerprobung auf. Soweit bekannt, will die Italienische Luftwaffe 45 Exemplare dieses Typs als Ersatz für die Aermacchi MB.339 beschaffen, u. a. auch für die Kunstflugstaffel „Frecce Tricolori". Fünf als T-345A bezeichnete Einheiten sind bisher bestellt worden. Die Einsatzreife soll 2018 erreicht werden. Das Ausgangsmuster SIAI-Marchetti S.211 fliegt seit 1981 und wurde an mehrere Luftwaffen, u. a. Singapur und Philippinen geliefert.
Bemerkungen: Unter dem Motto „HET – **H**igh **E**fficency **T**rainer" wurde aus der S.211 eine aktualisierte Ausführung M-345 mit äußerst günstigen Betriebskosten entwickelt. Diese sollen sich für diesen Jet in etwa in der Größenordnung eines propellerbetriebenen Trainers der Pilatus PC-9-Kategorie bewegen. Die M-345 füllt die Nische zwischen den Basistrainern und den Fortgeschrittenentrainern aus. Was die Zelle angeht, ist sie konventionell fast ausschließlich aus Aluminium. Nur die Flügelenden wurden überarbeitet. Die Avionik mit offener Architektur basiert auf jener der Leonardo (Alenia Aermacchi) M-346 (siehe Seiten 212/213), ausgestattet u. a. mit sog. HOTAS-Controls, Head-Up-Display, Multifunktions-Displays und realtime Datalink. Berücksichtigt man alle vorgenommenen Änderungen, kann von einer eigentlichen Neuentwicklung gesprochen werden.
Hersteller: Leonardo S.p.A., Rom, Werk Varese-Venegono, Italien.

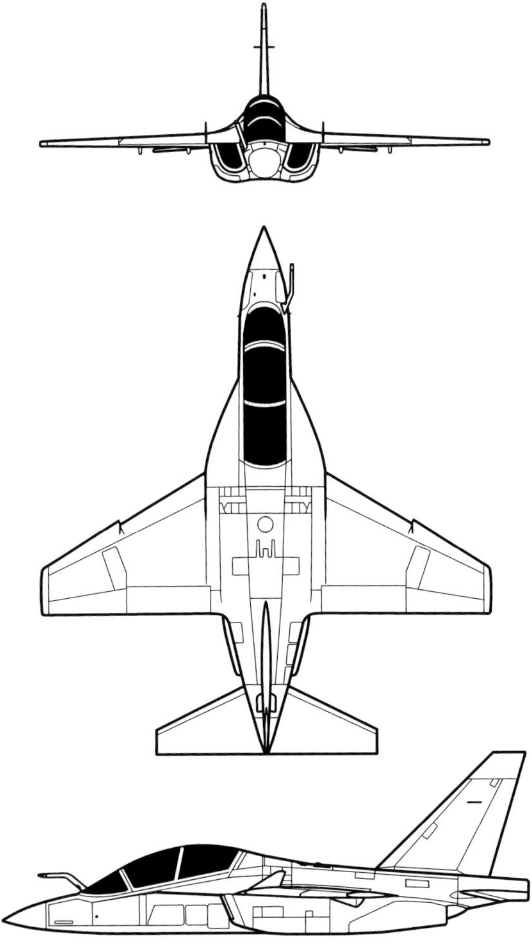

Abmessungen:
Spannweite 9,72 m
Länge 11,49 m
Höhe 4,91 m
Flügelfläche 23,52 m^2.

LEONARDO T-346A MASTER

Ursprungsland: Italien.
Kategorie: Fortgeschrittenentrainer.
Triebwerke: Zwei Mantelstromtriebwerke ITEC Honeywell F124-GA-200 von je 2850 kp (27,95 kN) Standschub.
Leistungen: Höchstgeschwindigkeit 1092 km/h (Mach 0,96) auf 1520 m; Anfangssteiggeschwindigkeit 112 m/Sek; Dienstgipfelhöhe 13700 m; Reichweite mit max. internem Kraftstoff 1980 km, mit zwei externen Zusatztanks und 10% Reserven 2720 km.
Gewichte: Leergewicht 3910 kg; Startgewicht für Trainingseinsätze 7500 kg, mit voller Bewaffnung 9600 kg.
Bewaffnung: Die M-346 kann an bis zu neun Außenlastträgern eine Waffenlast von bis zu 3000 kg mitführen.
Entwicklungsstand: Das erste von drei Erprobungsmustern startete am 15. Juli 2004 zum Erstflug. Der zweite Prototyp folgte am 17. Mai 2005, das erste Serienmuster am 7. Juli 2008. Als Erstbesteller beschafft die Italienische Luftwaffe neu 18 als T-346A bezeichnete Maschinen. Die ersten Exemplare wurden im November 2011 abgeliefert. Weitere Besteller: Israel 30, Singapur 12, Polen 8, UAE eventuell 48.
Bemerkungen: Die T-346A ist eine Ableitung des russisch-italienischen Gemeinschaftsprojekts Yak/AEM-130 (siehe Seiten 314/315). Obwohl äußerlich diesem Muster ähnlich, handelt es sich weitgehend um eine Neukonstruktion mit etwas geringeren Abmessungen. Die Struktur besteht überwiegend aus Leichtaluminium, Teile der Flügel sowie Höhen- und Seitenleitwerk sind aus Verbundwerkstoffen. Eine wesentliche Neuerung stellt die von Teleavio/Marconi gelieferte, je nach Einsatz verschieden programmierbare Flugsteuerung dar. Diese kann von manuell bis zur Fly-By-Wire-Konfiguration eingestellt werden. Dadurch lässt sich ein optimaler Trainingseffekt erzielen. Die doppelt redundante Avionik-Struktur basiert auf einem MIL-STD-1553B-Databus und umfasst u. a. TACAN, IFF, IN/GPS usw. 2017 neu lanciert wurde die M-346 FA (**F**ighter **A**ttack). Um bewaffnete Einsätze zu fliegen, verfügt sie über Air Defence- und Tactical Support-Systeme, Grifo-Radar und Sensoren für Selbstverteidigung vom Typ Elisra SPS-45V5 und Aufklärung. Leonardo beteiligt sich mit der als T-100 bezeichneten Ausführung am T-X-Wettbewerb der USAF für einen neuen Fortgeschrittenentrainer.
Hersteller: Leonardo S.p.A., Rom, Werk Varese-Venegono, Italien.

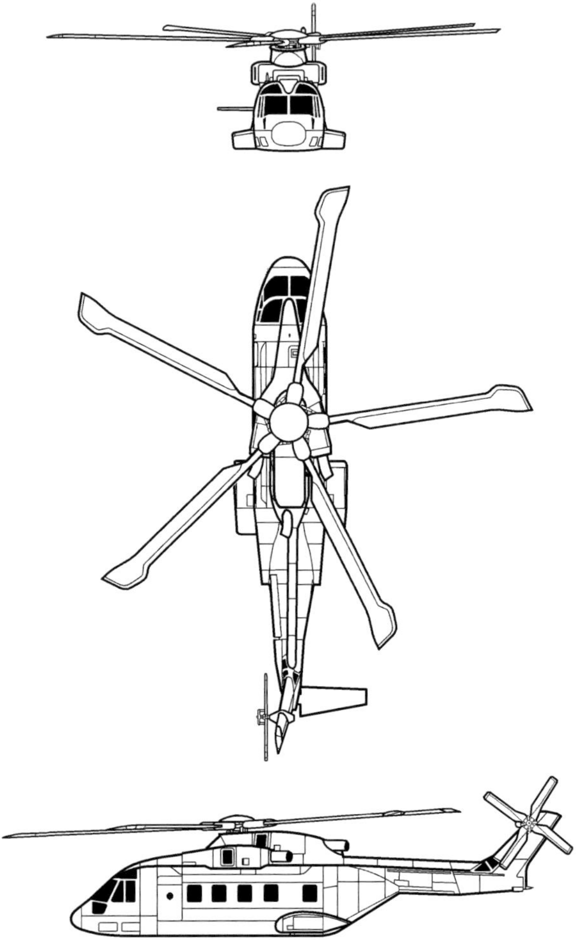

Abmessungen:
Rotordurchmesser 18,59 m
Rumpflänge 19,51 m
Höhe inkl. Rotorkopf 5,21 m.

LEONARDO AW101

Ursprungsland: Großbritannien und Italien.
Kategorie: Militärischer und ziviler Mehrzweck- und Transporthubschrauber.
Triebwerke: Drei Gasturbinen (RN) Rolls-Royce-Turboméca RTM 322 von je 2241 WPS (1671 kW) oder (Italienische Marine) General Electric CT7-6A1 von je 2040 WPS (1521 kW) Leistung.
Leistungen (CT7-6): Max. Fluggeschwindigkeit 308 km/h; ökonom. Reisegeschwindigkeit 267 km/h; Schwebehöhe mit Bodeneffekt 2745 m, ohne Bodeneffekt 1675 m; max. Flughöhe 4600 m; Reichweite mit 30 Passagieren 926 km; Überführungsreichweite mit Zusatztanks 1760 km.
Gewichte: Rüstgewicht ASW-Ausführung 9275 kg, Mehrzweckversion 9000 kg, Zivilausführung 8993 kg; max. Startgewicht ASW-Ausführung 13530 kg, übrige 14288 kg.
Zuladung: Zwei Piloten und 30 Passagiere; max. Nutzlast 6700 kg.
Bewaffnung (HM Mk.2): Vier Leichtgewichttorpedos Stingray oder Antischiffslenkwaffen der Exocet-Harpoon-Klasse; HH-101A: Drei 7,62-mm-Maschinengewehre M134.
Entwicklungsstand: Die erste Entwicklungsmaschine flog erstmals am 9. Oktober 1987. Bestellungseingang für verschiedene Versionen: Marine Algeriens 6, Dänemark 14, Großbritannien 72, Indonesien 3, Italien 24 + 12 HH-101A, Kanada 15, Norwegen 16, Portugal 12, Polizei von Tokyo 1, Japanische Marine 14, Nigeria 2, Saudi Arabien 2, Turkmenistan 2.
Bemerkungen: Die AW101 wird in verschiedenen Ausführungen gebaut: ASW (U-Boot-Jäger), Minensucher, SAR/Rettungsaufgaben, taktischer Transporter, AEW sowie Zivilversion. Die bei der Royal Navy als Merlin bezeichnete Ausführung wird bereits einer intensiven Modernisierung unterzogen, welche u.a. ein Fly-By-Wire-System und eine neue Avionik- und Kommunikationssysteme umfasst. Ein neuer Hauptrotor wird bei allen englischen AW101 eingebaut. Dadurch erhöht sich die Nutzlast um 650 kg und erlaubt eine höhere Geschwindigkeit. Anfangs 2014 hatte die als HH-101 Caesar bezeichnete Combat-SAR-Version der Italienischen Luftwaffe den Erstflug. Diese kann luftbetankt werden und ist an diversen Stellen gepanzert. Eine für Minensucheinsätze optimierte Ausführung hat die Japanische Marine 2015 in Dienst gestellt. Ganz neu ist eine AEW-Version der Royal Navy, ausgerüstet mit einem Überwachungsradar von Crownest.
Hersteller: Leonardo S.p.A., Rom und London, Werk Yeovil, Großbritannien.

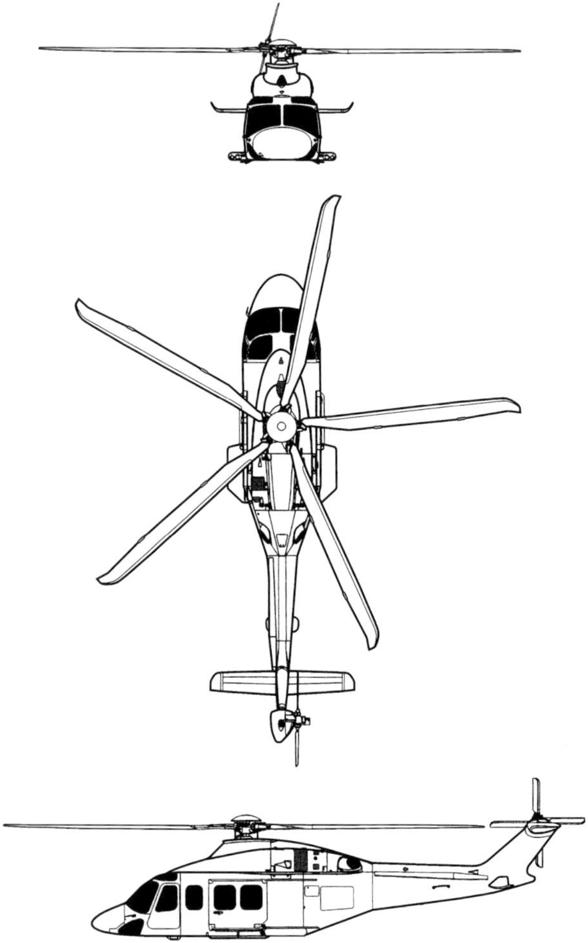

Abmessungen:
Rotordurchmesser 13,80 m
Rumpflänge bei drehendem Rotor 16,65 m, ohne Rotor 13,53 m oder 13,73 m
Höhe über Heckleitwerk 4,95 m.

LEONARDO AW139/HH-139

Ursprungsland: Italien.
Kategorie: (AW139) Mittelschwerer Mehrzweckhubschrauber, (HH-139) Combat-SAR-Hubschrauber.
Triebwerke: Zwei Gasturbinen Pratt & Whitney Canada PT6C-67C von je 1679 WPS (1250 kW) Leistung.
Leistungen: Höchstgeschwindigkeit 310 km/h; max. Reisegeschwindigkeit 306 km/h; Schrägsteiggeschwindigkeit 10,9 m/Sek; Schwebehöhe mit Bodeneffekt 4680 m, ohne Bodeneffekt 2475 m; Dienstgipfelhöhe 6095 m; max. Flugdauer 5,56 Std; Reichweite mit 10 Passagieren 650 km, max. 1061 km.
Gewichte: Rüstgewicht je nach Ausführung 3900 kg, max. Startgewicht 6800/7000 kg.
Zuladung: Ein bis zwei Piloten und zwischen 12 und 15 Passagiere oder für Rettungseinsätze sechs liegende Verletzte und vier Sanitäter; max. Nutzlast intern 2500/2700 kg, extern 2778 kg.
Entwicklungsstand: Der Prototyp nahm am 3. Februar 2001 die Flugerprobung auf, gefolgt vom ersten Serienmuster am 24. Juni 2002. Ende 2003 wurden die ersten Maschinen ausgeliefert. Über 250 zivile Operators sowie militärische bzw. paramilitärische Organisationen haben bis Ende 2017 mehr als 1000 Einheiten bestellt, etwa 880 davon waren gebaut. Derzeit produziert der Hersteller jährlich etwa 50 AW139. Einige der neuesten Besteller: Panama 2, div. japanische Behörden 4, Queensland Government 2. Angesichts der großen Nachfrage wird die AW139 in den USA und seit 2012 auch in Russland in Lizenz hergestellt.
Bemerkungen: Ursprünglich ein Gemeinschaftsprojekt von Agusta und Bell, trägt heute Leonardo/AgustaWestland die alleinige Verantwortung für die AW139. Haupteinsatzgebiete sind: Transport von Geschäfts-/VIP-Personen, Überwachungsaufgaben, EMS-Transporte und Versorgung von Ölbohrplattformen. Die AW139 zeichnet sich durch eine für ihre Klasse sehr voluminöse Kabine aus. Die elektronische Ausrüstung entspricht dem heutigen Standard. Alle ab 2009 gebauten Modelle weisen ein auf 6800 kg erhöhtes max. Startgewicht auf, ab 2015 ist eine Version mit einem Abfluggewicht von sogar 7000 kg erhältlich. Die Italienische Luftwaffe hat 2012 zehn Einheiten einer speziellen Combat-SAR-Version HH-139A beschafft. Diese weist u.a. ein verstärktes und höheres Fahrwerk sowie verbesserte Avionik auf.
Hersteller: Leonardo S.p.A., Rom, Werke Vergiate, Italien und Philadelphia, Pennsylvania, USA.

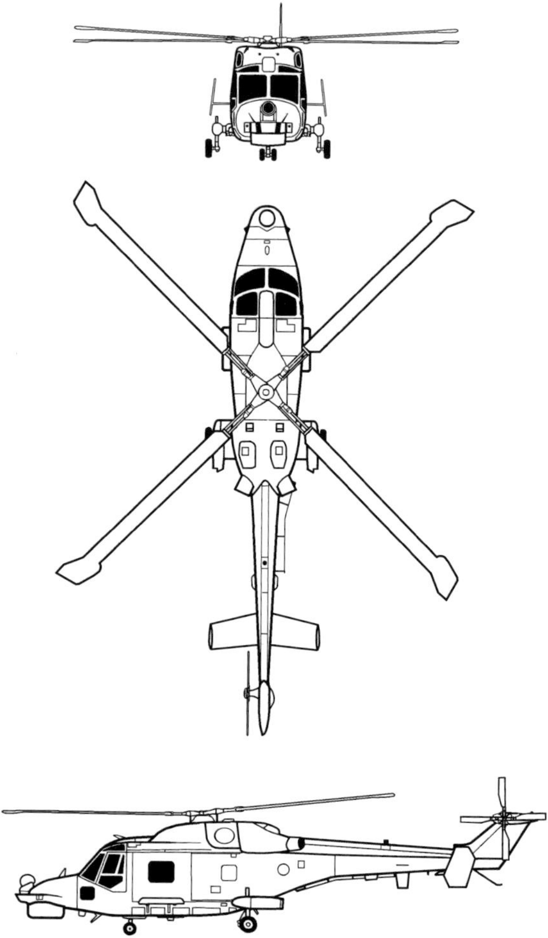

Abmessungen:
Rotordurchmesser 12,80 m
Rumpflänge 13,33 m
Höhe inkl. Rotorkopf 3,67 m.

LEONARDO AW159 WILDCAT

Ursprungsland: Großbritannien.
Kategorie: Militärischer Mehrzweckhubschrauber für Armee- und Marineeinsätze.
Triebwerke: Zwei Gasturbinen Honeywell LHTEC CTS800-4N von je 1620 WPS (1207 kW) Leistung.
Leistungen: Max. Reisegeschwindigkeit 245 km/h auf Meereshöhe; normale Reisegeschwindigkeit 230 km/h; Schrägsteiggeschwindigkeit 10 m/Sek; Schwebehöhe mit Bodeneffekt 2103 m, ohne Bodeneffekt 1448 m; Reichweite bei taktischem Einsatz 685 km, max. 1000 km; max. Flugdauer mit Zusatztanks 5 Std. 15 Min.
Gewichte: Rüstgewicht 3943 kg; max. Startgewicht 5800 kg.
Zuladung: Ein bis zwei Piloten und je nach Einsatzzweck bis zu zwölf Personen. Als Rettungshubschrauber drei bis acht Patienten samt Sanitäter; Rettungswinde von 272 kg Tragkraft.
Bewaffnung: Als Panzerabwehrhubschrauber an bis zu acht Aufhängepunkten TOW-, HOT- oder Hellfire-Lenkwaffen; als Schiffsabwehr-Hubschrauber Leichttorpedos, bis zu vier Lenkwaffen Sea Skua 2, AS12TT oder zwei Penguin.
Entwicklungsstand: Das erste Muster absolvierte den Erstflug am 28. November 2009, gefolgt vom zweiten am 14. Oktober 2010. Die Royal Army beschaffte 40 Future Lynx, die Royal Navy 22. Die ersten Ablieferungen an die Army fanden 2012 statt, 2013 folgten jene für die Navy. Die Marinen von Süd Korea und Philippinen haben 8 bzw. 2 Einheiten bestellt.
Bemerkungen: Bei der AW159 Wildcat handelt es sich um eine wesentlich überarbeitete Weiterentwicklung der Lynx/Super Lynx AH9 (siehe Ausgabe 2009). Sie ist mit deutlich leistungsfähigeren CTS800-Triebwerken ausgestattet. Die Landversion erhält verbesserte Navigations- und Kommunikationssysteme sowie u.a. ein Laser-Zieldarstellungsgerät und wird besser geeignet sein, die Unterstützungsfunktion für die englischen AH-64D (siehe Ausgabe 2012) zu erfüllen. Die Marineversion weist ein 360°-Seaspray-Radar im Rumpfbug auf und ist zusätzlich mit Night-Vision-Goggles (NVG), Glascockpit, digitaler Avionik und doppelt redundantem Databus MIL-STD-1553D ausgerüstet.
Hersteller: Leonardo S.p.A., Rom und London, Werk Yeovil, Somerset, Großbritannien.

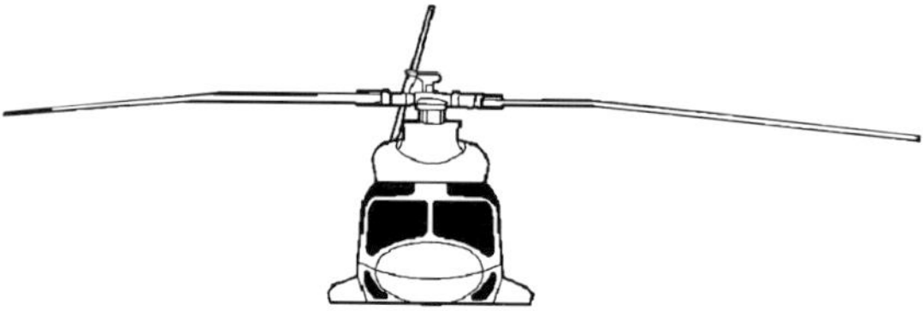

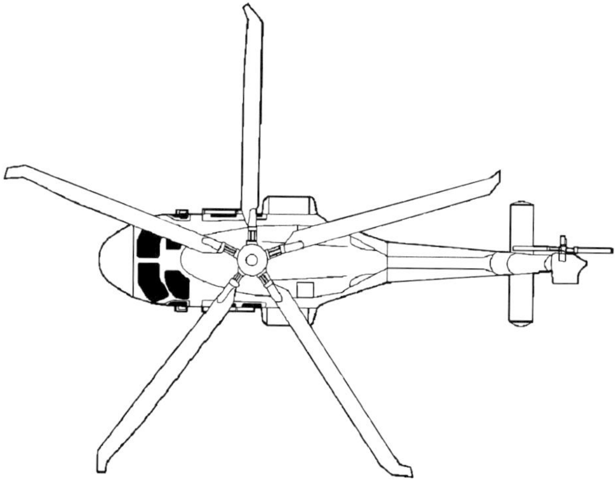

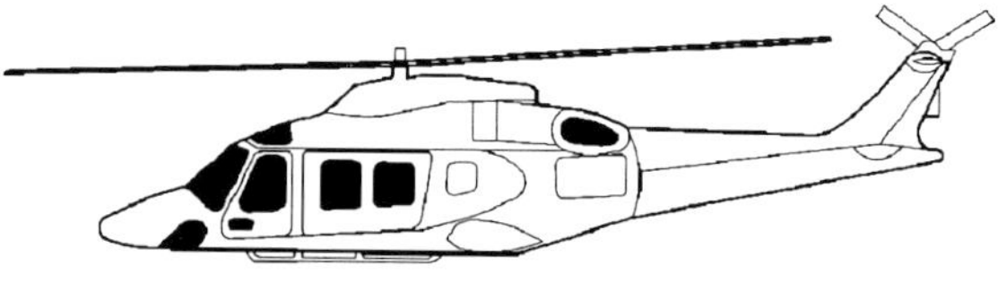

Abmessungen:
Rotordurchmesser 12,12 m
Rumpflänge bei drehendem Rotor 14,65 m
Höhe inkl. Rotorkopf 4,50 m.

LEONARDO AW169

Ursprungsland: Italien.
Kategorie: Mittelschwerer Mehrzweckhubschrauber.
Triebwerke: Zwei Gasturbinen Pratt & Whitney PW210A von je 1000 WPS (745 kW) Leistung.
Leistungen: Höchstgeschwindigkeit 306 km/h; Dienstgipfelhöhe 4572 m; Schwebehöhe mit Bodeneffekt 4400 m, ohne 3350 m; max. Reichweite 820 km; Einsatzdauer 4,20 Std.
Gewichte: Max. Startgewicht 4800 kg.
Zuladung: Ein bis zwei Piloten und zwischen acht und zehn Passagiere oder für Rettungseinsätze zwei liegende Verletzte und zwei Sanitäter.
Entwicklungsstand: Ein erster von vier Prototypen flog erstmals am 10. Mai 2012, der letzte am 31. Januar 2013. Mit den Kundenauslieferungen begann man Mitte 2015. Bis Ende 2017 waren rund 170 Hubschrauber von mehreren Betreibern bestellt, darunter Bond Air Services 10 + Optionen, Inaer Spanien 10. Die meisten werden die AW169 für Offshore- und Ambulanzeinsätze verwenden. Die schweizerische REGA beschafft drei als Rettungshubschrauber. Nebst in Italien wird die AW 169 auch in Philadelphia, USA, gebaut.
Bemerkungen: Mit der AW169 will der Hersteller die Angebotslücke zwischen der AW109 und der AW139 schließen und damit auch ein Konkurrenzprodukt beispielsweise zum Airbus Helicopters H145 (siehe Seiten 32/33) anbieten. In diesem Wachstumssegment wird ein Produkt lanciert, welches neueste technologische Entwicklung enthält und eine große Zahl von Einsatzmöglichkeiten erlaubt. Im Vordergrund stehen dabei kommerzielle wie auch paramilitärische Aufgaben wie EMS-Einsätze, Law-and-Order-, Offshore- und SAR-Missionen. Bei der AW169 handelt es sich um eine völlig neue Entwicklung, bei der modernste Konstruktionsmethoden und Werkstoffe eingesetzt werden. Nebst auf Robustheit und Langlebigkeit wird starkes Gewicht auf hohe Wirtschaftlichkeit gelegt. Auch die Avionik entspricht neuesten Entwicklungen. Die Zelle wird „crash-resistent" ausgelegt. Dank großen Schiebetüren ist der Passagier- bzw. Frachtraum sehr gut zugänglich, was insbesondere bei Ambulanzeinsätzen wichtig ist.
Hersteller: Leonardo S.p.A., Rom, Werke Vergiate, Italien und Philadelphia, Pennsylvania, USA.

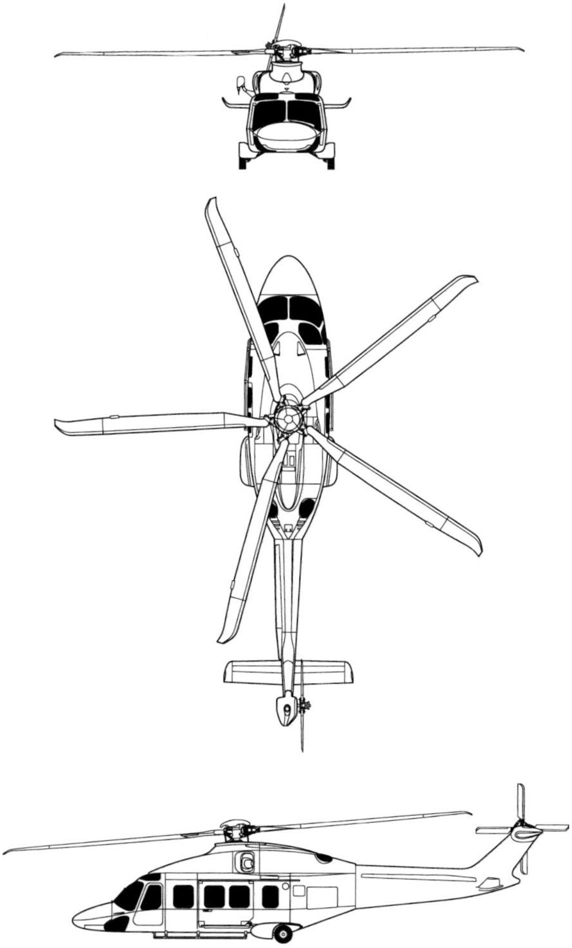

Abmessungen:
Rotordurchmesser 14,60 m
Rumpflänge bei drehendem Rotor 17,60 m,
Rumpflänge alleine 14,60 m
Höhe über Heckleitwerk 5,06 m.

LEONARDO AW189

Ursprungsland: Italien.
Kategorie: Mittelschwerer Mehrzweckhubschrauber primär für Offshore-Einsätze.
Triebwerke: Zwei Gasturbinen General Electric CT7-2E1 von je 1980 WPS (1480 kW) Leistung.
Leistungen: Höchstgeschwindigkeit über 300 km/h, Reisegeschwindigkeit 278 km/h; Aktionsradius mehr als 370 km, mit Standardnutzlast noch 260 km; max. Reichweite 889 km.
Gewichte: Rüstgewicht 5640 kg; max. Startgewicht 8300 kg; (AW189K) 8600 kg.
Zuladung: Zwei Piloten und normalerweise 16, max. bis zu 18 Passagiere. Extern können Lasten bis zu 2722 kg mitgeführt werden.
Entwicklungsstand: Die AW189 startete am 21. Dezember 2011 zum Erstflug. Mit den Kundenablieferungen konnte anfangs 2014 begonnen werden. Aktuell sind von rund 20 Kunden etwas über 150 Einheiten bestellt. 11 von Bristow betriebene AW189 werden im Auftrag der UK Coast Guard seit Ende 2015 als Rettungshubschrauber eingesetzt. Neu hat die russische Rosneft vorerst 30 AW189 bestellt. Die neueste Version AW189K flog erstmals im März 2017.
Bemerkungen: Die AW189 ist primär für die harten Einsätze im Offshore-Markt optimiert und zwar sowohl für Passagier-, Frachttransporte sowie Such- und Rettungsmissionen. Sie entspricht den neuesten internationalen Sicherheitsvorschriften für Transporteinsätze vor allem auf Bohrinseln. Dazu verfügt die AW189 über eine spezifische Ausrüstung, u. a. Schwimmkörper für Notwasserungen, Notlichtsystem, faltbare Rettungsflosse außen am Rumpf, weiterentwickeltes Wetterradar, Schutzsystem gegen Vereisung usw. Eine Spezialausführung für sog. EMS-Einsätze befindet sich ebenfalls im Angebot. Wie bei neuen Hubschrauberkonstruktionen üblich verfügt die AW189 über eine voll digitalisierte Avionik, eine offene System-Architektur und integrierte Einsatzausrüstung. Der 4-Achs-Autopilot und die neueste Avionik sollen die Belastung der Piloten minimieren. Die Zellenkonstruktion ist sehr robust ausgelegt und soll den Insassen bei Abstürzen eine hohe Überlebenswahrscheinlichkeit ermöglichen. Ab 2018 ist die Ausführung AW189K erhältlich, welche über neue Triebwerke Safran Aneto-1K mit einer Leistung von je 2500 WPS (1860 kW) verfügt.
Hersteller: Leonardo S.p.A., Rom, Werk Vergiate, Italien bzw. bei HeliVert, Werk Tomilino bei Moskau, Russland.

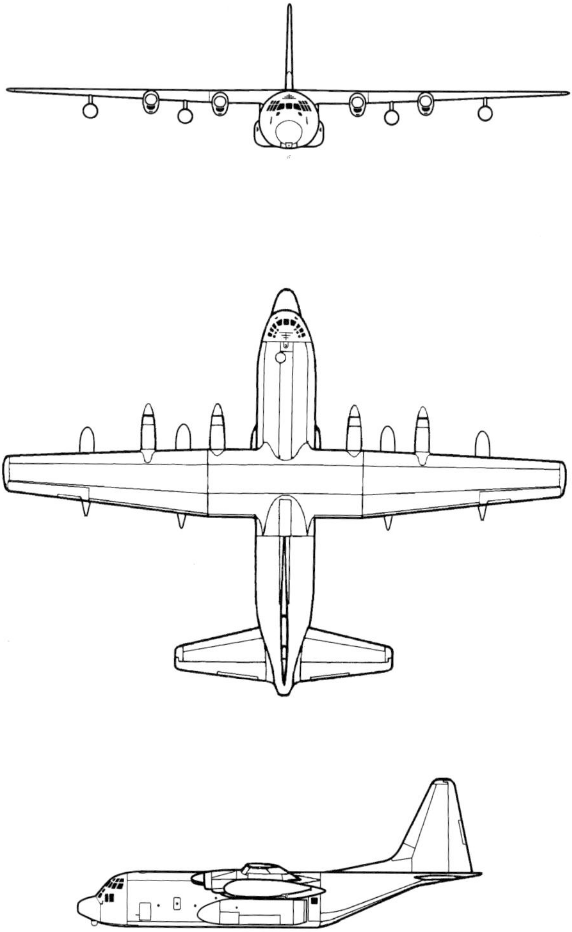

Abmessungen:
Spannweite 40,38 m
Länge 34,37 m
Höhe 11,81 m
Flügelfläche 162,12 m^2.

LOCKHEED MARTIN LM-100J

Ursprungsland: USA.
Kategorie: Mittelschwerer Zivilfrachter.
Triebwerke: Vier Propellerturbinen Rolls Royce AE2100D3 von je 6000 WPS (4500 kW) reduziert auf 4591 WPS (3423 kW) Leistung.
Leistungen: Max. Reisegeschwindigkeit 666 km/h, norm. Reisegeschwindigkeit 556 km/h; Anfangssteiggeschwindigkeit 10,7 m/Sek; Dienstgipfelhöhe 9315 m; Reichweite mit einer Nutzlast von 18000 kg 4425 km.
Gewichte: Rüstgewicht (C-130-30J) 35965 kg; max. Abfluggewicht (LM-100J) 74389 kg.
Zuladung: Normalerweise eine Besatzung von zwei bis fünf Personen und je nach Einsatzzweck verschiedene Nutzlasten bis zu einem Gewicht von 21836 kg.
Entwicklungsstand: Das erste Muster der zivilen Frachtversion nahm die Flugerprobung am 25. Mai 2017 auf. Bisher sind Bestellungen von je 10 Einheiten für die Safair aus Süd Afrika und die brasilianische Bravo Cargas eingegangen. Vom militärischen Ausgangsmuster C-130J bzw. C-130-30J (Erstflug 5. April 1996) sind mittlerweile rund 370 Einheiten an 18 Luftwaffen und Marinen ausgeliefert worden. Als einer der neuesten Besteller wird die Deutsche Luftwaffe sechs C-130J beschaffen. Derzeit werden jährlich etwa 24 Einheiten hergestellt.
Bemerkungen: Lockheed lancierte eine Zivilversion der bewährten C-130J (siehe Ausgabe 2017). Von dieser unterscheidet sie sich wenig. Eingebaut ist das Wetterradar Honeywell RDR-4000, die Bremsen sind aus Karbon, um härteren Anforderungen entsprechen zu können. Einige Cockpitfenster wurden weggelassen. Zudem hat man das Flight Management System angepasst. Ausrüstungen, die ausschließlich für militärische Zwecke dienen, wurden weggelassen. Die LM-130J ist für eine Vielfalt von Aufgaben vorgesehen. Nebst Frachttransporten ab unbefestigten Start- und Landebahnen soll sie auch als Löschflugzeug, für medizinische Evakuierungen, Einsätze als Hilfsflugzeug, bei Naturkatastrophen, Sprühaufgaben usw. einsetzbar sein.
Hersteller: Lockheed Martin Marietta Corp., Marietta, Georgia, USA.

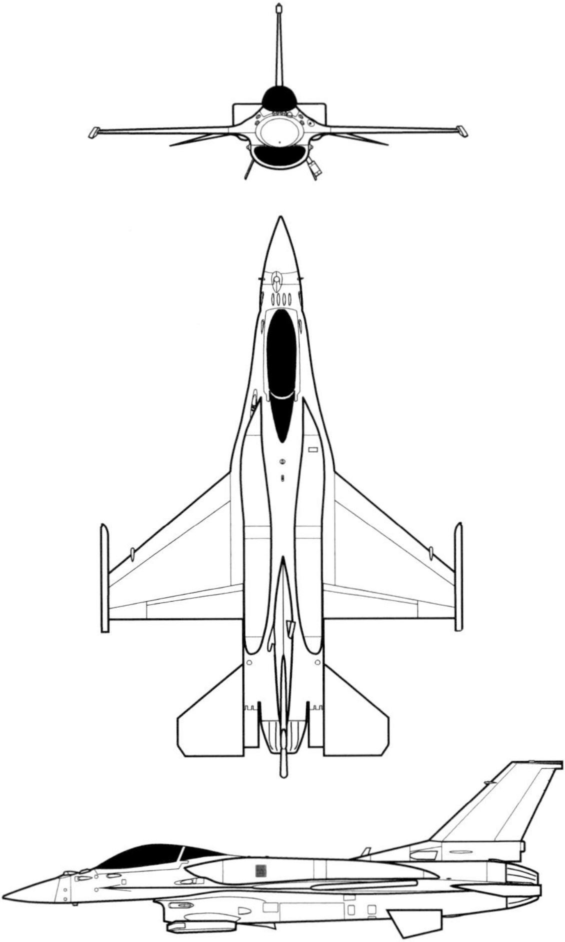

Abmessungen:
Spannweite 9,45 m
Länge 15,03 m
Höhe 5,09 m
Flügelfläche 27,87 m^2.

LOCKHEED MARTIN F-16C/D/V FIGHTING FALCON

Ursprungsland: USA.
Kategorie: Einsitziger Mehrzweckjäger (F-16C/V) und zweisitziger operationeller Trainer (F-16D).
Triebwerke: Ein Mantelstromtriebwerk Pratt & Whitney F100-PW-229 von 8075 kp (79,20 kN) Standschub ohne und 13420 kp (131,60 kN) mit Nachbrenner bzw. General Electric F110-GE-129 von 8043 kp (78,90 kN) Standschub ohne und 13420 kp (131,60 kN) mit Nachbrenner.
Leistungen: Kurzzeitig erreichbare Höchstgeschwindigkeit 2145 km/h auf 12190 m (Mach 2,02), andauernde Höchstgeschwindigkeit 2007 km/h (Mach 1,89); Dienstgipfelhöhe 15240 m; (Block 50/52) taktischer Einsatzradius mit sechs 227-kg-Bomben 580 km; Überführungsreichweite mit Zusatztanks 3943 km.
Gewichte: Leergewicht 9207 kg; max. Startgewicht 19187 kg.
Bewaffnung: Eine sechsläufige 20-mm-Revolverkanone M61A-1 und, als Abfangjäger, bis zu sechs Luft-Luft-Lenkwaffen AIM-9L/M oder AIM-120, als Erdkämpfer bis zu 5638 kg Außenlasten.
Entwicklungsstand: Die F-16C/D Block 50/52 befindet sich seit 1991 im Einsatz. Die als F-16E/F (siehe Ausgabe 2008 und Dreiseitenriss) bezeichneten Modelle des Blocks 60 sind an den einzigen Besteller UAE alle abgeliefert worden. Bisher wurden über 4550 F-16 hergestellt. 26 Luftwaffen haben diesen Typ bisher in verschiedenen Varianten beschafft; neueste Bestellung: Pakistan zusätzlich 10 F-16C/D. Die F-16V flog erstmals am 16. Oktober 2015. Bahrain beschafft neu 19 F-16V, Taiwan wird 142 bestehende F-16A/B in diese Version umbauen.
Bemerkungen: Gegenwärtig werden die Blöcke 50/52 abgeliefert. Neu beschaffte F-16 C/D können mit einer Mehrzahl optionaler Zusatzsysteme ausgerüstet werden. Beispiele sind: Vektorsteuerung des Triebwerks, Cockpit mit Helmdisplay, Mitführen von allwettertauglichen Standoff-Waffen wie die AGM-84E Standoff-Land-Attack-Lenkwaffe oder die AGM-142 Popeye II-Bombe. Neu wird auch ein Mikrowellen-Landesystem angeboten, welches den Endanflug wesentlich erleichtert. Ältere Modelle können mit einem Active Combat Radar von Raytheon nachgerüstet werden. Lockheed lancierte 2012 eine neue Version F-16V mit AESA-Radar der fünften Generation APG-83, neuem Missionscomputer sowie Verbesserungen im Cockpit. Beschafft können sowohl neue F-16V oder ältere Varianten in diese Version umgebaut werden.
Hersteller: Lockheed Martin Marietta Corp., Fort Worth Division, Werk Fort Worth, Texas, ab 2018 Werk Greenville, South Carolina, USA.

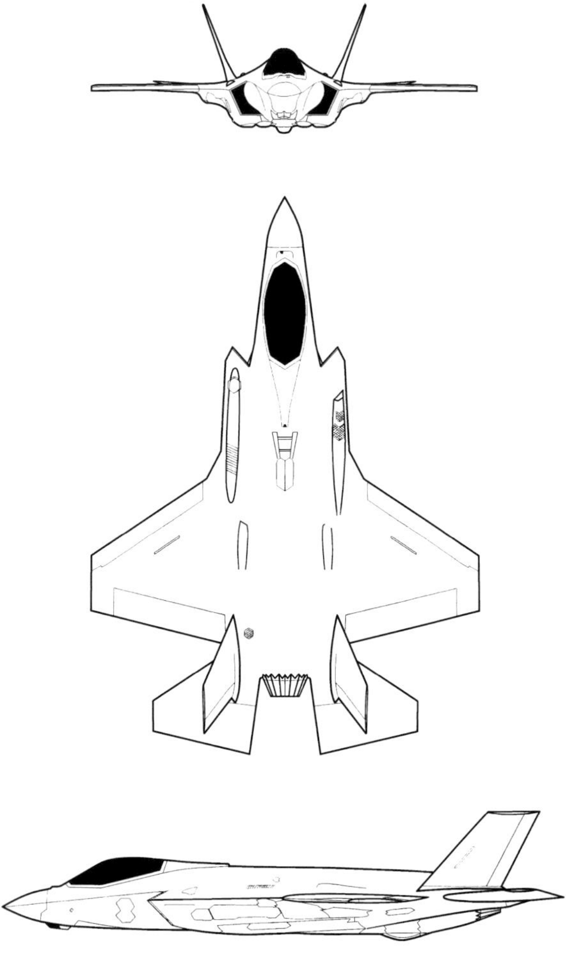

Abmessungen:
Spannweite 10,70 m
Länge 15,70 m
Höhe 4,38 m
Flügelfläche 42,70 m².

LOCKHEED MARTIN F-35A LIGHTNING II

Ursprungsland: USA.
Kategorie: Landgestütztes Mehrzweckkampfflugzeug.
Triebwerke: Ein Mantelstromtriebwerk Pratt & Whitney F135PW-100 von 13062 kp (128,10 kN) ohne und 19506 kp (191,30 kN) mit Nachbrenner.
Leistungen: Höchstgeschwindigkeit mit interner Waffenladung 1700 km/h (etwa Mach 1,6); Reisegeschwindigkeit während rund 10 Min. Mach 1,2; Dienstgipfelhöhe 18200 m; Aktionsradius 1093 km, max. Reichweite 2222 km.
Gewichte: Leergewicht 13290 kg; normales Startgewicht 22280 kg, max. ca. 31750 kg.
Bewaffnung: Eine fünfläufige 25-mm-Kanone GAU-12 und 8160 kg Waffen in zwei internen Waffenschächten und unter den Flügeln.
Entwicklungsstand: Das erste weitgehend der Serienausführung entsprechende Muster F-35AA-1 nahm die Flugerprobung am 15. Dezember 2006 auf. Am 14. November 2009 folgte das erste eigentliche Serienflugzeug AF-1. Die ersten F-35A wurden dem 33rd FW der USAF in Eglin/Florida am 14. Juli 2011 übergeben. Heutigen Plänen zufolge will die USAF 1763 F-35A Lightning II beschaffen, 252 davon sind bis jetzt bestellt. Folgende Länder haben die F-35A ebenfalls in Auftrag gegeben (Anzahl bestellt bzw. Gesamtbedarf): Australien (10/75), Dänemark (0/30), Israel (50/neu 75), Italien (28/voraussichtlich 60), Japan (14/42), Niederlande (10/37), Norwegen (52/52), Südkorea (6/40), Türkei (30/100). Anfang 2017 wurde die 200. F-35 aller Versionen, eine F-35A, abgeliefert. Bei einer Produktion von 70 F-35 waren Ende 2017 von allen Varianten rund 270 Einheiten gebaut.
Bemerkungen: Die F-35A ist für Landeinsätze ab normalen Flugpisten vorgesehen und hat als erste Variante die Einsatzreife erlangt. Allen drei Ausführungen F-35A, F-35B (siehe Seiten 230/231) und F-35C (siehe Seiten 232/233) gemeinsam sind der Rumpf, die Seitenleitwerke und das Höhenleitwerk. Dies trifft auch für die Systeme weitgehend zu. Das Cockpit neuester Technologie weist hochauflösende Bildschirme auf. Viele Funktionen lassen sich durch Sprachbefehle oder via Pilotenhelm-Display steuern. Ab den Modellen des sog. Blocks 3 wird anstelle des synthetischen Normalband-Bordradars ein Breitband-Bordradar eingebaut.
Hersteller: Lockheed Martin Marietta Corp., Marietta, Georgia, Werk Fort Worth, Texas, USA.

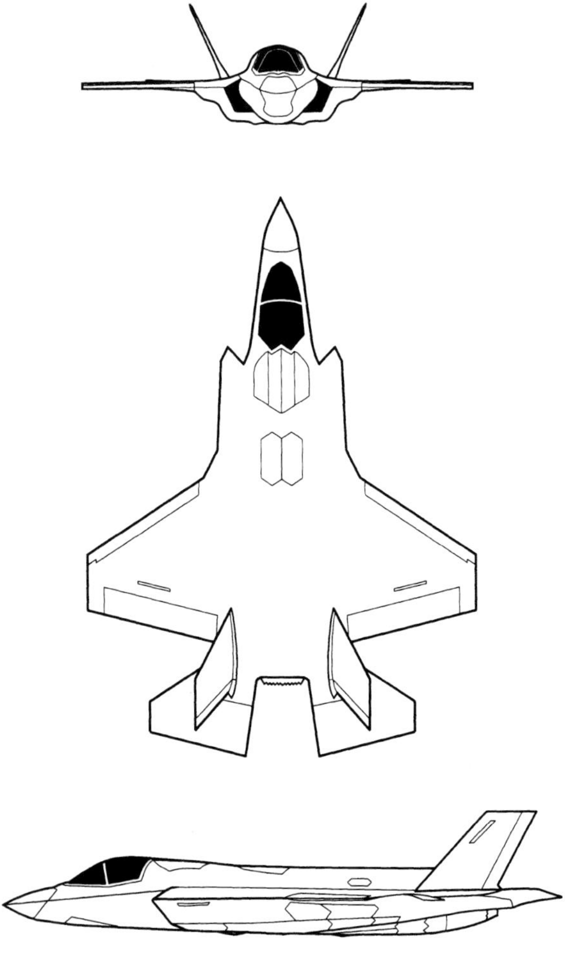

Abmessungen:
Spannweite 10,70 m
Länge 15,60 m
Höhe 4,36 m
Flügelfläche 42,70 m^2.

LOCKHEED MARTIN F-35B LIGHTNING II

Ursprungsland: USA.
Kategorie: Bordgestütztes STOVL-Mehrzweckkampfflugzeug.
Triebwerke: Ein Mantelstromtriebwerk Pratt & Whitney F135PW-600 von 12246 kp (120,10 kN) ohne und 18599 kp (182,40 kN) mit Nachbrenner.
Leistungen (nach Angaben des Herstellers): Höchstgeschwindigkeit mit maximaler interner Waffenladung 1700 km/h (Mach 1,6); Reisegeschwindigkeit während rund 10 Min. Mach 1,2; Dienstgipfelhöhe 15240 m+; Aktionsradius etwa 830 km; max. Reichweite 1667 km.
Gewichte: Leergewicht 14650 kg; normales Startgewicht 22280 kg, maximal ca. 27200 kg.
Bewaffnung: Eine fünfläufige 25-mm-Kanone GAU-12 extern und 6800 kg Waffen.
Entwicklungsstand: Die X-35B entstand aus dem Umbau der X-35C und flog in dieser Konfiguration erstmals am 24. Juni 2001. Der erste eigentliche Prototyp F-35B nahm die Flugerprobung am 11. Juni 2008 auf, gefolgt vom zweiten am 25. Februar 2009. Bis Ende 2017 waren über 40 Serienmaschinen gebaut. Bei einem Bedarf von 340 Maschinen, hat das USMC bisher deren 77 bestellt. Die erste Ausbildungsstaffel war Anfang 2013 in Yuma, Arizona, einsatzbereit, eine erste Kampfstaffel folgte 2015. Wie viele dieser Version Großbritannien schließlich beschafft, ist derzeit unklar. Die Rede ist vonzwischen 40 und 60 F-35B (bisher 17 bestellt). Die erste Einsatzstaffel Großbritanniens soll Ende 2018 aufgestellt werden. Italien kauft voraussichtlich deren 30. Im Mai 2017 wurde die erste vollständig in Italien gebaute F-35B abgeliefert.
Bemerkungen: Bei der STOVL-Version F-35B ist das Triebwerk mit einem durch eine Gelenkwelle verbundenen Lift-Fan ausgerüstet, mit Einlassöffnung und Austrittsdüse unten am vorderen Teil des Rumpfs. Zudem lässt sich das Heckteil des Triebwerks um bis zu 90° nach unten schwenken. Damit werden vollständige VTOL-Eigenschaften erreicht. Im Übrigen ist die F-35B mit den F-35A/C zu rund 90% baugleich. Angesichts des erhöhten Leergewichts und der größeren Komplexität dieser Variante sind diverse Leistungsparameter gegenüber den anderen F-35-Versionen leicht geringer.
Hersteller: Lockheed Martin Marietta Corp., Marietta, Georgia, Werk Fort Worth, Texas, USA.

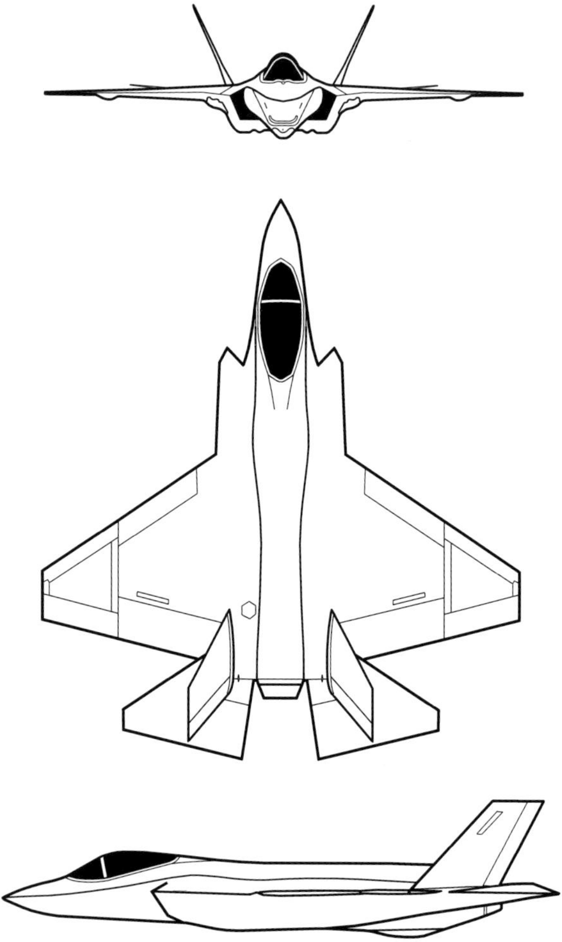

Abmessungen:
Spannweite 13,10 m
Länge 15,70 m
Höhe 4,48 m
Flügelfläche 62,10 m^2.

LOCKHEED MARTIN F-35C LIGHTNING II

Ursprungsland: USA.
Kategorie: Bordgestütztes CTOL-Mehrzweckkampfflugzeug.
Triebwerke: Ein Mantelstromtriebwerk Pratt & Whitney F135PW-100 von 13062 kp (128,10 kN) ohne und 19506 kp (191,30 kN) mit Nachbrenner.
Leistungen (nach Angaben des Herstellers): Höchstgeschwindigkeit mit maximaler interner Waffenlast 1700 km/h (etwa Mach 1,6); Reisegeschwindigkeit während rund 10 Min. Mach 1,2; Dienstgipfelhöhe 15240 m+; Aktionsradius etwa 1100 km; max. Reichweite 2200+ km.
Gewichte: Leergewicht 15784 kg; normales Startgewicht 22280 kg, maximal 31750 kg.
Bewaffnung: Eine fünfläufige 25-mm-Kanone GAU-12 extern und 8160 kg Waffen, ein Teil davon im internen Schacht an der Rumpfunterseite.
Entwicklungsstand: Die erste F-35C hat die Flugerprobung am 6. Juni 2010 aufgenommen. Auch dieses Programm leidet unter massiven Verspätungen und Kostenüberschreitungen. Noch ist nicht klar, wie viele F-35C die USN schließlich beschafft, vermutlich aber nur 260. Bis zu 80 erhält das USMC. Bestellt sind bisher nur deren 32, Ende 2017 waren rund 25 abgeliefert, darunter die erste für das USMC. Die Schulungsstaffel VF-101 übernahm im Frühjahr 2013 die erste F-35C. 2018 folgt mit der VFA-14 die erste Einsatzstaffel. Ab 2018 soll die volle Produktionsrate erreicht werden.
Bemerkungen: Als letzte der drei Versionen folgte die F-35C für die USN. Die konventionell startende und landende F-35C verzichtet auf Schwenkmechanismus und Lift-Fan der F-35B, erhält aber für den Einsatz ab Flugzeugträgern einen optimierten Flügel, der sich zum besseren Verstau an den Enden einklappen lässt. Die Spannweite ist um ganze 2,44 m größer und die Fläche nimmt um rund 50% zu. Auch der Klappenmechanismus wurde verändert. Damit erzielt die F-35C deutlich bessere Start- und Landeeigenschaften. Dank eines auf 8960 kg erhöhten Treibstoffvorrats erreicht die F-35C größere Reichweiten. Zu 90% weist sie aber mit der F-35A und der F-35B Teilegleichheit auf. Insbesondere die Avionik ist bei allen genau gleich. Gegenwärtig prüft die USN, ob aus der F-35C später noch eine Ausführung als Elektronikkampfflugzeug abgeleitet werden kann.
Hersteller: Lockheed Martin Marietta Corp., Marietta, Georgia, Werk Fort Worth, Texas, USA.

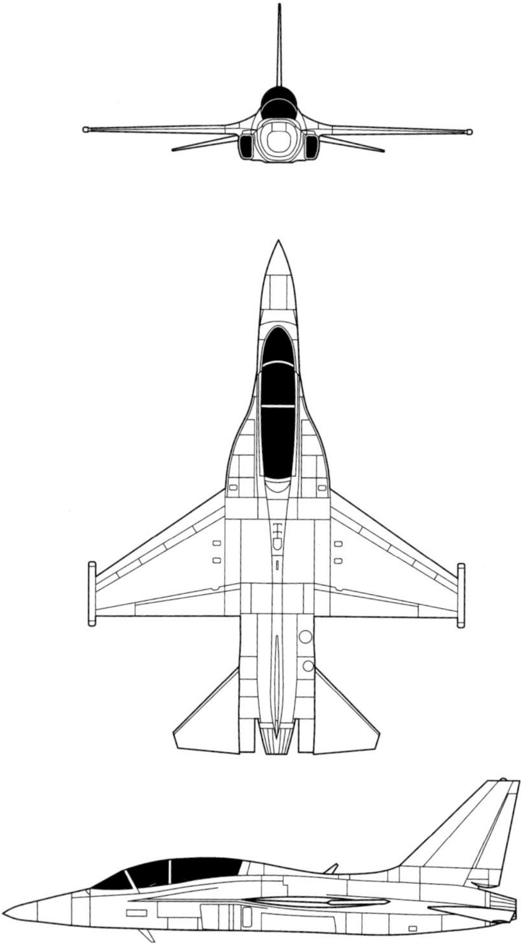

Abmessungen:
Spannweite 9,45 m
Länge 13,14 m
Höhe 4,82 m
Flügelfläche 26,60 m^2.

LOCKHEED MARTIN/KOREA AEROSPACE T-50A

Ursprungsland: USA/Südkorea.
Kategorie: Zweisitziger Fortgeschrittenentrainer.
Triebwerke (T-50): Ein Mantelstromtriebwerk General Electric F404-GE-102 von 5400 kp (53,1 kN) Standschub ohne und 8000 kp (78,7 kN) mit Nachverbrennung.
Leistungen (T-50): Höchstgeschwindigkeit Mach 1,5; Anfangssteiggeschwindigkeit 137 m/Sek; Dienstgipfelhöhe 14630 m; Reichweite 1850 km.
Gewichte (T-50): Leergewicht 6470 kg; max. Startgewicht ohne Außenlasten 8890 kg, mit Außenlasten 12500 kg.
Bewaffnung: Noch gibt es dazu keine Angaben. Eine Weiterentwicklung als Erdkämpfer für den kommenden USAF-Wettbewerb A-X ist durchaus möglich.
Entwicklungsstand: Am 2. Juni 2016 flog der erste Prototyp der Version T-50A, gefolgt von einem zweiten am 25. Juli 2016. Dem Gewinner des Wettbewerbs steht ein Beschaffungsvolumen durch die USAF von vorerst rund 300 Einheiten, später sogar deren 600 in Aussicht.
Bemerkungen: Mit der Weiterentwicklung der KAI T-50A beteiligen sich Lockheed Martin als Vertreter der USA und KAI als Konstrukteur am Wettbewerb T-X für einen neuen Fortgeschrittenentrainer für die USAF. Äußerlich unterscheidet sich die T-50A von der Ursprungsausführung KAI T-50 primär durch den Wulst oberhalb des Rumpfes, welcher u. a. eine Luftbetankungssonde aufnimmt. Im Cockpit kommt eine Avionik der sog. fünften Generation mit offener Architektur zum Einbau. So können zukünftige Updates wesentlich einfacher vorgenommen werden. Die T-50A wäre ein Teil eines umfassenden Trainingssystems, welches auch Simulatoren umfasst. Im Übrigen dürfte diese Ausführung dem südkoreanischen Ursprungsmodell sehr ähnlich sein. Sollte dieses Muster den Zuschlag erhalten, so würde die T-50A in den USA im Werk Greenville, South Carolina gebaut.
Hersteller: Korea Aerospace Industries Ltd. (KAI), Inchon, Werk Sachon, Republik Südkorea und Lockheed Martin Marietta Corp. Fort Worth, Texas, USA.

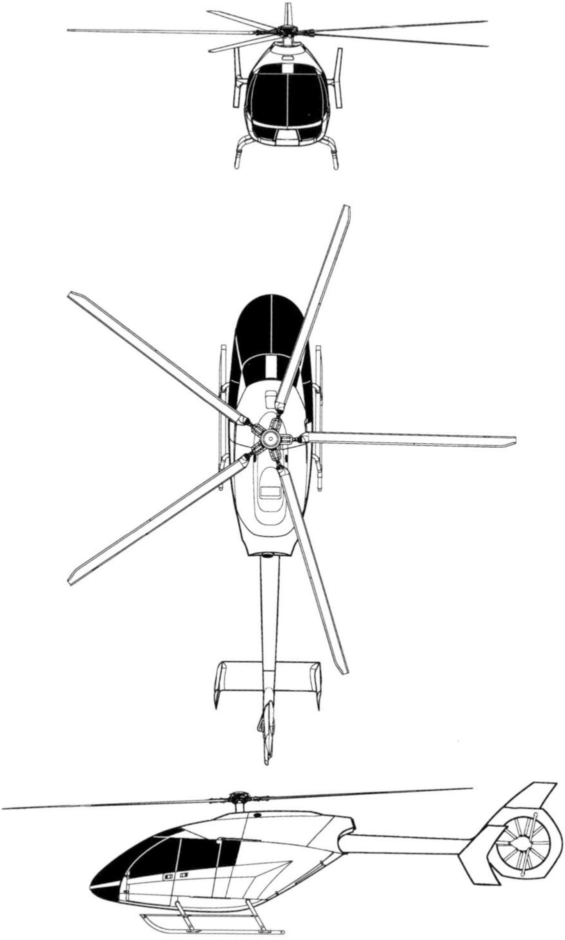

Abmessungen:
Rotordurchmesser 11,00 m
Rumpflänge inkl. Rotor 12,97 m.

MARENCO SWISSHELICOPTER SKYE SH09

Ursprungsland: Schweiz.
Kategorie: Leichter Mehrzweckhubschrauber.
Triebwerke: Eine Gasturbine Honeywell HTS 900-2 von 1020 WPS, gedrosselt auf 820 WPS (611 kW) Leistung.
Leistungen: Reisegeschwindigkeit 260 km/h; Reichweite mit max. interner Treibstoffzuladung rund 800 km.
Gewichte: Leergewicht 1300 kg; max. Startgewicht 2650 kg, mit Außenlasten 2800 kg.
Zuladung: Ein Pilot und fünf bis sieben Passagiere auf „crash-resistenten" Sitzen; Nutzlast extern 1500 kg.
Entwicklungsstand: Der im November 2013 präsentierte Prototyp nahm am 2. Oktober 2014 die Flugerprobung auf, ein zweiter von insgesamt dreien folgte am 26. Februar 2016. Die Zulassung verzögert sich und soll gegen Ende 2018 erreicht werden. Bisher sind zwölf Festbestellungen und rund 120 Kaufsabsichten bekannt.
Bemerkungen: Die SKYe SH09 ist die seit rund 30 Jahren erste echte Neukonstruktion im Markt der Leichthubschrauber in der 2,5 t-Klasse. Sie wird hauptsächlich ausgelegt für anspruchsvolle Einsätze in allen Wetterlagen und soll klassenbeste Leistungen in heißen und hoch gelegenen Regionen bieten. Ein Grund dafür sei das neu entwickelte Rotorkonzept mit einem gelenklosen Fünfblatt-Haupt- und ummantelten Heckrotor. Im Flugbetrieb soll die SH09 sehr leise sein. Die voll aus Karbon gebaute Kabine bietet dank ihrer Modularität vielfältige Einbaumöglichkeiten, sei es für Passagiertransporte, Rettungseinsätze, Fracht usw. Sie weist die größte Kabinenhöhe dieser Hubschrauberklasse auf und der Boden ist völlig flach. Interessant ist die Anbringung eines Fensters im Boden der Kabine, um die Sichtverhältnisse des Piloten zu verbessern. Die Beladung wird durch eine zweiflüglige Hecktüre erleichtert. Dank einem leistungsstarken Triebwerk wird die SKYe SH09 der schnellste Hubschrauber seiner Klasse sein und dabei doch sehr wirtschaftliche Werte aufweisen. Der Preis für eine Basisausführung soll sich in der Größenordnung von CHF 3,3 Mio. bewegen. Marcenco prüft auch eine zweimotorige Variante anzubieten.
Hersteller: Marenco Swisshelicopter Ltd., Niederurnen, Schweiz.

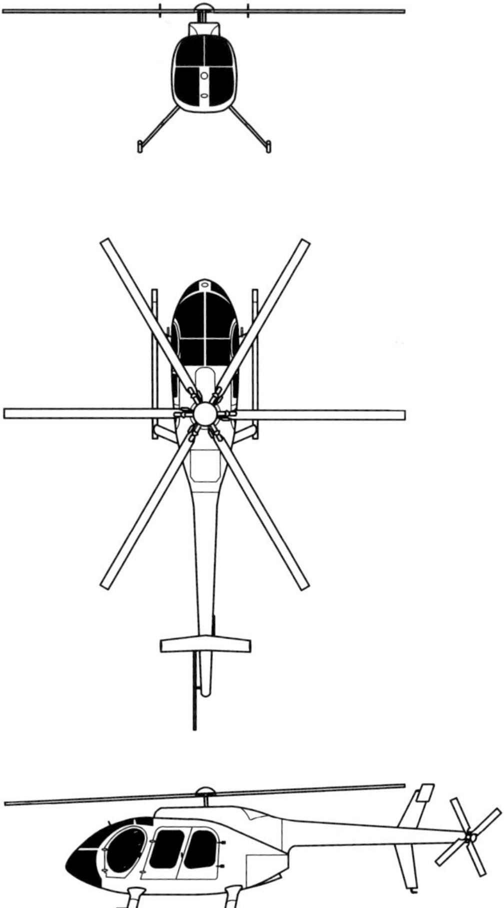

Abmessungen (MD 530F):
Rotordurchmesser 8,33 m
Rumpflänge 9,94 m
Höhe inkl. Rotorkopf 2,90 m.

MD HELICOPTERS MD 6XX/MD 530F

Ursprungsland: USA.
Kategorie: (MD 6XX) Leichter Mehrzweckhubschrauber, (MD 530F) leichter Aufklärungs- und Kampfhubschrauber.
Triebwerke (MD 6XX): Eine Gasturbine Rolls-Royce M250-C34E2 mit einer Leistung von rund 600 WPS (447 kW).
Leistungen (MD 6XX, provisorische Angaben): Höchstgeschwindigkeit 296 km/h; max. Reisegeschwindigkeit 259 km/h; Dienstgipfelhöhe 6100 m; max. Flugdauer 4,5 Std; Reichweite 920 km.
Gewichte (MD 6XX): Max. Startgewicht 2500 kg.
Zuladung (MD 6XX): Sieben bis acht Personen inkl. Piloten; max. Nutzlast 1450 kg.
Bewaffnung (MD 530F): An seitlich am Rumpf angebrachten Trägern können beispielsweise TOW-Antitank-Lenkwaffen, Luft-Luft-Lenkwaffen Stinger oder zwei 7,62-mm M134 Miniguns mitgeführt werden.
Entwicklungsstand: Ein erster Prototyp soll bereits fliegen. Es ist geplant, diese Weiterentwicklung der MD 600N im Laufe von 2019 an Kunden auszuliefern. Das Ausgangsmuster MD 600N flog erstmals am 22. November 1994. Eine für Aufklärungs- und Kampfeinsätze entwickelte Version MD 530F mit kleinerem Rumpf wird u. a. ab 2018 in 150 Exemplaren via die US Army für befreundete Länder, u. a. Afghanistan und Kenya beschafft.
Bemerkungen: Obwohl die MD 6XX (siehe Foto und Dreiseitenriss) äußerlich der Vorgängerversion MD 600N gleicht, handelt es sich weitgehend um eine Neukonstruktion. So wurde der markante NOTAR-Heckausleger (**No** **Ta**il **R**otor) durch einen konventionellen vierblättrigen Heckrotor ausgewechselt. Auch der Hauptrotor ist eine völlige Neukonstruktion. Weiter sind leistungsfähigere und sparsamere Triebwerke eingebaut. Wesentliche Teile des Rumpfes sind nun aus Verbundwerkstoffen. Gesteuert wird die MD 6XX durch ein Fly-By-Wire-System. Das völlig erneuerte Cockpit mit Flachbildschirmen ist mit einer Avionik Genesys Aerosystems IDU-680s ausgerüstet, welche eine heute übliche offene Systemarchitektur aufweist. Alle Maßnahmen zusammen bewirken generell deutlich verbesserte Leistungs- und Wirtschaftlichkeitswerte. Bei der kleineren MD 530F handelt es sich um eine seit vielen Jahren in militärischem und paramilitärischem Einsatz erprobte Maschine, welche kontinuierlich weiterentwickelt wird.
Hersteller: MD Helicopters, Tochtergesellschaft von Patriarch Partners, LLC, New York, Werk Mesa, Arizona, USA.

Abmessungen:
Spannweite (MiG-29M/MiG-35) 11,41 m, (MiG-29K) 11,99 m
Länge 17,16 m
Höhe 4,36 m
Flügelfläche (MiG-29M/MIG-35) 38,00 m^2, (MiG-29K) 42,00 m^2.

MIKOJAN MIG-29M/MIG-35

Ursprungsland: Russland.
Kategorie: (MiG-29M/MiG-35) Ein- oder (MiG-29M2/M-35UB) zweisitziges Mehrzweckkampfflugzeug.
Triebwerke: Zwei Mantelstromtriebwerke Klimow RD-33MK von je 5400 kp (52,95 kN) Standschub ohne und 9000 kp (88,30 kN) mit Nachbrenner.
Leistungen: Höchstgeschwindigkeit auf großen Höhen 2100 km/h (Mach 1,71), auf Meereshöhe 1400 km/h (Mach 1,16); max. Anfangssteiggeschwindigkeit 330 m/Sek; Dienstgipfelhöhe 16000 m; Einsatzradius (Abfangmission mit 1500-l-Zusatztanks und vier Luft-Luft-Lenkwaffen) 1015 km; max. Reichweite mit drei Zusatztanks 3000 km.
Gewichte: Leergewicht 11000 kg; norm. Startgewicht 18900 kg; max. Startgewicht 24500 kg.
Bewaffnung: Eine 30-mm-Revolverkanone GSh-301 und eine maximale Waffenlast von 6500 kg an zehn Außenstationen.
Entwicklungsstand: Die Weiterentwicklung MiG-29M flog erstmals am 24. November 2016. Bisher sind folgende Aufträge bekannt geworden: Ägypten 46 MiG-29M und -29M2, Syrien 12 MiG-29M. Die Russische Luftwaffe hat vorerst 37 MiG-35 bzw. MiG-35UB bestellt, plant aber mittelfristig alle alten MiG-29 und MiG-29SMT mit der neuen Variante zu ersetzen. Rund 1600 MiG-29 aller Versionen sind für etwa 30 Luftwaffen hergestellt worden. Von der Marineversion MIG-29K haben die Marinen von Indien und Russland 45 bzw. 20 Einsitzer und vier Doppelsitzer MiG-29KUB bestellt (siehe Dreiseitenriss).
Bemerkungen: Die neuesten Varianten sind die MiG-29M und die MiG-29M2 (siehe Foto), bei der Russischen Luftwaffe aber als MiG-35 bzw. MiG-35UB bezeichnet. Neben den stärkeren RD-33K-Triebwerken verfügen sie über ein vierfach redundantes digitales Flugmanagementsystem. Das Cockpit ist mit drei farbigen Multifunktions-Displays und einem Head-Up-Display ausgerüstet. Außerdem sind ein AESA-Bordradar Phazotron-NIIP Zhuk-AE sowie ein Infrarot-/TV-/Laser-System OLS-M eingebaut. Dank einer speziellen Farbschicht sollen zudem bessere Stealth-Eigenschaften erzielt werden.
Hersteller: Russian Aircraft Corporation MiG und MAPO, Moskau, Werk Lukhovitsy, Russland.

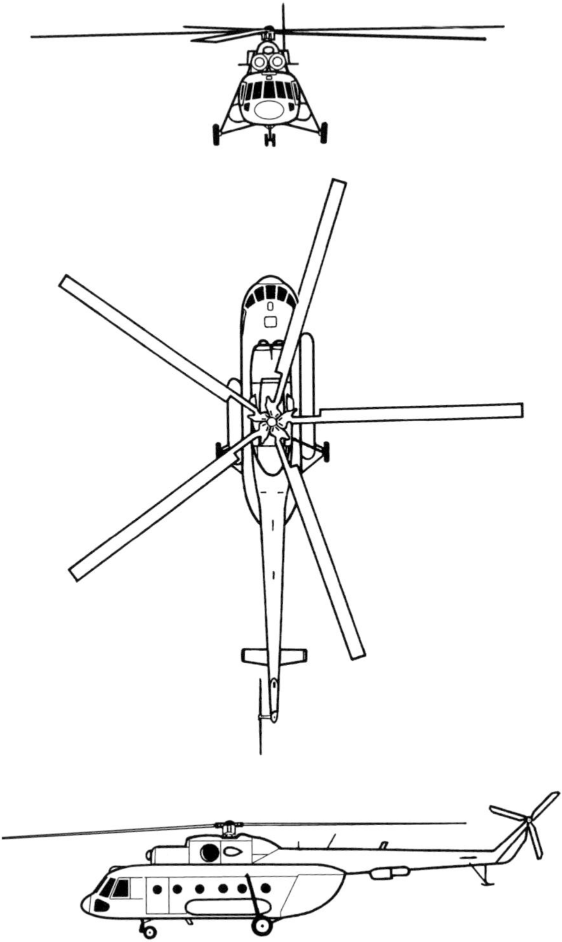

Abmessungen:
Rotordurchmesser 21,29 m
Rumpflänge ohne rotierenden Heckrotor 18,50 m
Höhe inkl. Rotorkopf 4,75 m.

MIL/KAZAN MI-8AMTSH/MI-171A2

Ursprungsland: Russland.
Kategorie: Mittelschwerer militärischer und ziviler Mehrzweckhubschrauber.
Triebwerke: Zwei Gasturbinen Klimow VM-2500PS-03 von je 2700 WPS (2014 kW) Leistung.
Leistungen (Mi-171A2): Höchstgeschwindigkeit in 1000 m 280 km/h; Reisegeschwindigkeit 260 km/h; Dienstgipfelhöhe 6000 m; Schwebehöhe mit Bodeneffekt 4000 m, ohne Bodeneffekt 1760 m; Reichweite mit normaler Zuladung 500 km, max. 800 km.
Gewichte (Mi-171A2): Rüstgewicht 7100 kg; normales Startgewicht 11000 kg, maximal mit externer Nutzlast 13500 kg.
Zuladung: Zwei Piloten im Cockpit und bis zu 36 Soldaten bzw. 40 Passagiere; max. Nutzlast 5000 kg.
Entwicklungsstand: Die Mi-8/Mi-17 in ihren verschiedenen Ausführungen erfreut sich weiterhin großer Nachfrage, sowohl von militärischen Stellen als auch von zivilen Nutzern. Aktuell beträgt die Jahresproduktion rund 100 Einheiten. Derzeit werden folgende Varianten noch gebaut: Mi-8AMTSh, Mi-17VT und Mi-171 (Ulan Ude), Mi-8MTV-1, Mi-8MTV-5 und Mi-172 (Kazan). Die Russische Luftwaffe beschafft bis 2020 rund 140 Mi-8MTV-1 bzw. etwa 210 Mi-8AMTSh. Zweitgrößter Nutzer dieses Typs ist die Luftwaffe Indiens mit bisher 199 Einheiten. Von der Mi-8/-17-Familie sind mittlerweile über 13000 Exemplare gebaut worden. Die neueste Ausführung Mi-171A2 flog erstmals im November 2014.
Bemerkungen: Die zahlreichen Varianten dieses Erfolgsmodells wurden durch eine neue ergänzt, die Zivilversion Mi-171A2 bzw. das militärische Gegenstück Mi-171M. Triebwerk, Rotor und Getriebe sind von der Mi-38 übernommen (siehe Seiten 246/247). Der Heckrotor in X-Form verhilft zu geringerem Lärm. Dank der deutlich leistungsstärkeren Triebwerke ergeben sich generell bessere Leistungsdaten. So ist sie um 14% schneller als die Vorgängerversionen und kann eine um 25% höhere Nutzlast mitführen. Zudem verfügt die Mi-171A2 über ein Zweimann-Digitalcockpit mit CRT-Bildschirmen. Der Rumpf ist punktuell verstärkt und es sind verschiedene Standardeinrichtungen erhältlich. Die jeweils von den beiden Herstellerwerken Kazan und Ulan-Ude gebauten Hubschrauber unterscheiden sich in vielen kleinen Details.
Hersteller: Mil/Kazan Helicopters, Moskau/Kazan, Teil der Russian Helicopters Holding, Werke Ulan-Ude/Buryatia und Kazan/Tatarstan, Russland.

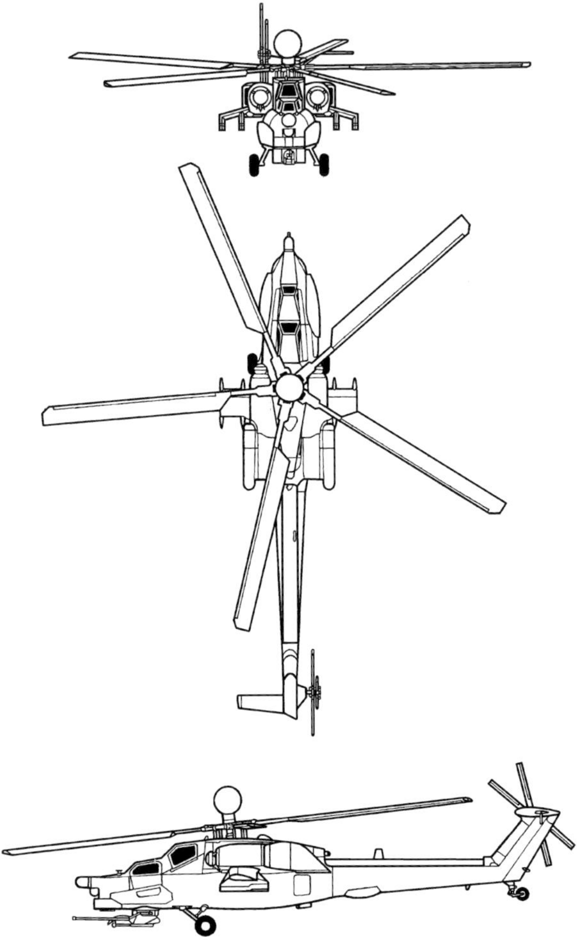

Abmessungen:
Rotordurchmesser 17,20 m
Rumpflänge 17,01 m
bei drehendem Rotor 21,15 m
Höhe inkl. Rotorkopf 4,86 m.

MIL/ROSTVERTOL MI-28N/NE/NM

Ursprungsland: Russland.
Kategorie: Zweisitziger Kampfhubschrauber.
Triebwerke: Zwei Gasturbinen Klimow (N) TW3-117WMA bzw. (NE) VK-2500 von je 2200 WPS (1640 kW) bzw. (NM) VK-2500P-01/PS von je 2500 WPS (1864 kW) Leistung.
Leistungen: Höchstgeschwindigkeit 280 km/h; Reisegeschwindigkeit 240 km/h; max. Schrägsteiggeschwindigkeit 13,6 m/Sek; Dienstgipfelhöhe 5000 m; Schwebehöhe mit Bodeneffekt 3600 m; Aktionsradius 200 km; Überführungsreichweite mit max. Treibstoffzuladung 1100 km.
Gewichte: Leergewicht 8590 kg; norm. Startgewicht 10900 kg; max. Startgewicht 12100 kg.
Bewaffnung: Eine 30-mm-2A42-Kanone in einem drehbaren Turm unter der Rumpfnase und je zwei Waffenstationen mit einer Tragkraft von 480 kg an beiden Stummelflügeln; max. Außenlast 2400 kg.
Entwicklungsstand: Der Prototyp der Weiterentwicklung Mi-28N nahm am 14. November 1996 die Flugerprobung auf. 167 Mi-28N werden von der Russischen Luftwaffe beschafft, Ablieferung seit 2008. Derzeit sind rund 120 Maschinen im Einsatz, die erste Kampfstaffel nahm Mitte 2009 den Betrieb auf. Von der Exportversion Mi-28NE (Night Hunter) haben Algerien 42, Irak 30, Kenya offenbar 16 und Venezuela 10 Einheiten bestellt. Derzeit baut der Hersteller jährlich etwa 20 Hubschrauber. Seit 9. August 2013 fliegt die Trainer-Version Mi-28UB, 24 durch Russlands Luftwaffe bestellt. Die neueste Ausführung Mi-28NM nahm am 12. Oktober 2016 die Flugerprobung auf und soll ab 2019 einsatzbereit sein.
Bemerkungen: Die Mi-28N ist der zurzeit kampfstärkste Hubschrauber dieser Klasse. Sie verfügt über Panzerung aus Titan und Verbundwerkstoffen, um die Piloten, die Rumpftanks sowie weitere lebenswichtige Systeme zu schützen. Ähnlich wie die AH-64D (siehe Ausgabe 2012) kann die Mi-28N mit einem im Mastvisier eingebauten 360°-Millimeter-Wellenradar ausgerüstet werden. Dank der hoch entwickelten elektronischen Kampfausrüstung ist sie allwetter- und nachtkampftauglich. Die Serienausführung verfügt über Kunststoff-Rotorblätter mit nach hinten gepfeilten Spitzen. Die neueste Version Mi-28NM besitzt deutlich stärkere Triebwerke mit überarbeiteten Rotorblättern, ein über dem Rotorkopf montiertes Radar N025E sowie ein völlig neues Flight-Control- und Navigations-System. Die meisten Leistungsparameter sind deutlich verbessert.
Hersteller: Mil/Rostvertol, Teil der Russian Helicopters Holding, Werk Rostow am Don, Moskau, Russland.

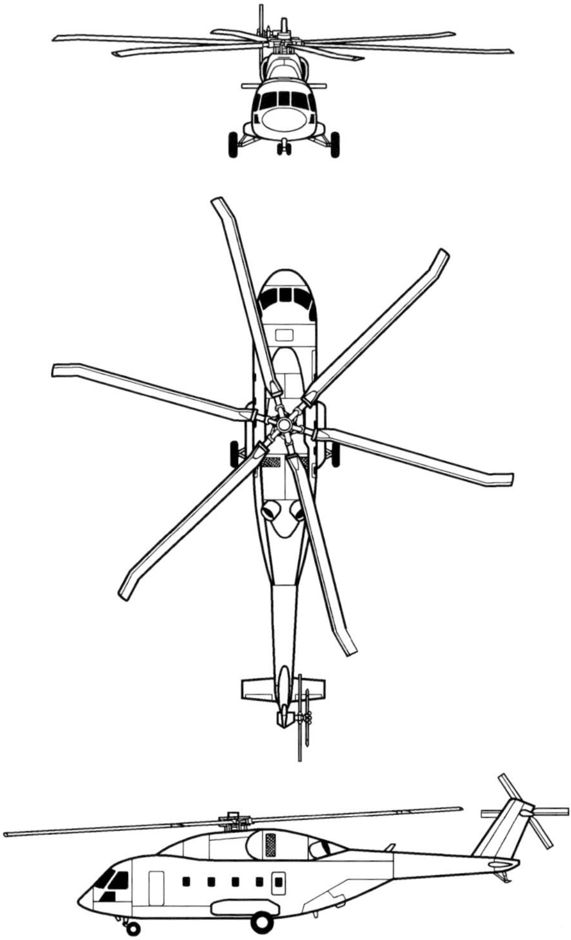

Abmessungen:
Rotordurchmesser 21,10 m
Rumpflänge 19,70 m
Höhe inkl. Rotor 5,13 m.

MIL/KAZAN MI-38

Ursprungsland: Russland.
Kategorie: Mittelschwerer militärischer und ziviler Mehrzweckhubschrauber.
Triebwerke: Zwei Gasturbinen Pratt & Whitney Canada PW127T/S von je 3300 WPS (2461 kW) oder Klimow TV7-117V von je auf 2465 WPS (1838 kW) reduzierter Leistung.
Leistungen (nach Angaben des Herstellers): Höchstgeschwindigkeit 320 km/h; Reisegeschwindigkeit 285 km/h; Dienstgipfelhöhe 5900 m; Schwebehöhe mit Bodeneffekt 3750 m; Reichweite mit einer Nutzlast von 3000 kg 660 km, mit Zusatztanks maximal 1200 km.
Gewichte: Leergewicht 8620 kg; max. Startgewicht 15600 kg, mit externer Nutzlast 16200 kg.
Zuladung: Zwei Piloten und 30 bis zu 44 Passagiere. Max. Nutzlast 6000 kg, extern 7000 kg.
Entwicklungsstand: Der erste Prototyp Mi-38 nahm die Flugerprobung am 22. Dezember 2003 auf. Mittlerweile fliegen vier Erprobungsmuster, je zwei ausgestattet mit PW127T/S bzw. TV7-117V-Triebwerken. Die Zulassung konnte erst am 30. Dezember 2015 erreicht werden. Sogleich wurde die Serienproduktion aufgenommen. Über die Auftragslage herrscht Unklarheit. Mehrere russische Firmen seien Letters of Intent für eine unbekannte Anzahl Mi-38 eingegangen. Auch die Luftwaffe Russlands will die militärische Variante beschaffen. Vorerst sind zwei Einheiten bestellt worden.
Bemerkungen: Zwei Versionen für eine Vielzahl von Aufgaben sind geplant: Die militärische Mi-383 sowie die zivile Mi-382 in Passagierkonfiguration. In Konzeption und Auslegung gleicht die Mi-38 sehr der AW101 (siehe Seiten 214/215). Sie hat den gleichen sechsblättrigen Hauptrotor aus Verbundwerkstoffen und elastomeren Gelenken der Mi-28N (siehe Seiten 244/245). Der Heckrotor besteht aus zwei unabhängigen zweiblättrigen Rotoren in einer X-Anordnung. Auch der Rumpf ist aus Verbundwerkstoffen. Die Kabine weist folgende Innenmaße auf: Länge 7,00 m, Breite 2,36 m, Höhe 1,84 m. Zur Erleichterung des Ladevorganges ist eine große Heckladeklappe vorhanden. Die gesamte Flugsteuerung erfolgt durch ein Fly-By-Wire-System. Im Cockpit ist eine Avionik Tranzas IBKV-38 eingebaut. Die Serienmuster sind wahlweise mit dem PWC-Triebwerk als auch mit dem russischen TV7-117V erhältlich. Aktuell prüft man die Entwicklung einer Medevac-Variante sowie einer für elektronische Abwehr.
Hersteller: Mil/Kazan (Euromil) Helicopters, Moskau, Teil der Russian Helicopters Holding, Werk Kazan, Tartastan, Russland.

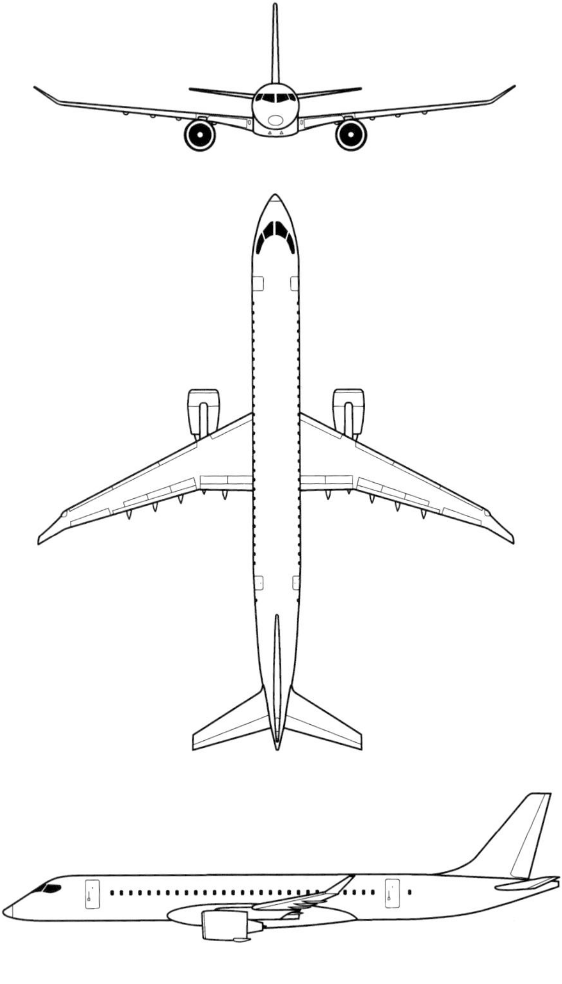

Abmessungen:
Spannweite 29,20 m
Länge (MRJ70) 33,40 m
(MRJ90) 35,80 m
Höhe 10,50 m.

MITSUBISHI REGIONAL JET MRJ

Ursprungsland: Japan.
Kategorie: Regionalverkehrsflugzeug.
Triebwerke: Zwei Mantelstromtriebwerke Pratt & Whitney (MRJ70) PW1215G von je 7060 kp (69,30 kN) bzw. (MRJ90) PW1217G von je 7975 kp (78,20 kN) Standschub.
Leistungen (nach Angaben des Herstellers): Max. Reisegeschwindigkeit Mach 0,78; Dienstgipfelhöhe 11880 m; max. Reichweite (MRJ70/ER/LR) 1889/3093/3741 km, (MRJ90/ER/LR) 2130/2400/3778 km.
Gewichte: Rüstgewicht (MRJ70/90) 21730/22640 kg; max. Startgewicht (MRJ70/ER/LR 36850/38995/40200 kg; (MRJ90ER/LR) 40995/42800 kg.
Zuladung: Zwei Mann Cockpitbesatzung und je nach Innenausstattung normalerweise (MRJ70) 76 bzw. (MRJ90) 88 Passagiere in Viererreihen.
Entwicklungsstand: Die erste von fünf Erprobungsmaschinen startete am 9. November 2015 zum Erstflug, gefolgt vom zweiten am 31. Mai 2016. Gemäß aktuellen Informationen soll wegen technischen Schwierigkeiten die Auslieferung an Kunden ein weiteres Mal auf Mitte 2020 verschoben werden. Bis Ende 2017 sind 233 Festaufträge (+ 194 Optionen/Kaufsrechte) bekannt gegeben worden, u. a. für Air Mandalay 6, All Nippon Airways (ANA) 15 + 10 Optionen, Eastern Airlines 20, SkyWest 100 + 100 Optionen, Trans States Holding 50 + 50 Optionen, alle für die Variante MRJ90.
Bemerkungen: Mit diesem Muster betritt Mitsubishi Neuland und will im wachsenden Markt der Regionalflugzeuge eine Alternative zu den etablierten Mustern anbieten. Gemäß Hersteller soll die MRJ dank neuester Technologie und insbesondere wegen der Triebwerke gegenüber den Konkurrenzmodellen einen bis zu 30% geringeren Treibstoffverbrauch aufweisen. Auch sollen bei Lärm und Abgasen Bestwerte erzielt werden. Die MRJ setzt Triebwerke mit neuester Getriebetechnologie ein. Besondere Aufmerksamkeit wurde der Aerodynamik der Flügel, bestehend aus Aluminium, geschenkt. Das Cockpit ist mit dem Pro-Line-Fusion System von Rockwell Collins und großen Bildschirmen ausgerüstet. Die Steuerung des Flugzeuges erfolgt durch ein Fly-By-Wire System. Zwei Ausführungen werden angeboten, welche sich primär durch die Rumpflänge und die Triebwerke unterscheiden: MRJ70 und die um 2,40 m längere MRJ90. Von beiden wird es eine Basis- und zwei Versionen mit größerer Reichweite geben (ER und LR). Später soll die 100-plätzige MRJ100X dazu stoßen.
Hersteller: Mitsubishi Aircraft Corporation, Nagoja, Japan.

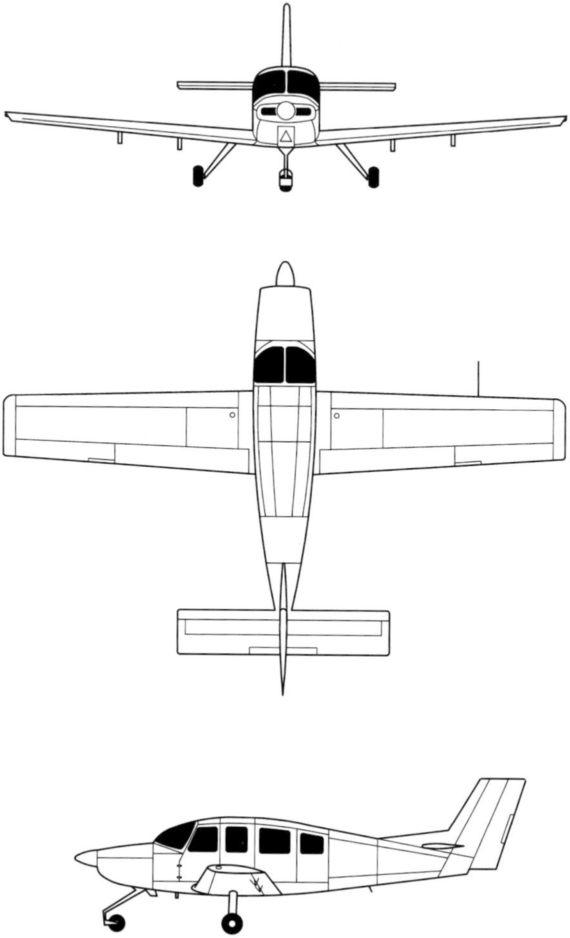

Abmessungen:
Spannweite 10,90 m
Länge 8,80 m
Höhe 3,10 m
Flügelfläche 16,00 m^2.

NAL NM5-100

Ursprungsland: Indien.
Kategorie: Leichtes Mehrzweckflugzeug.
Triebwerke: Ein luftgekühlter Sechszylinder-Boxermotor Lycoming IO-540 von 300 PS (224 kW) Leistung.
Leistungen (nach Angaben des Herstellers): Höchstgeschwindigkeit 260 km/h; Anfangssteiggeschwindigkeit 5,6 m/Sek; Dienstgipfelhöhe 3050 m; normale Reichweite mit einer Nutzlast von 320 kg 1295 km.
Gewichte: Leergewicht 945 kg; max. Startgewicht 1525 kg.
Zuladung: Pilot und vier bis fünf Passagiere; max. Nutzlast 580 kg.
Entwicklungsstand: Der Prototyp fliegt bereits seit 11. September 2011. Ob die Serienproduktion mittlerweile aufgenommen wurde, ist derzeit nicht bekannt. Offenbar soll aber ein Auftrag über 20 Einheiten aus China eingegangen sein.
Bemerkungen: Die umtriebige indische Luftfahrtindustrie entwickelte in den letzten Jahren eine Reihe von Eigenkonstruktionen. Eine davon ist das Mehrzweckflugzeug NM5. Dieses in Ganzmetallbauweise hergestellte Muster ist für eine Vielzahl von Aufgaben vorgesehen, u. a. als Air Taxi, Trainer, aber auch für Fracht- und Sanitätseinsätze. In der ganzen Auslegung wurde darauf geachtet, sehr einfache Elemente einzusetzen, um eine große Wirtschaftlichkeit zu erreichen und die NM5-100 sehr kostengünstig anzubieten. Trotzdem ist das Cockpit mit state-of-the-art-Instrumenten ausgerüstet. Im Autopiloten ist auch ein GPS enthalten. Die Kabine ist klimatisiert, aber nicht druckbelüftet. Die NM5-100 verfügt über ein Festfahrwerk. Als Kaufpreis für eine Basisausführung wird US$ 400'000 genannt. Entwickelt wurde dieses Muster in einem 50:50 Partnership zwischen National Aerospace Laboratories (NAL) und Mahindra Aerospace.
Hersteller: National Aerospace Laboratories und Mahindra Aerospace Pvt. Ltd., Bangalore, Indien.

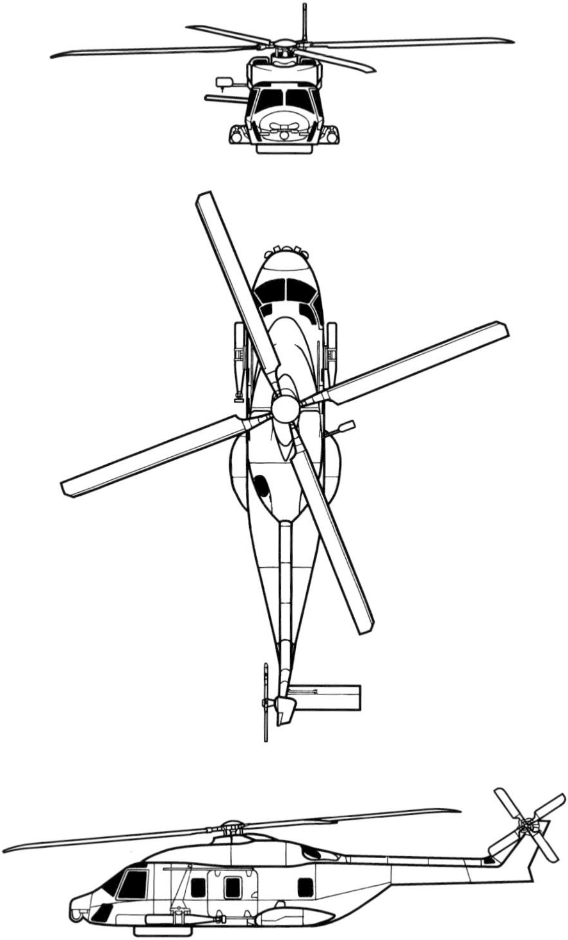

Abmessungen:
Rotordurchmesser 16,30 m
Rumpflänge 16,23 m
Höhe über Heckrotor 5,44 m.

NH INDUSTRIES NH90 CAIMAN

Ursprungsland: Deutschland, Frankreich, Italien, Niederlande.
Kategorie: Mittelschwerer militärischer (TTH) Mehrzweck- bzw. (NFH) bordgestützter U-Bootjagdhubschrauber.
Triebwerke: Zwei Gasturbinen Rolls-Royce-Turboméca RTM322-01/9 bzw. General Electric T700-T6E von je 1680 WPS (1253 kW) Leistung.
Leistungen (TTH/NFH): Höchstgeschwindigkeit 305/290 km/h; normale Reisegeschwindigkeit 260/245 km/h; Schrägsteiggeschwindigkeit 11 m/Sek; Dienstgipfelhöhe 6000 m; Schwebehöhe mit Bodeneffekt 2960 m, ohne Bodeneffekt 2355 m; Einsatzradius mit 2000 kg Nutzlast 300 km; Überführungsreichweite 1200 km; Einsatzdauer 4 Std 35 Min.
Gewichte (TTH/NFH): Leer 5945/6288 kg; max. Startgewicht 11400 kg.
Zuladung: Zwei Piloten und (TTH) 20 Soldaten bzw. 12 Verwundete, (NFH) bis zu vier Systemoperateure; Nutzlast 2500 kg.
Bewaffnung: (TTH) Kanonenbehälter und zwei schwenkbare Maschinengewehre bei den Seitentüren; (NFH) je zwei Torpedos oder Antischiffs-Lenkwaffen an Trägern seitlich am Rumpf.
Entwicklungsstand: Erstflug der ersten NH90 TTH am 18. Dezember 1995, des einzigen Prototyps der NH90 NFH 1997. Mitte 2004 wurde das erste Serienmuster der TTH in Dienst gestellt, die Marineversion folgte 2010. 540 sind aktuell bestellt: Australien 46 MRH 90, Belgien 4 TTH + 4 NFH, Deutschland (Heer) 80 TTH + (Marine) 18 NFH, Finnland 20 TTH, Frankreich (Armee) 74 + (Marine) 27 NFH, Griechenland 20 TTH, Italien (Armee) 70 TTH + (Marine) 10 TTH + 46 NFH, Neuseeland 9 TTH, Niederlande 20 NFH, Norwegen 14 NFH, Oman 12 TTH + 10 NFH, Schweden 13 TTH + 5 NFH, Spanien 38TTH. Bis Ende 2017 waren fast 350 Exemplare abgeliefert.
Bemerkungen: In der Grundkonzeption sind die NH90 TTH sowie die NH90 NFH (siehe Dreiseitenriss) weitgehend gleich. Die vorwiegend für taktische Aufgaben konzipierte TTH besitzt eine Heckladerampe. Von der TTH unterscheidet sich die Marineversion wie folgt: Weglassen der Heckladerampe, Faltrotoren, beiklappbares Rumpfheck, Spezialausrüstung für Einsatzspektrum wie FLIR, taktisches Radar, Sonar sowie zahlreiche Sensorsysteme. Die NH90 verfügt über eine weitgehend aus Verbundstoff bestehende Zelle und über eine Fly-By-Wire-Steuerung.
Hersteller: NH Industries, Aix-en-Provence, Frankreich.

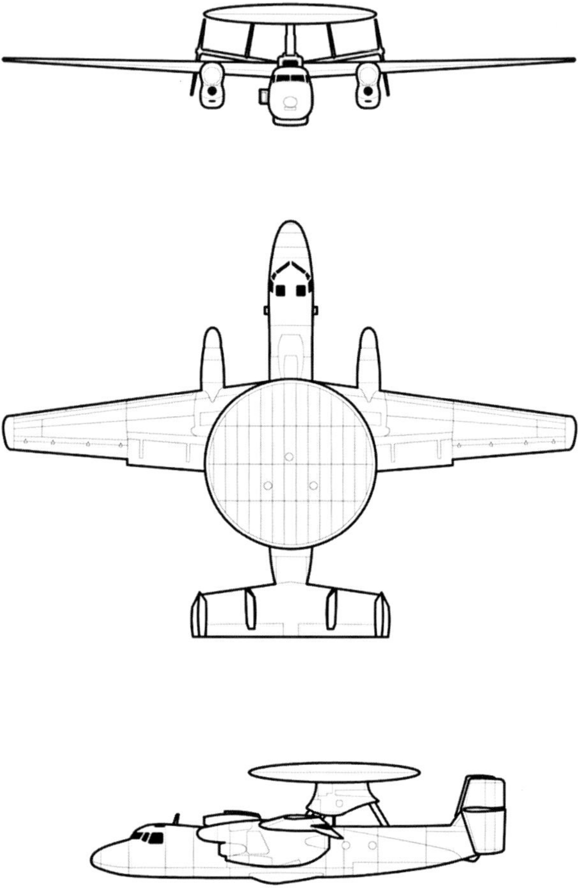

Abmessungen:
Spannweite 24,56 m
Länge 17,55 m
Höhe 5,58 m
Flügelfläche 65,03 m^2.

NORTHROP GRUMMAN E-2D ADVANCED HAWKEYE

Ursprungsland: USA.
Kategorie: Bordgestütztes Frühwarn- und Überwachungsflugzeug sowie fliegende Kommandozentrale.
Triebwerke: Zwei Propellerturbinen Rolls-Royce (Allison) T56-A-427A von je 5100 WPS (3800 kW) Leistung.
Leistungen: Höchstgeschwindigkeit 626 km/h; Langstrecken-Reisegeschwindigkeit 475 km/h; Anfangssteiggeschwindigkeit 12,8 m/Sek; Dienstgipfelhöhe 10575 m, normal aber 6100 m; Einsatzdauer 4 Std. bei einem Aktionsradius von 370 km; max. Flugdauer 6,1 Std; Überführungsreichweite 2885 km.
Gewichte: Rüstgewicht 19530 kg; max. Startgewicht 26083 kg.
Zuladung: Fünf Mann Besatzung, bestehend aus zwei Piloten und drei Systemoperateuren im zentralen Einsatzraum.
Entwicklungsstand: Die neueste Ausführung E-2D absolvierte ihren Erstflug am 3. August 2007. Die USN beschafft bis 2021 insgesamt 75 Einheiten, 58 davon sind bereits bestellt. Das erste Serienflugzeug wurde am 29. Juli 2010 der USN übergeben, eine erste Staffel ist seit Oktober 2014 einsatzbereit. Ende 2017 waren rund 30 E-2D hergestellt; Jahresproduktion fünf Einheiten. Die Marine Japans beschafft vorerst vier dieser Version.
Bemerkungen: Die E-2D stellt gegenüber der Vorversion Hawkeye 2000 einen wesentlichen Fortschritt dar. Obwohl von außen kaum Unterschiede feststellbar sind, ist das Innenleben weitgehend neu. Das Herz der E-2D stellt das neue Radar AN/APY-9 dar. Es arbeitet ebenfalls im UHF-Frequenzbereich, kann jedoch besonders kleine Ziele auf große Distanzen auch in einem gestörten Umfeld besser erkennen. Dank der hohen Rechenleistung ist es in der Lage, kleine bewegliche Ziele wie beispielsweise Marschflugkörper knapp über dem Boden zu verfolgen. Auf einer Höhe von 7600 m deckt die E-2D mit einem Radius von 550 km eine um 250% größere Fläche als die E-2C ab. Zur Ausrüstung gehört auch das AN/ALQ-217-System zur passiven Funküberwachung. Auch das Cockpit mit Multifunktionsanzeigen ist völlig neu. Derzeit laufen Erprobungen, um die Advanced Hawkeye später mit einer Luftbetankungssonde auszurüsten.
Hersteller: Northrop Grumman Corp., Werk St. Augustine, Florida, Los Angeles, Kalifornien, USA.

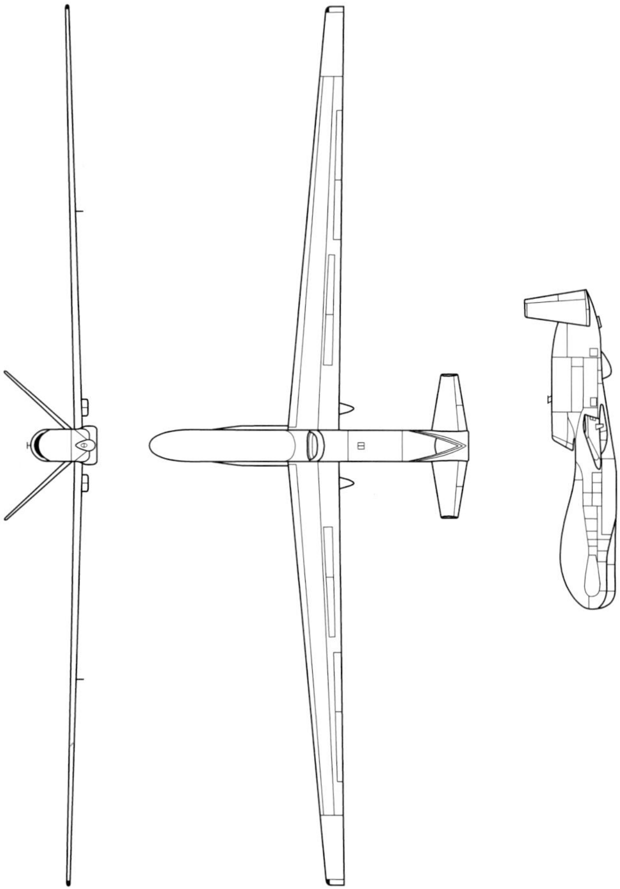

Abmessungen:
Spannweite 39,89 m
Länge 14,50 m
Höhe 4,60 m
Flügelfläche (RQ-4A) 50,10 m^2.

NORTHROP GRUMMAN MQ-4C TRITON

Ursprungsland: USA.
Kategorie: Hochfliegende Drohne für Seeüberwachungs- und Aufklärungsaufgaben.
Triebwerke: Ein Mantelstromtriebwerk Rolls-Royce Allison AE3007H von 4281 kp (42,0 kN) Standschub.
Leistungen: Höchstgeschwindigkeit 613 km/h (ca. Mach 0,60); Dienstgipfelhöhe 18288 m; max. Flugdauer 24+ Std; Reichweite bis zu 15186 km.
Gewichte: Leergewicht ca. 6800 kg; max. Startgewicht 14628 kg.
Zuladung: Aufklärungs- und Überwachungssysteme im Gesamtgewicht von 1452 kg intern bzw. 1089 kg extern.
Entwicklungsstand: Der erste von drei Prototypen der Triton-Version hat am 22. Mai 2013 die Flugerprobung aufgenommen. Insgesamt will die US Navy rund 68 MQ-4C beschaffen, acht davon sind bisher fest bestellt. Das erste Serienmuster wurde am 10. November 2017 an die USN abgeliefert. Die Einsatzfähigkeit soll 2018 erreicht werden. Auch Australien beschafft sieben Tritons und Deutschland prüft derzeit den Kauf von drei Einheiten. Ausgangsmuster für den Triton ist die RQ-4-Familie von Drohnen, von denen bisher über 40 abgeliefert wurden. Weitere Besteller dieser Version: Japan 3, NATO 5, Südkorea 4.
Bemerkungen: Der Triton ist eine für die spezifischen Bedürfnisse der US Navy angepasste Ausführung der RQ-4B Global Hawk (siehe Ausgabe 2010). Während der Rumpf konventionell aus Aluminium besteht, sind die Flügel vollständig aus Kohlefasern hergestellt und trotz großer Spannweite äußerst steif ausgelegt. Für die MQ-4C wurden die Tragflächen weiter verstärkt, da sie auch in deutlich tieferer Höhe operieren soll. Auch das gesamte Leitwerk ist aus Verbundwerkstoffen. Die MQ-4C kann sowohl autonom oder aber auch zusammen mit der Boeing P-8 (siehe Seiten 60/61) operieren. Ihr Auftrag ist, weit weg vom Ausgangsort während langen Perioden eine ununterbrochene Überwachung des Zielgebiets sicherzustellen. Für diese sog. ISR-Aufgaben (persistent maritime **i**ntelligence, **s**urveillance and **r**econnaissance operations) verfügt sie u. a. über folgende Ausrüstung: 360°-Multifunktionsradar vom Typ AESA 2-D, weitreichendes Aufklärungsmodul u. a. mit elektro-optischen und Infrarot-Kameras, automatisch operierendes multi-spektrales Zielsystem, digitale Aufnahmegeräte usw. Während eines einzigen Einsatzes kann der Triton eine Meeresfläche von 7 Mio. km² überwachen.
Hersteller: Northrop Grumman Corp., Werk San Diego, Kalifornien, USA.

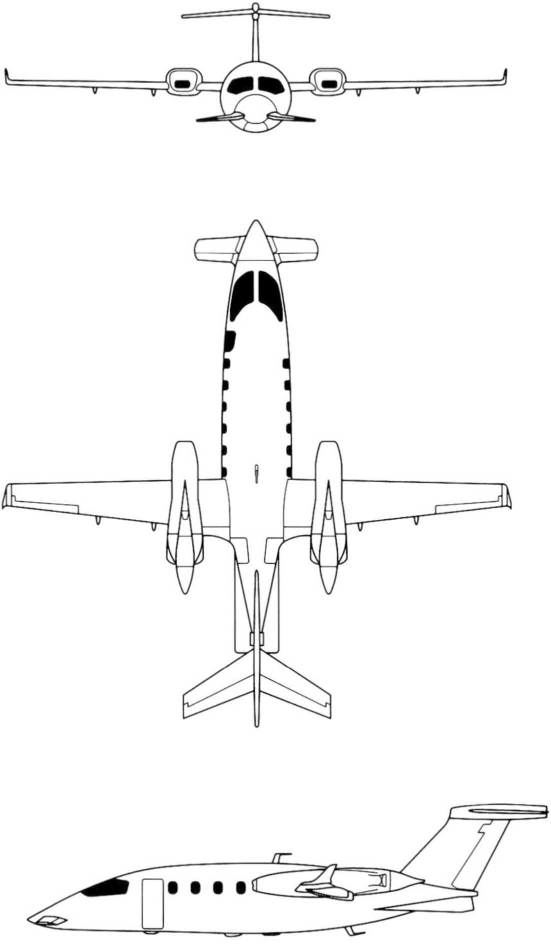

Abmessungen (Avanti EVO/P.1HH):
Spannweite Hauptflügel 14,35/15,60 m
Rumpflänge 14,41 m, Höhe 3,98 m
Flügelfläche 16,00/18,00 m^2.

PIAGGIO AVANTI EVO/ P.1HH HAMMERHEAD

Ursprungsland: Italien.
Kategorie: (Avanti EVO) Firmenflugzeug, (P.1HH) unbemanntes Aufklärungsflugzeug.
Triebwerke: Zwei Propellerturbinen Pratt & Whitney Canada PT6A-66B von je auf 850 WPS (634 kW) reduzierter Leistung.
Leistungen (Avanti EVO/P.1HH): Höchstgeschwindigkeit 740 km/h; max. Dauergeschwindigkeit 644/592 km/h; Anfangssteiggeschwindigkeit 15,0 m/Sek; Dienstgipfelhöhe 12500/13700 m, Reichweite mit einer Nutzlast von sechs Personen und IFR-Reserven (P.180) 2637 km; max. Reichweite 3180/8140 km; Daueraufenthaltszeit (P.1HH) 16 Std.
Gewichte (Avanti EVO/P.1HH): Max. Startgewicht 5511/6146 kg.
Zuladung (Avanti EVO): Ein oder zwei Piloten und sieben bis acht Passagiere bei Standard-Innenausstattung. Für EMS-Einsätze zwei liegende Verwundete, als Frachter max. 1837 kg.
Entwicklungsstand: Die neueste Ausführung Avanti EVO fliegt seit Februar 2014. Für rund 90 Evo's bestehen Bestellungen oder Optionen, Ablieferung an Kunden seit April 2015. Ein Erprobungsträger der P.1HH Hammerhead hob am 26. November 2013 zum Erstflug ab. Acht hat die Luftwaffe von Abu Dhabi bestellt. Italien prüft die Beschaffung ebenfalls. Weiter wird eine Seeüberwachungsversion Avanti MPA angeboten (Erstflug 31. März 2016). Bisher einziger Kunde ist Abu Dhabi.
Bemerkungen: Die neue Weiterentwicklung Avanti EVO besitzt nun fünfblättrige sichelförmige Propeller aus Verbundwerkstoffen. Zusammen mit den neu geformten Triebwerksverschalungen und Abgasrohren wird damit eine deutliche Reduktion des Lärms erreicht. Gegenüber der Vorversion soll der externe Lärm um ganze 68% geringer sein. Die Flügel sind neu mit Winglets ausgestattet. Zudem ist ein Zusatztank von rund 220 l eingebaut. Dank dieser Maßnahmen sollen laut Hersteller deutlich bessere Leistungswerte erzielt werden, u. a. höhere Steigleistung, 3% geringerer Treibstoffverbrauch und eine um 450 km größere Reichweite. Überarbeitet wurde auch das Fahrwerk und die Kabine ist neu gestaltet. Piaggio gibt als Verkaufspreis US$ 7,4 Mio. an. Die unbemannte Hammerhead ist für ISR-, COMINT-, ELINT- und SIGINT-Missionen vorgesehen und verfügt über die entsprechende Ausrüstung. Um bessere Höhen- und Reichweitenleistungen zu erzielen, wurde der Flügel vergrößert.
Hersteller: Piaggio Aero Industries S.p.A., Tochtergesellschaft der Mubadala Development Company, Abu Dhabi, Villanova d'Albenga, Italien.

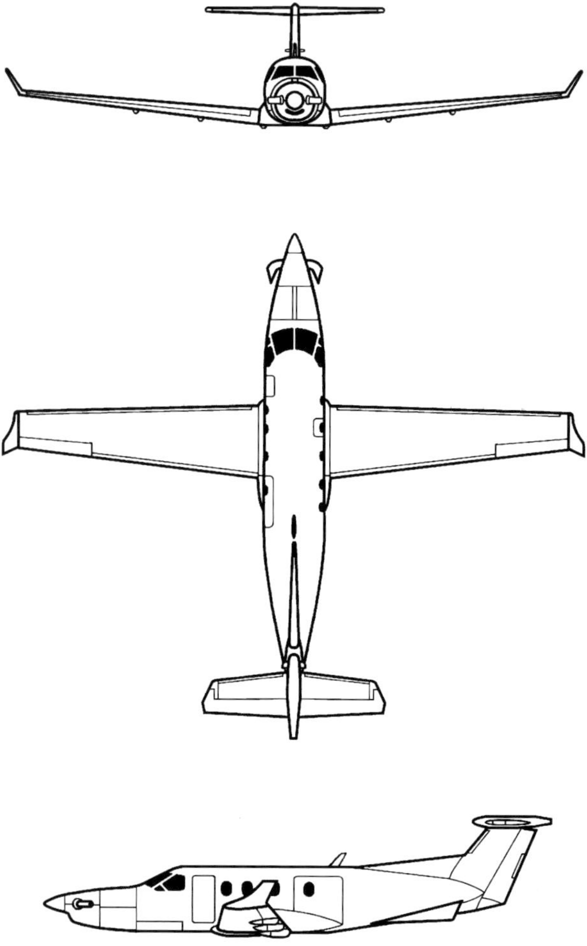

Abmessungen:
Spannweite 16,28 m
Länge 14,40 m
Höhe 4,26 m
Flügelfläche 25,81 m^2.

PILATUS PC-12NG

Ursprungsland: Schweiz.
Kategorie: Leichtes Mehrzweck- und Firmenflugzeug.
Triebwerke: Eine Propellerturbine Pratt & Whitney Canada PT6A-67P mit einer von 1845 WPS auf 1200 WPS (895 kW) reduzierten Leistung.
Leistungen: Max. Reisegeschwindigkeit 528 km/h auf 7620 m; Anfangssteiggeschwindigkeit 9,75 m/Sek; Dienstgipfelhöhe 9144 m; Reichweite mit vier Passagieren und VFR-Bedingungen 3405 km.
Gewichte: Leergewicht Frachter 2484 kg, mit Passagiereinrichtung 3076 kg; max. Startgewicht 4740 kg.
Zuladung: Pilot und Copilot/Passagier im Cockpit und bis zu neun Passagiere in Einzelsitzen; als Firmenflugzeug sechs bis acht Passagiere. Zuladung mit vollen Treibstofftanks 458 kg, max. Zuladung 1036 kg.
Entwicklungsstand: Der erste von zwei Prototypen des Ausgangsmusters startete am 31. Mai 1991 zum Erstflug. Im Mai 1994 begannen die Kundenauslieferungen. Die Ausführung PC-12NG ist seit 2008 erhältlich, fast 700 Einheiten sind bisher gebaut worden. Mitte 2017 wurde die 1500. PC-12 abgeliefert. Jährlich werden etwa 70 PC-12 gebaut.
Bemerkungen: Das Mehrzweckflugzeug ist für den Einsatz in der Geschäftsfliegerei bis hin zum Transporter für Fracht geeignet. Die Zelle vermag Fracht bis zu 9,34 m^3 zu laden. Eine kombinierte Variante für vier Passagiere und 5,95 m^3 Fracht wird ebenfalls angeboten. Dank einer Passagiertüre vorn und einer großen Frachttüre hinten wird der Ladevorgang erleichtert. Die PC-12 ist mit einer umfangreichen Avionik von AlliedSignal Bendix/King ausgerüstet. Sie wird laufend verbessert. Ab 2016 ist eine optimierte Version mit neuem Fünfblattpropeller, verfeinerter Aerodynamik und modernisierter Avionik erhältlich. Nebst erhöhtem Passagierkomfort und geringerem Innenlärm verbessern sich einige Leistungsparameter. Insbesondere die Start- und Steigleistungen verbessern sich um bis zu 10%. Pilatus gibt als Basispreis US$ 4,9 Mio. an. Die PC-12 NG ist auch mit einem Executive Interior erhältlich.
Hersteller: Pilatus Flugzeugwerke AG, Stans, Schweiz.

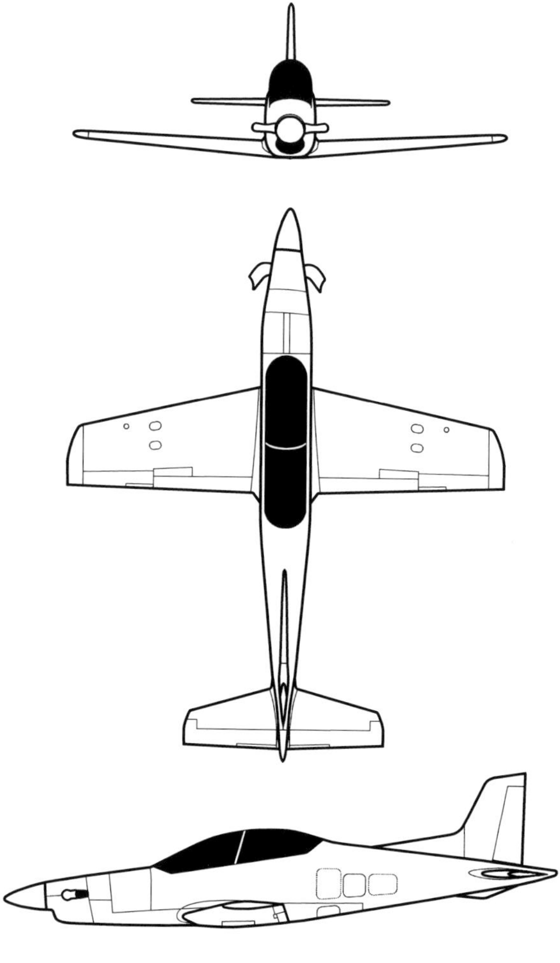

Abmessungen:
Spannweite 9,10 m
Länge 11,23 m
Höhe 3,75 m
Flügelfläche 15,22 m^2.

PILATUS PC-21

Ursprungsland: Schweiz.
Kategorie: Zweisitziges Trainingsflugzeug für Basic-, Advanced- und Fighter-Lead-In-Training.
Triebwerke: Eine Propellerturbine Pratt & Whitney Canada PT6A-68B mit einer von 1927 WPS (1427 kW) auf 1609 WPS (1200 kW) reduzierten Leistung.
Leistungen: Höchstgeschwindigkeit 625 km/h auf 3050 m, 600 km/h auf Meereshöhe; Anfangssteiggeschwindigkeit 22 m/Sek; Dienstgipfelhöhe 11400 m; Reichweite 1200 km.
Gewichte: Leergewicht 2270 kg; Startgewicht für Akrobatik-Einsätze 3100 kg; max. Startgewicht 4250 kg.
Entwicklungsstand: Ein Erprobungsträger fliegt seit Mai 2001, der eigentliche Prototyp nahm die Flugerprobung am 1. Juli 2002 auf. Ein zweiter folgte am 7. Juni 2004. Das Vorserienflugzeug fliegt seit 29. August 2005. Folgende Luftwaffen haben die PC-21 bisher beschafft: Australien 49, Frankreich 17, Jordanien 10, Qatar 24, Quinetiq für die britische Empire Test Pilot School 2, Saudi Arabien 55, Schweiz 8, Singapur 19, UAE 25.
Bemerkungen: Unter der Bezeichnung PC-21 entwickelte Pilatus ein vollständig neues Flugzeug als Nachfolge der PC-7/9 (siehe Ausgabe 2008). Die Besonderheit des integrierten, flexiblen PC-21-Trainingssystems besteht darin, dass man das ganze Spektrum vom Anfangstraining bis hin zur Fortgeschrittenenschulung mit einem einzigen Muster abdeckt. Die Einsatz-Software wird so programmiert, dass verschiedene Kategorien von Flugzeugtypen realistisch dargestellt und geübt werden können. Jedes Cockpit mit drei EFIS-Hauptbildschirmen ist voll digitalisiert und NVG-kompatibel. Im vorderen Cockpit ist ein HUD installiert. Die Systemeingaben erfolgen u. a. über den HOTAS. Gegenüber der PC-9 unterscheidet sich die PC-21 nebst neuer Flugzeugstruktur durch ein leistungsstärkeres Triebwerk mit elektronischer Leistungsregelung, Fünfblattpropeller, Hochleistungs-Pfeilflügel mit Spoilern, Druckkabine mit automatischer Klimaanlage und Anti-g-System. Eingebaut ist auch das neueste Modell des Mk.16L-Schleudersitzes von Martin Baker mit Zero-Zero-Ausschussleistung.
Hersteller: Pilatus Flugzeugwerke AG, Stans, Schweiz.

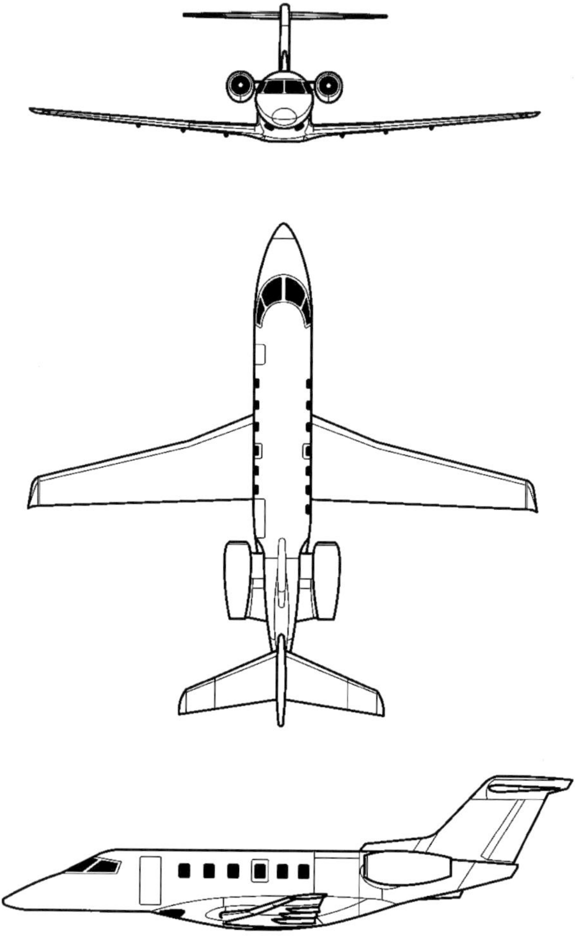

Abmessungen:
Spannweite 17,00 m
Länge 16,82 m
Höhe 5,30 m
Flügelfläche 30,91 m^2.

PILATUS PC-24

Ursprungsland: Schweiz.
Kategorie: Firmen- und Mehrzweckflugzeug für Mittelstrecken.
Triebwerke: Zwei Mantelstromtriebwerke Williams FJ44-4A von je 1542 kp (15,15 kN) bzw. mit APR 1635 kp (16,04 kN) Leistung.
Leistungen: Höchstgeschwindigkeit 814 km/h; max. Reisegeschwindigkeit 787 km/h; Anfangssteiggeschwindigkeit 20,7 m/Sek; Dienstgipfelhöhe 13716 m; Reichweite mit vier Passagieren 3760 km, mit sechs Passagieren 3400 km.
Gewichte: Rüstgewicht 4967 kg; max. Startgewicht 8005 kg.
Zuladung: Ein bis zwei Piloten im Cockpit und je nach Innenausstattung zwischen sechs und zehn Passagiere, eine Kombination Passagiere/Fracht oder ausschließlich Fracht; Nutzlast bei vollen Tanks 415 kg, max. 1130 kg.
Entwicklungsstand: Am 1. August 2014 hatte der erste Prototyp seinen Roll-out. Dieser nahm die Flugerprobung am 11. Mai 2015 auf, gefolgt vom zweiten am 16. November 2015. Ein dritter und letzter startete am 6. März 2017 zum Erstflug. Die Zulassung wurde am 7. Dezember 2017 erteilt. Bisher sind Bestellungen für 84 Einheiten erfolgt. Mit der Auslieferung an Kunden beginnt man Anfang 2018.
Bemerkungen: Pilatus nennt die PC-24 entsprechend dem vorgesehenen Aufgabenfeld „Super Versatile Jet“. Als konsequente und leistungsfähigere Weiterentwicklung der PC-12 (siehe Seiten 260/261) kann nur ein Flugzeug mit Düsenantrieb deutlich bessere Leistungen erzielen. Die PC-24 soll die Vielseitigkeit eines Turboprops mit den Leistungsdaten eines Businessjets verbinden. Dabei behält man die Robustheit und Einsatzvielfalt der PC-12 bei. So ist die PC-24 der bisher einzige Businessjet, welcher für Starts und Landungen auf kurzen und unbefestigten Pisten zugelassen sein wird. Die Kabine (Länge 7,01 m, Breite 1,69 m, Höhe 1,55 m) ist so konzipiert, dass die Sitze verschoben oder innert weniger Minuten ausgebaut werden können. Die Eingangstüre vorne und die große Frachttüre hinten erleichtern dabei den Ein- und Auslad. Im Cockpit wird die digitale Avionik Pilatus ACE™ eingebaut. Pilatus gibt als Kaufpreis US$ 8,9 Mio. an.
Hersteller: Pilatus Flugzeugwerke AG, Stans, Schweiz.

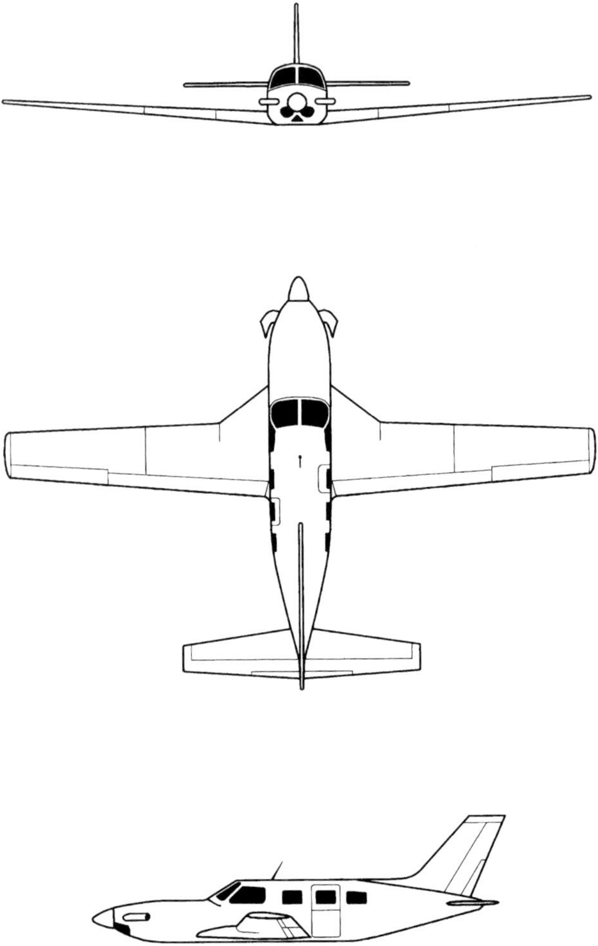

Abmessungen (M500/M600):
Spannweite 13,10/13,20 m
Länge 9,00/8,90 m
Höhe 3,40 m
Flügelfläche 17,00/19,40 m².

PIPER M500/M600

Ursprungsland: USA.
Kategorie: Leichte Geschäftsreiseflugzeuge.
Triebwerke: Eine Propellerturbine Pratt & Whitney Canada PT6-42 von (M500) 500 WPS (373 kW) bzw. (M600) 600 WPS (447 kW) Leistung.
Leistungen (M500/M600): Maximale Reisegeschwindigkeit 482/510 km/h; Dienstgipfelhöhe 9144 m; Reichweite mit max. Treibstoffzuladung und 45 Min. Reserven 1852/2407 km.
Gewichte (M500/M600): Rüstgewicht 1559/1656 kg; max. Startgewicht 2310/2772 kg.
Zuladung (M500/M600): Pilot und fünf Passagiere in drei Zweierreihen hintereinander; max. Nutzlast 770/1089 kg.
Entwicklungsstand: Piper lancierte Anfang 2015 eine eigentliche Modelloffensive mit gleich drei neuen bzw. überarbeiteten Versionen des Grundmusters Malibu/Mirage/Meridian (siehe frühere Ausgaben). Erste M500 wurden bereits 2015 ausgeliefert. Die M600 flog erstmals Anfang 2015. Der Hersteller begann mit den Auslieferungen dieser Ausführung im ersten Quartal 2016. Bisher sind rund 60 Maschinen gebaut worden.
Bemerkungen: Die Konstruktion der M500/M600 ist konventionell, Flügel und Zelle bestehen aus Aluminium und stellen eine kontinuierliche Weiterentwicklung von Piper dar. Das Fahrwerk ist einziehbar. Beide Modelle verfügen über eine digital gesteuerte Druckbelüftung. Im Cockpit ist die Avionik (M500) Garmin G1000 mit drei großen Flachbildschirmen bzw. (M600) Garmin G3000 mit Touchscreens eingebaut. Beide Typen sind zudem mit einem Wetterradar GWX 68 unter dem rechten Flügel versehen. Besondere Beachtung wird dem Passagierkomfort geschenkt. Verschiedene Inneneinrichtungs-Optionen sind erhältlich. Im Flug kann der Gepäckraum mittels einer Durchgangstüre erreicht werden. Für eine Basisausführung der M500 werden US$ 2,26 Mio. verlangt. Die Hauptunterschiede zwischen der M600 und der M500 bestehen im überarbeiteten Flügel, leistungsstärkerem Triebwerk mit entsprechend besseren Flugleistungen sowie ein digitales Treibstoffmanagement-System. Für die M600 verlangt Piper als Basispreis US$ 2,9 Mio. Beide Varianten sind auf Wunsch statt des Vierblattpropellers von Hartzell mit einem Fünfblattpropeller erhältlich.
Hersteller: Piper Aircraft Inc., Vero Beach, Florida, USA.

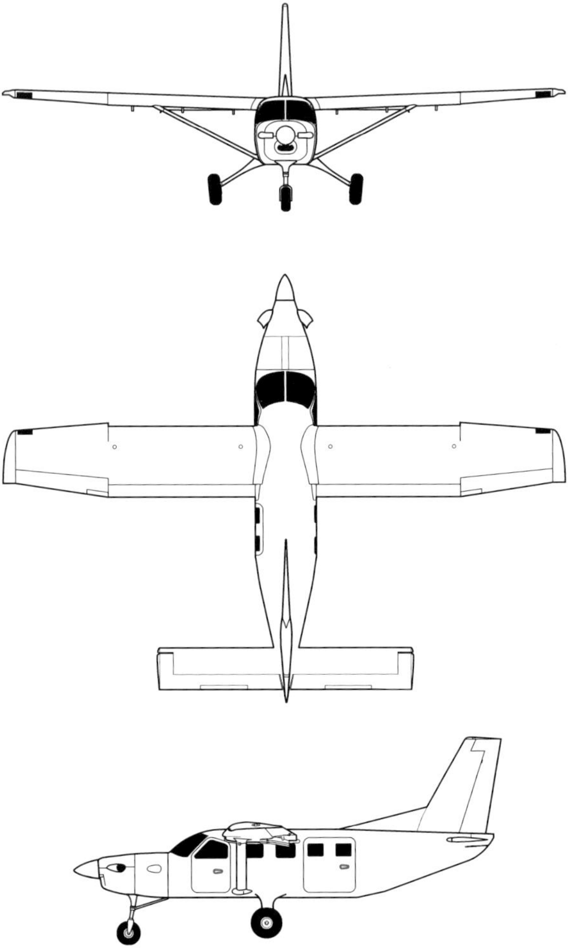

Abmessungen:
Spannweite 13,72 m
Länge 10,30 m
Höhe 4,65 m
Flügelfläche 22,29 m^2.

QUEST AIRCRAFT KODIAK 100

Ursprungsland: USA.
Kategorie: Einmotoriges STOL-Mehrzweckflugzeug.
Triebwerke: Eine Propellerturbine Pratt & Whitney Canada PT6A-34 von 750 WPS (559,30 kW) Leistung.
Leistungen: Max. Reisegeschwindigkeit auf 3657 m 322 km/h; Anfangssteiggeschwindigkeit 6,9 m/Sek; Dienstgipfelhöhe 7620 m; max. Reichweite 2096 km, max. Flugdauer 8,4 Std.
Gewichte: Leergewicht 1710 kg; max. Startgewicht 3290 kg.
Zuladung: Pilot und zehn Passagiere, max. Nutzlast 1400 kg.
Entwicklungsstand: Der Prototyp fliegt seit Oktober 2004. Nach Erhalt der Zulassung im Juli 2007 begannen die Auslieferungen an Kunden im Dezember 2007. Bis Ende 2017 waren rund 230 Maschinen im Einsatz. Ab 2017 wurde die jährliche Produktion auf 50 Maschinen angehoben.
Bemerkungen: Die Kodiak wurde primär als sehr robustes und kostengünstiges Arbeitsflugzeug für Entwicklungsländer konzipiert. Sie ist in der Lage, auf kurzen und unvorbereiteten Flächen zu starten und zu landen. Dies nicht zuletzt dank Fowler-Landeklappen mit davor angeordneten Vortexgeneratoren. Bei der Entwicklung wirkten diverse karitative US-Organisationen mit, welche dieses Muster für Missionseinsätze verwenden wollen und sich an den Entwicklungskosten beteiligten. Anfänglich waren diese Organisationen die Hauptabnehmer der Kodiak. Drei Ausführungen sind erhältlich: Die Tundra mit einer hochdichten Bestuhlung für zehn Passagiere, die Timberline mit größerer Reichweite hauptsächlich für Business- und Freizeiteinsätze und die Summit mit einer achtplätzigen VIP-Inneneinrichtung. Auch eine Variante mit Schwimmern wird angeboten. Ausgerüstet mit einer Garmin G1000-Avionik ist der Kaufpreis einer Kodiak mittlerweile auf US$ 1,75 Mio. angestiegen. Modelle ab 2013 sind mit einer überarbeiteten Inneneinrichtung versehen, welche mehr Komfort bietet und geringeres Gewicht aufweist.
Hersteller: Quest Aircraft Company, Tochtergesellschaft der japanischen Setouchi Holding, Sandpoint, Idaho, USA.

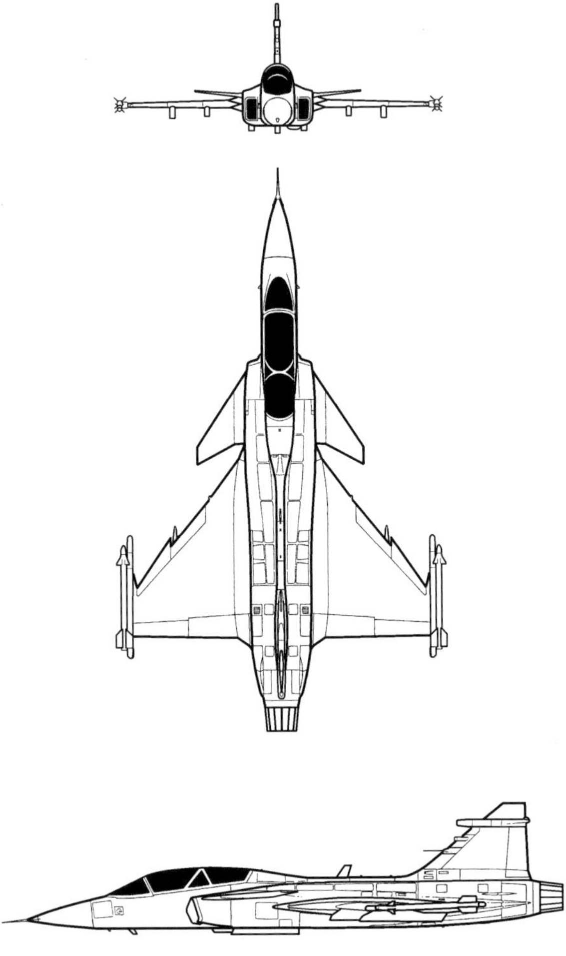

Abmessungen:
Spannweite 8,60 m
Länge (Einsitzer) 14,90 m, (Doppelsitzer) 15,20 m
Höhe 4,50 m
Flügelfläche 31,10 m^2.

SAAB GRIPEN E/F

Ursprungsland: Schweden.
Kategorie: Ein- (Gripen E) oder zweisitziger (Gripen F) Mehrzweckjäger.
Triebwerke: Ein Mantelstromtriebwerk General Electric F414G von 6470 kp (63,40 kN) ohne und 9978 kp (98,00 kN) mit Nachbrenner.
Leistungen (nach Angaben des Herstellers): Höchstgeschwindigkeit auf Meereshöhe 1400 km/h (Mach 1,2) bzw. Mach 2,0 auf 11000 m; Anfangssteiggeschwindigkeit > 200 m/Sek, Dienstgipfelhöhe > 16000 m.
Gewichte: Leergewicht 7600 kg; max. Startgewicht 16500 kg.
Bewaffnung: Eine 27-mm-Kanone Mauser BK27. An acht Flügelstationen (inkl. zwei an den Flügelspitzen) sowie zwei weiteren Stationen unter dem Rumpf kann eine Vielzahl von Waffen mitgeführt werden; max. Waffenlast 7200 kg.
Entwicklungsstand: Ein Erprobungsmuster der neuesten Ausführung Gripen E fliegt seit 27. Mai 2008. Der eigentliche Prototyp flog erstmals am 15. Juni 2017. Schweden beschafft 60 Maschinen (voraussichtlich alles Umbauten aus C/D-Versionen). Brasilien bestellte vorerst 36 Einheiten. Mit den Auslieferungen will man 2019 beginnen. Die Ursprungsausführung JAS 39 flog erstmals am 9. Dezember 1988. Von den Varianten A, B, C und D wurden bisher gebaut: Schwedische Luftwaffe 146 (alle Versionen), Südafrika 19 JAS39C, 9 JAS 39D, Ungarn 12 JAS 39C, 2 JAS 39D, Tschechien 12 JAS 39C, 2 JAS 39D und Thailand 12 JAS 39C/D.
Bemerkungen: Mit der Gripen E/F lancierte Saab eine deutlich verbesserte Variante. Das stärkere Triebwerk ermöglicht die Verbesserung der meisten Leistungsparameter. So besitzt diese Version Supercruise-Fähigkeiten. Die erhöhte Nutzlast erlaubt das Mitführen von 1000 kg mehr Waffen. Zwei zusätzliche Aufhängepunkte unter dem Rumpf sind vorhanden. Erhöht wurde auch die Tankkapazität um 1400 l. Das verstärkte Hauptfahrwerk wurde neu unter den Flügeln positioniert und weist eine breitere Spur auf. Schließlich besitzt die New Gripen eine AESA-Radarantenne von Thales und die ganze Avionik ist nun modular aufgebaut.
Hersteller: Saab-Scania Aktiebolag, Linköping, Schweden.

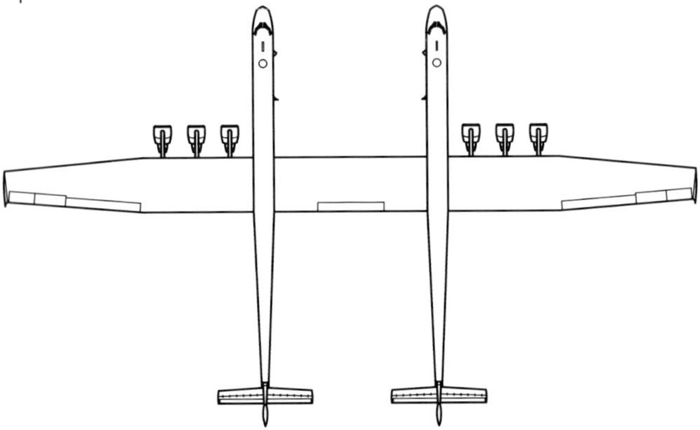

Abmessungen:
Spannweite 117,00 m
Rumpflänge 72,50 m
Höhe 15,30 m.

SCALED COMPOSITES MODEL 351 STRATOLAUNCH

Ursprungsland: USA.
Kategorie: Transporter und Rampe für Raketenstarts aus der Luft.
Triebwerke: Sechs Mantelstromtriebwerke Pratt & Whitney PW4056 von je 25741 kp (252,40 kN) Leistung.
Leistungen: Bisher sind keine Leistungsdaten bekannt.
Gewichte: Leergewicht 227000 kg; max. Startgewicht 590000 kg.
Zuladung: Zwei Piloten und ein Bordingenieur vorne im rechten Rumpf sowie eine bis drei Raketen im Gesamtgewicht von maximal 249000 kg, aufgehängt unter dem Zwischenflügel.
Entwicklungsstand: Am 31. Mai 2017 wurde das bisher weitgehend geheimgehaltene Projekt durch den Rollout des vermutlich einzigen Musters vorgestellt. Der Erstflug wird voraussichtlich im Laufe des Jahres 2018 stattfinden. Erste kommerzielle Transporte sind für 2019 geplant.
Bemerkungen: Was die Dimensionen und das Abfluggewicht angeht, ist die Stratolaunch zusammen mit der Antonow An-225 (siehe Ausgabe 2002) das größte und sicherlich auch spektakulärste Flugzeug unserer Zeit. Seine Hauptaufgabe wird sein, Trägerraketen in eine Höhe von ca. 10700 m zu transportieren und diese von dort aus zu starten. Bis zu drei Pegaus XL-Raketen sollen gleichzeitig befördert werden können, welche je einen Satelliten von vorerst max. 500 kg mitführen. Dank diesem Verfahren lassen sich Trägerraketen viel kostengünstiger starten, da u. a. auf die erste Stufe verzichtet werden kann. Die ganze Doppelrumpfkonstruktion sowie die Flügel bestehen vollständig aus GFK-Werkstoffen. Um Kosten zu sparen, sind einige Teile aus ausgeschlachteten Boeing 747 gewonnen worden, wie z. B. die Cockpitfenster, das Fahrwerk und Teile der Hydraulik. Da keine Spitzengeschwindigkeiten erforderlich sind, ist der sehr steiff ausgelegte Flügel ungepfeilt und auf maximalen Auftrieb ausgelegt. Finanziert wurde das Projekt weitgehend durch den Microsoft-Mitbegründer Paul Allan.
Hersteller: Scaled Composites LLC., Tochtergesellschaft der Northrop Grumman Corporation und Stratolaunch Systems, Mojave, Kalifornien, USA.

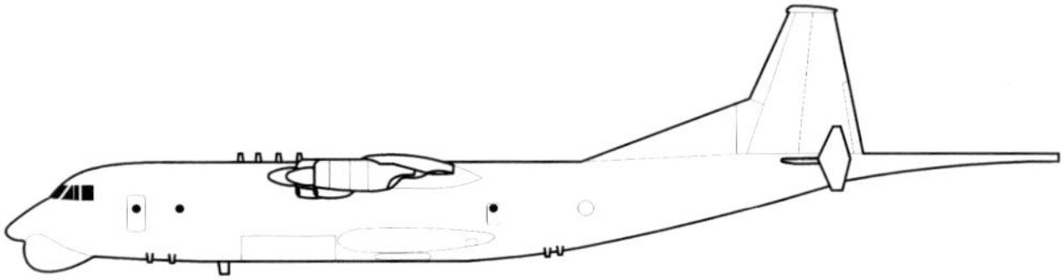

Abmessungen (Y8/Y9):
Spannweite 38,00 m
Länge 34,02/36,00 m
Höhe 11,16/11,30 m
Flügelfläche 121,86 m^2.

SHAANXI AIRCRAFT Y8/Y9

Ursprungsland: Volksrepublik China.
Kategorie: (Y8/Y9) Mittelschwerer militärischer Transporter, (KJ200/KJ500) Frühwarn- und Radarüberwachungsflugzeug, (Y8GX-8) ELINT-Version, (Y-8GX-6) Langstrecken-Seeaufklärer.
Triebwerke (Y8F-600/Y9): Vier Propellerturbinen Pratt & Whitney PW 150B von unbekannter Leistung bzw. Zhuzhou WoJiang-6C von je 5100 WPS (3805 kW) Leistung.
Leistungen (Y8F-400/Y9): Höchstgeschwindigkeit 640/650 km/h, Reisegeschwindigkeit 550 km/h; Dienstgipfelhöhe 8000/10100 m; Reichweite mit max. Nutzlast 2150 km, mit max. Treibstoffzuladung 4500/5000 km.
Gewichte (Y8F-400/Y9): Leergewicht 34760/39000 kg; max. Abfluggewicht 61000/77000 kg.
Zuladung (Y8F-400/Y9): Drei Mann Besatzung und bis zu 96/132 Soldaten bzw. 72 liegende und 20 sitzende Verletzte plus drei Pfleger; max. Nutzlast 15000/25000 kg.
Entwicklungsstand: Die Ursprungsausführung Y-8 fliegt seit 25. Dezember 1974, die Weiterentwicklung Y-9 seit 5. November 2010. Letztere befindet sich seit 2012 bei Luftwaffe und Marine Chinas im Einsatz. Eine Einheit der Exportversion Y-9E beschaffte Bangladesch. Von der AEW-Ausführung KJ-500 erhielten die Luftwaffe Chinas fünf und die Marine sechs, Pakistan vier als ZDK-03 bezeichnete Einheiten. Seit 2011 fliegt auch eine Seeüberwachungs- und U-Bootbekämpfungsausführung Y-8GX-6 (siehe Dreiseitenriss).
Bemerkungen: Von der Y8/Y9 gibt es mittlerweile eine Vielzahl von Ausführungen. Nebst der Transportversion sind mehrere AEW&C/ELINT/SIGINT-Varianten gebaut worden. Die KJ-200 (siehe Dreiseitenriss) basiert auf der Y8F-600 und besitzt ein elektronisch scannendes Fixradar über dem Rumpf. Sie soll am 14. Januar 2005 erstmals geflogen sein. Eine verbesserte Ausführung KJ-500 befindet sich noch in der Erprobung. Die Seeüberwachungs- und U-Bootbekämpfungsversion besitzt vorne am Rumpf ein Suchradar und in der Rumpfmitte einen Waffenschacht. Im Heck wurde eine MAD-Sonde (**M**agnetic **A**nomaly **D**etector; Metallanzeigedetektor) angebracht. Zudem ist diese Ausführung mit verschiedenen elektronischen Sensoren ausgerüstet. Die Weiterentwicklung Y9 erbringt dank stärkerer Triebwerke deutlich bessere Flugleistungen.
Hersteller: Shaanxi Aircraft Company, Shaanxi, Volksrepublik China.

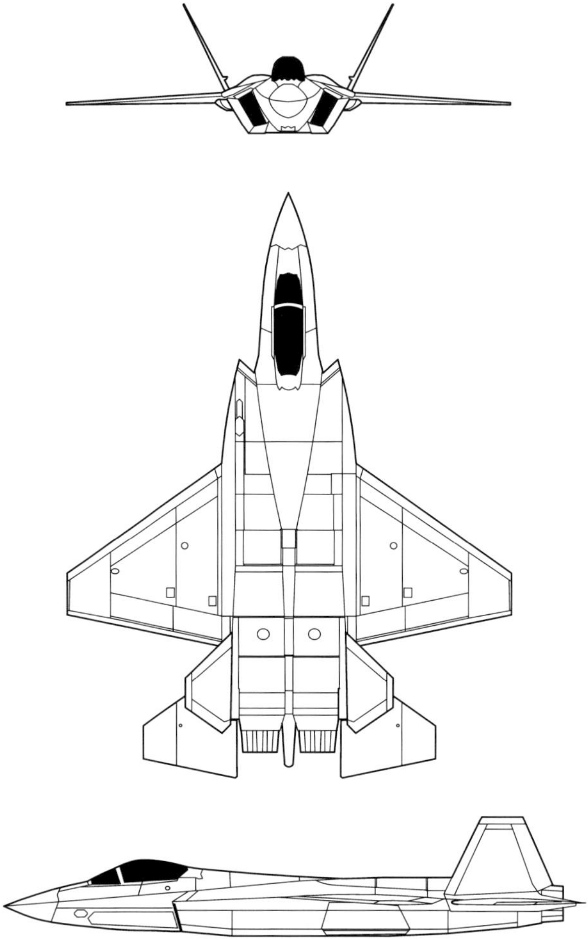

Abmessungen (noch sehr provisorische Angaben):
Spannweite 11,50 m
Länge 16,90 m
Höhe 4,80 m
Flügelfläche ca. 40 m^2.

SHENYANG J-31

Ursprungsland: Volksrepublik China.
Kategorie Einsitziges Mehrzweckkampfflugzeug.
Triebwerke (1. Prototyp): Zwei Mantelstromtriebwerke Klimow RD-93 bzw. (2. Prototyp) zwei Guizhou WS-13A Taishan unbekannter Schubkraft.
Leistungen (noch sehr provisorische Angaben): Höchstgeschwindigkeit Mach 1,8; Aktionsradius 1250 km ohne bzw. 2000 km mit Zusatztanks; Überführungsreichweite 4000 km.
Gewichte (noch sehr provisorische Angaben): Normales Startgewicht 17500 kg; max. 26000 kg.
Bewaffnung: Waffen können sowohl in zwei internen Waffenschächten sowie unter den Flügeln mitgeführt werden.
Entwicklungsstand: Ein erster Prototyp nahm die Flugerprobung am 31. Oktober 2012 auf, ein zweiter folgte am 23. Dezember 2016. Ob es sich hierbei um ein zur Serienreife zu entwickelndes Modell oder nur um einen Erprobungsträger handelt, ist derzeit offen. Im November 2015 wurde die FC-31 Gyrfalcon vorgestellt. Es wird vermutet, dass sie eine Weiterentwicklung der J-31 primär für den Exportmarkt darstellt.
Bemerkungen: Von der Auslegung her weist die J-31 bzw. FC-31 eine gewisse Ähnlichkeit zur Lockheed Martin F-22 Raptor (siehe Ausgabe 2011) auf, ist in den Abmessungen jedoch kleiner. Beobachter spekulieren über das eingesetzte Triebwerk: Denkbar ist das bekannte russische Klimow RD-93, aber auch eine neue chinesische Eigenentwicklung ist möglich. Mindestens wies der vorgestellte Prototyp keine Vektor-Steuerung der Triebwerke auf. Die Flügelanordnung kommt jener der F-35 nahe. Beide Seitenleitwerke gleichen jenen der F-22. Die ganze Formgebung deutet auf Stealth-Eigenschaften hin. Beim Fahrwerk fällt das Bugfahrwerk mit Doppelbereifung auf, was darauf hindeutet, dass dieser Typ auch für Einsätze auf Flugzeugträgern sowie auf unbetonierten Pisten vorgesehen ist. Das Modell einer möglichen Serienversion der J-31, die FC-31 zeigt u. a. vollständig überarbeitete Seitenleitwerke und eine einteilige Cockpithaube. Diese Version verfügt über einen internen Waffenschacht sowie sechs Waffenstationen unter den Flügeln, die eine Last bis zu 8000 kg zulassen dürfte. Das maximale Startgewicht soll 25000 kg betragen. Der Erstflug eines Prototyps wird für 2019 erwartet.
Hersteller: Shenyang Aircraft Corporation, Shenyang, Volksrepublik China.

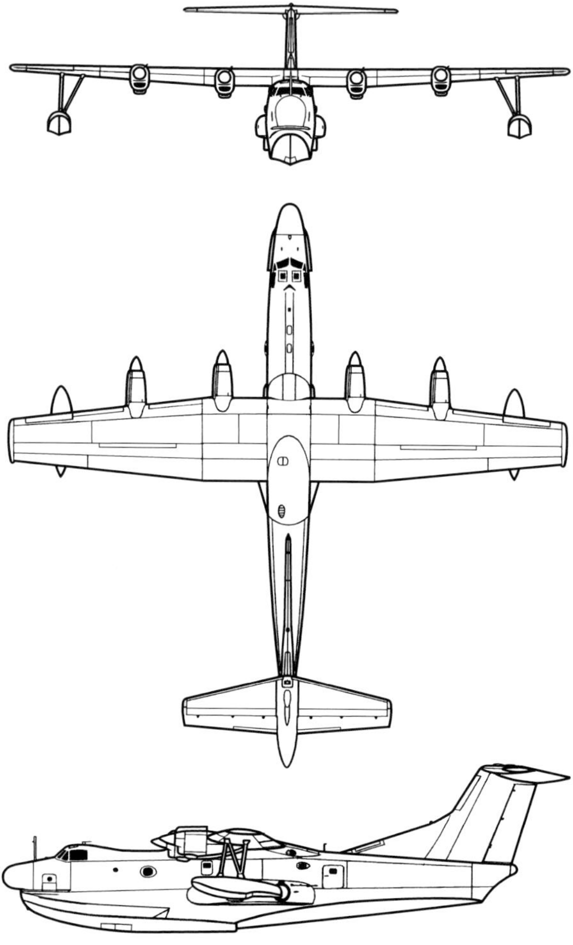

Abmessungen:
Spannweite 33,20 m
Länge 33,30 m
Höhe 9,80 m
Flügelfläche 135,82 m^2.

SHINMAYWA US-2 KAI

Ursprungsland: Japan.
Kategorie: Amphibisches SAR-Flugzeug für Langstrecken.
Triebwerke: Vier Propellerturbinen Rolls-Royce AE2100Jx4 von je 4500 WPS (3356 kW) Leistung.
Leistungen: Höchstgeschwindigkeit 580 km/h; Reisegeschwindigkeit 480 km/h; Dienstgipfelhöhe 9000 m; Aktionsradius bei Rettungseinsätzen bis zu 1850 km; Reichweite ab Landflughafen 4700 km.
Gewichte: Rüstgewicht 25630 kg; max. Startgewicht ab Wasser 43000 kg, ab Land 45000 kg.
Zuladung: Zwei Piloten und bis zu 40 Passagiere oder 12 Tragen.
Entwicklungsstand: Der erste von zwei Prototypen dieser Weiterentwicklung der ursprünglichen US-1 nahm am 18. Dezember 2003 die Flugerprobung auf, der zweite folgte Mitte 2004. Die Japanische Marine sieht vor, 14 US-2 zu beschaffen. Sieben Serienmaschinen sind mittlerweile bestellt, fünf davon im Einsatz. Die erste wurde im Februar 2009 abgeliefert. Offenbar interessiert sich Indien für die Beschaffung von bis zu 18 US-2 der Such- und Rettungsversion.
Bemerkungen: Die US-2 tritt die Nachfolge der US-1 (siehe Ausgabe 1977) an. In wesentlichen Teilen handelt es sich dabei um eine Neukonstruktion. So werden die T64-Triebwerke von General Electric durch die leistungsfähigeren von Rolls-Royce ersetzt, versehen mit sechsblättrigen Propellern aus Verbundwerkstoffen. Damit erzielt die US-2 KAI deutlich bessere Flugleistungen im gesamten Spektrum. Die Startstrecke ab dem Wasser verkürzt sich beispielsweise um 50% auf 490 m. Sie ist zudem in der Lage, noch mit einer Geschwindigkeit von 100 km/h zu fliegen und kann bis zu einer Wellenhöhe von 3 m starten und landen. Um diese Werte zu erreichen, ist zusätzlich ein Triebwerk Rolls Royce Honeywell CTS800-4K eingebaut, welches für die Reduktion von Luftwirbeln Teile der Flügel anbläst. Das Triebwerk-Management übernimmt ein FADEC-System. Die Flügel bestehen weitgehend aus Verbundwerkstoffen, der Rumpf ist in einzelnen Teilen druckbelüftet. Neu sind ebenfalls das Cockpit mit Flachbildschirmen und die gesamte Avionik. Die US-2 erhält auch ein neues Suchradar Ocean Master von Thales. ShinMaywa versucht, eine zivile Version als Lösch- oder Passagierflugzeug zu vermarkten. Erstere hätte eine Wasserkapazität von 15000 l.
Hersteller: ShinMaywa Industries Ltd., Werk Konan, Chiyoda-ku, Yokohama, Japan.

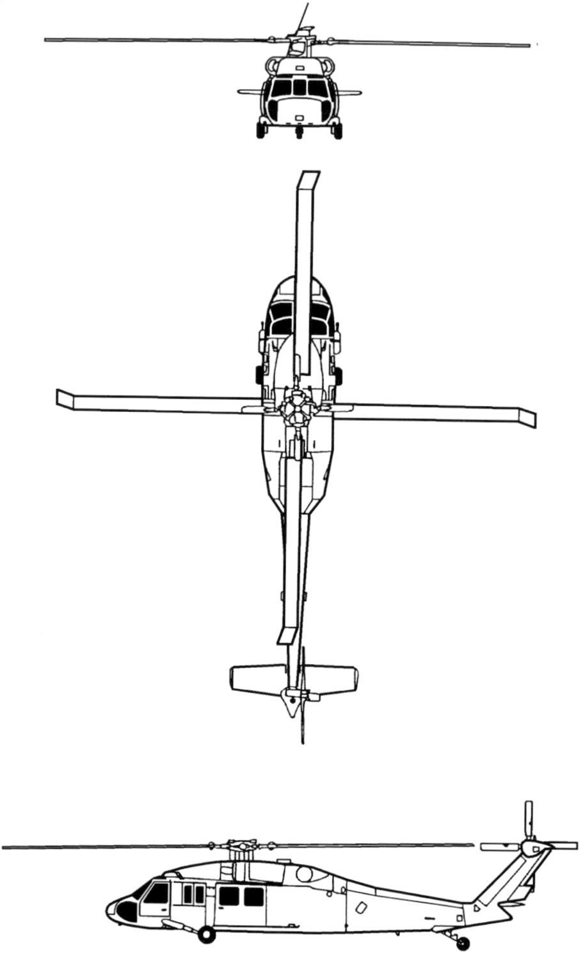

Abmessungen:
Rotordurchmesser 16,36 m
Rumpflänge 15,26 m
Höhe inkl. Rotormast 3,76 m.

SIKORSKY UH-60M BLACKHAWK

Ursprungsland: USA.
Kategorie: Taktischer Transporthubschrauber.
Triebwerke: Zwei Gasturbinen General Electric T700-GE-701D von je 2215 WPS (1651 kW) Leistung.
Leistungen: Max. Reisegeschwindigkeit 280 km/h; vertikale Steiggeschwindigkeit 5,04 m/Sek; Dienstgipfelhöhe 5837 m; Schwebehöhe mit Bodeneffekt 3206 m, ohne 1831 m; Reichweite 511 km, mit zwei 870-l-Zusatztanks 1667 km.
Gewichte: Leer 5670 kg; max. Startgewicht mit Außenlasten 10433 kg.
Zuladung: Drei Mann Besatzung und elf voll ausgerüstete Soldaten. Als Transporter bis zu 4100 kg Außenlasten am Frachthaken.
Entwicklungsstand: Die neueste Variante der umfangreichen S-70/H-70-Familie, die UH-60M, flog erstmals am 17. September 2003. 1375 (956 UH-60M/419 HH-60M) neue Hubschrauber werden für die US Army in jährlichen Tranchen von etwa 80 Maschinen bis 2026 beschafft. Die 1000. wurde am 13. Oktober 2016 an die US Army abgeliefert. Weitere Bestellungen für diese Version u. a.: Bahrain 9, Mexiko (Luftwaffe 25, Marine 10, Polizei 6), Schweden 15, Taiwan neu 84, Thailand 5, Tunesien 16, UAE 50. Über 3500 Blackhawks aller Versionen sind bisher an mehr als 30 militärische oder paramilitärische Organisationen, aber auch vereinzelt an Private geliefert worden. Neben der UH-60M wird auch die UH-70i produziert (Bestellungen u. a. Chile 6, Kolumbien 7, Türkei 109 T-70i und neu Saudi Arabien 150).
Bemerkungen: Die UH-60M stellt eine wesentlich weiter entwickelte Ausführung der UH-60L dar. Durch verschiedene Verbesserungen steigt die Lebensdauer der Triebwerke an. Ihre Leistung konnte zudem um 4% erhöht werden. Weitere Merkmale der UH-60M sind die größere Treibstoffkapazität, breitere Rotorblätter und ein neues Glascockpit. Die Avionik umfasst auch ein GPS sowie einen neuen Autopiloten. Zudem ist die Struktur verstärkt. Später kommen vielleicht ein Fly-By-Wire-System und auch neue Triebwerke GE CT7-8C der Leistungsklasse 3000 WPS hinzu. Seit 2010 wird eine als S-70i bezeichnete Weiterentwicklung der UH-60L angeboten, die über eine crash-resistentere Kabine verfügt. Ganz neu ist die HH-60W, die Combat Rescue-Version für die USAF. Bis zu 112 sollen beschafft werden. Sie verfügen über eine Sonderausrüstung sowie größere Treibstofftanks.
Hersteller: Sikorsky Aircraft Corp., Tochtergesellschaft von Lockheed Martin, Stratford, Connecticut, USA.

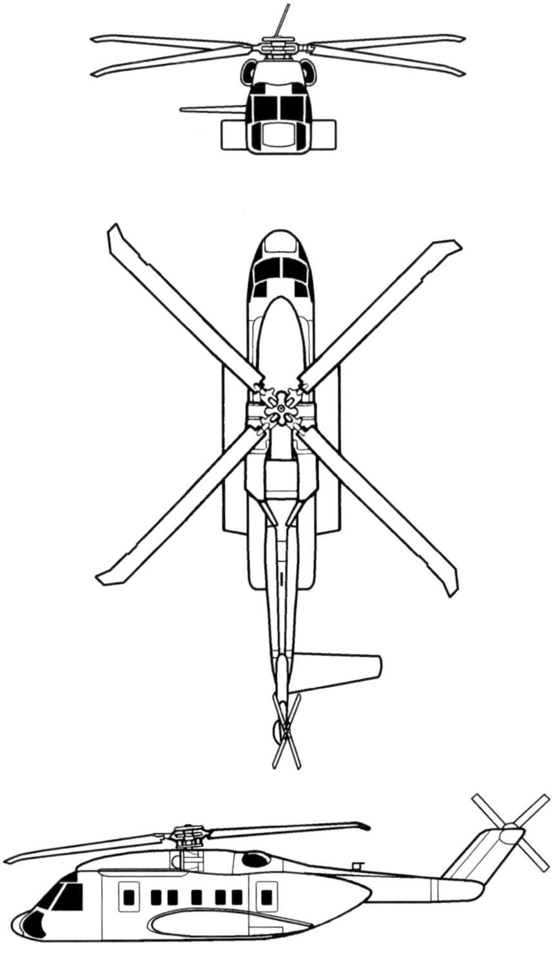

Abmessungen:
Rotordurchmesser 17,17 m
Rumpflänge 17,10 m
Höhe inkl. Rotorkopf 4,71 m.

SIKORSKY S-92 HELIBUS/CH-148 CYCLONE

Ursprungsland: USA.
Kategorie: Ziviler und militärischer Mehrzweckhubschrauber.
Triebwerke: Zwei Gasturbinen General Electric CT7-8 von je 2400 WPS (1790 kW) Leistung.
Leistungen (S-92): Höchstgeschwindigkeit 305 km/h; max. Reisegeschwindigkeit 280 km/h; normale Reisegeschwindigkeit 254 km/h; Dienstgipfelhöhe 4570 m; Schwebehöhe mit Bodeneffekt 3261 m, ohne Bodeneffekt 1942 m; Reichweite mit 19 Passagieren ohne Reserven 996 km, max. 1272 km.
Gewichte (S-92): Leergewicht 7212 kg; max. Startgewicht mit interner Nutzlast 12150 kg, mit externer Nutzlast 12837 kg.
Zuladung: Zwei Piloten und zwischen 19 und 22 Passagiere; max. externe Nutzlast 4760 kg.
Bewaffnung (CH-148): Torpedos, Minen und Lenkwaffen an Auslegern seitlich am Rumpf.
Entwicklungsstand: Das erste von vier Erprobungsexemplaren S-92A startete am 23. Dezember 1998 zum Erstflug. Die Ablieferung an Kunden begann Mitte 2004. Fast 300 Hubschrauber waren Ende 2017 im Einsatz, darunter mehrere als Staatshubschrauber (Bahrain, Guinea, Qatar, Südkorea, Thailand, Türkei, Turkmenistan). 28 Einheiten einer Mehrzweckversion CH-148 Cyclone (Erstflug 15. November 2008, Ablieferung ab Mitte 2012) erhält die Marine Kanadas. Die bisher größten zivilen Besteller sind CHC Helicopters mit 39 und Bristow mit 47 Einheiten. Vorläufig sechs als VH-92 bezeichnete S-92 werden für die Flotte des US Präsidenten beschafft. Bristow betreibt seit Ende 2014 elf S-92 im Auftrag der UK Coast Guard als Rettungshubschrauber.
Bemerkungen: Während der Rumpf eine völlige Neukonstruktion darstellt, sind die meisten dynamischen Komponenten (Haupt- und Heckrotor, Rotorkopf) von der S-70 übernommen. Die geräumige Kabine (Länge 5,67 m, Breite 2,00 m, Höhe 1,83 m) bietet einen Komfort wie ein Linienflugzeug, so z. B. bezüglich Lärm und Vibration. Das Fahrwerk ist einziehbar. Zum besseren Beladen ist eine Heckladerampe vorhanden. Nebst der heute üblichen Elektronik verfügt die S-92 über die Besonderheit eines digitalen Flugkontrollsystems (AFCS), das den Hubschrauber auch im Schwebeflug automatisch steuert. Als Avionik gelangt die Collins Pro Line 21 zum Einbau. Die S-92 soll dank verschiedener Rüstsätze für eine Vielfalt von Aufgaben einsetzbar sein, u. a. Offshore-Einsätze, SAR-, ASW-Aufgaben sowie für VIP- und Commuterflüge.
Hersteller: Sikorsky Aircraft Corp., Tochtergesellschaft von Lockheed Martin, Stratford, Connecticut, USA.

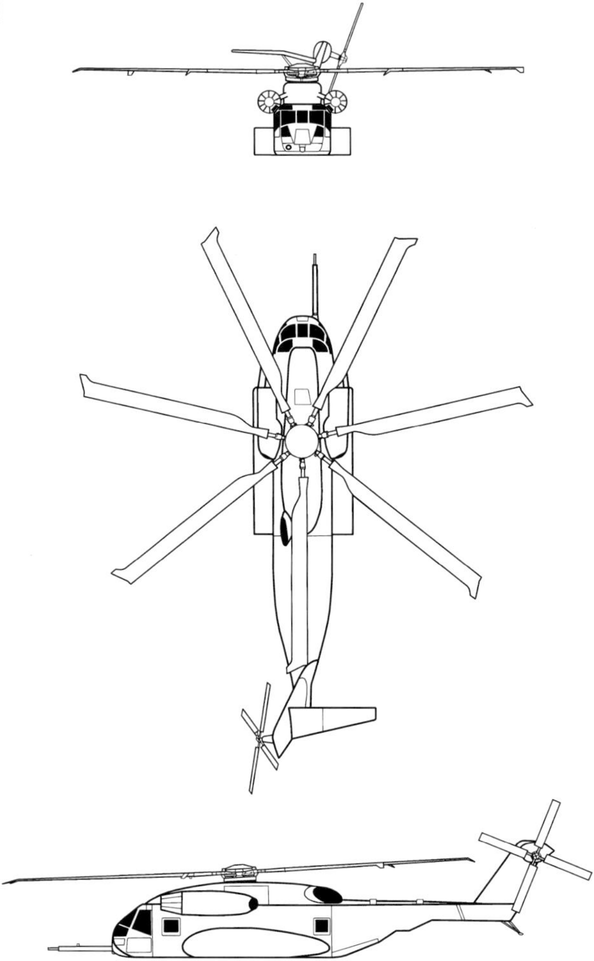

Abmessungen:
Rotordurchmesser 24,00 m
Rumpflänge inkl. Rotor 30,20 m
Höhe 8,46 m.

SIKORSKY CH-53K KING STALLION

Ursprungsland: USA.
Kategorie: Schwerer Transporthubschrauber.
Triebwerke: Drei Gasturbinen General Electric GE38-1B von je 7500 WPS (5600 kW) Leistung.
Leistungen: Reisegeschwindigkeit 315 km/h; max. Schrägsteiggeschwindigkeit 13,00 m/Sek; Dienstgipfelhöhe 4380 m; Aktionsradius mit einer Nutzlast von 12200 kg 200 km; Reichweite mit max. interner Treibstoffzuladung rund 840 km.
Gewichte: Leergewicht 15071 kg; beladen 33600 kg; max. Startgewicht 38400 kg.
Zuladung: Zwei Piloten und zwischen 37 und 55 voll ausgerüstete Soldaten. Je nach Einsatz zusätzlich drei Mitrailleure; max. Nutzlast 15900 kg.
Bewaffnung: Möglichkeit an den beiden Seitentüren und auf der Heckladerampe Maschinengewehre fest einzubauen.
Entwicklungsstand: Ein erster Prototyp YCH-53K hatte am 5. Mai 2014 den Rollout und nahm am 27. Oktober 2015 die Flugerprobung auf. Mittlerweile befinden sich vier King Stallions in der Erprobung. Das USMC will rund 200 Einheiten beschaffen, die ersten vier wurden mittlerweile bestellt. Mit der Indienststellung rechnet man ab 2019.
Bemerkungen: Die neu als King Stallion bezeichnete CH-53K sieht äußerlich fast gleich wie das Vorgängermuster CH-53E aus. Dabei handelt es sich bei ähnlichen Außenabmessungen weitgehend um eine Neukonstruktion und sie ist wesentlich leistungsfähiger. Im Vergleich zum Ausgangsmuster weist die CH-53K u. a. folgende Veränderungen bzw. Verbesserungen auf: Neuer siebenflügliger Hauptrotor aus Verbundwerkstoffen, neue und um 57% leistungsstärkere Triebwerke, die generell bessere Flugleistungen, besonders in hoch gelegenen heißen Gebieten ermöglichen. So kann sie im Vergleich zur CH-53E eine Nutzlast von 12200 kg etwa doppelt so weit transportieren. Sie wird auch rund 37 km/h schneller sein. Wie heute üblich, gelangt ein Multifunktionscockpit zum Einbau. Das Steuerungssystem beruht auf Fly-By-Wire-Basis. Die Kabine misst in der Länge 9,10 m, in der Höhe 2,00 m und in der Breite 2,70 m und ist damit rund 0,25 m breiter als jene der CH-53E. Das Innenvolumen nimmt um rund 15% zu. Der Rumpf besteht weitgehend aus Verbundwerkstoffen.
Hersteller: Sikorsky Aircraft Corp., Tochtergesellschaft von Lockheed Martin, Stratford, Connecticut, USA.

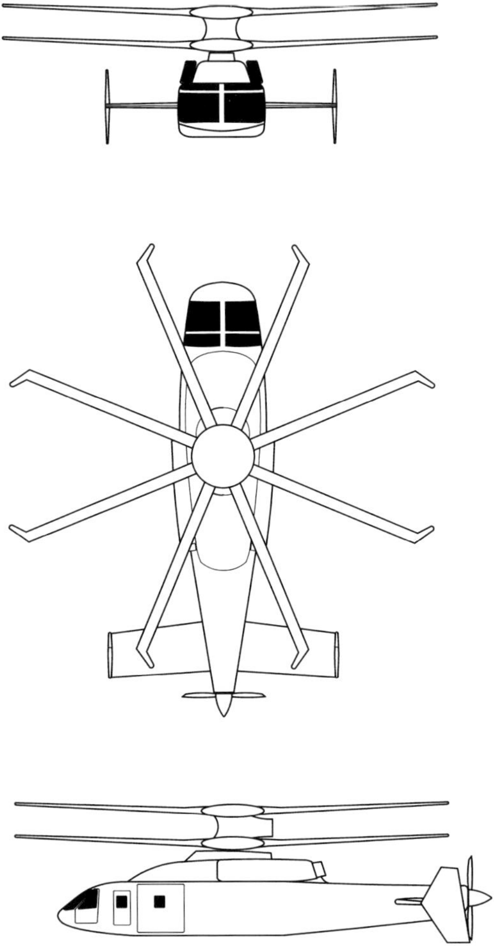

Abmessungen:
Noch keine Angaben erhältlich.

SIKORSKY/BOEING SB-1 DEFIANT

Ursprungsland: USA.
Kategorie: Erprobungsträger für einen militärischen Mehrzweckhubschrauber.
Triebwerke: Zwei Gasturbinen Honeywell T-55 von noch unbekannter Leistung. Allfällige Serienmodelle würden voraussichtlich mit dem aus dem Wettbewerb siegreich hervorgehenden Future Affordable Turbine Engine (FATE) in der 3000-WPS-Klasse ausgerüstet.
Leistungen (erste Schätzungen): Max. Reisegeschwindigkeit 463 km/h; Schwebehöhe 1529 m, Reichweite 420 km.
Gewichte: Max. Startgewicht 13600 kg.
Zuladung: Zwei Piloten und bis zu zwölf voll ausgerüstete Soldaten.
Bewaffnung: Beim Erprobungsträger noch nicht vorgesehen.
Entwicklungsstand: Ein erstes Muster befindet sich im Bau. Neusten Informationen zufolge verschiebt sich der Erstflug auf Mitte 2018.
Bemerkungen: Sikorsky und Boeing entwickeln im Rahmen des **J**oint **M**ulti **R**ole **T**echnology **D**emonstrator-Programms (JMR TD) der US-Streitkräfte einen neuartigen Erprobungsträger. Eine Ableitung davon soll mittelfristig die Hubschrauber-Modelle UH-60 und AH-64 der US Army ablösen und deutlich bessere Leistungswerte erbringen. Um diese Anforderungen zu erfüllen, wählten Sikorsky/Boeing einen vollständig anderen Ansatz als das Konkurrenzmuster Bell V-280 (siehe Seiten 54/55). Augenfällig ist dabei der Antrieb mit zwei gegenläufigen Hauptrotoren (sog. Koaxialrotoren) und einem Schubpropeller am Heck. Diese Konfiguration hat Sikorsky in früheren Jahren bereits an einem Prototyp erprobt. Der Rumpf ist vollständig aus Verbundwerkstoffen hergestellt. Weitere Details zu Konstruktion und Avionik sind noch nicht bekannt. Bild wie auch Dreiseitenriss sind als noch sehr provisorisch zu betrachten.
Hersteller: Sikorsky Aircraft Corp. Tochtergesellschaft von Lockheed Martin, Stratford, Connectcut und Boeing Company, Helicopter Division, Philadelphia, Pennsylvania, USA.

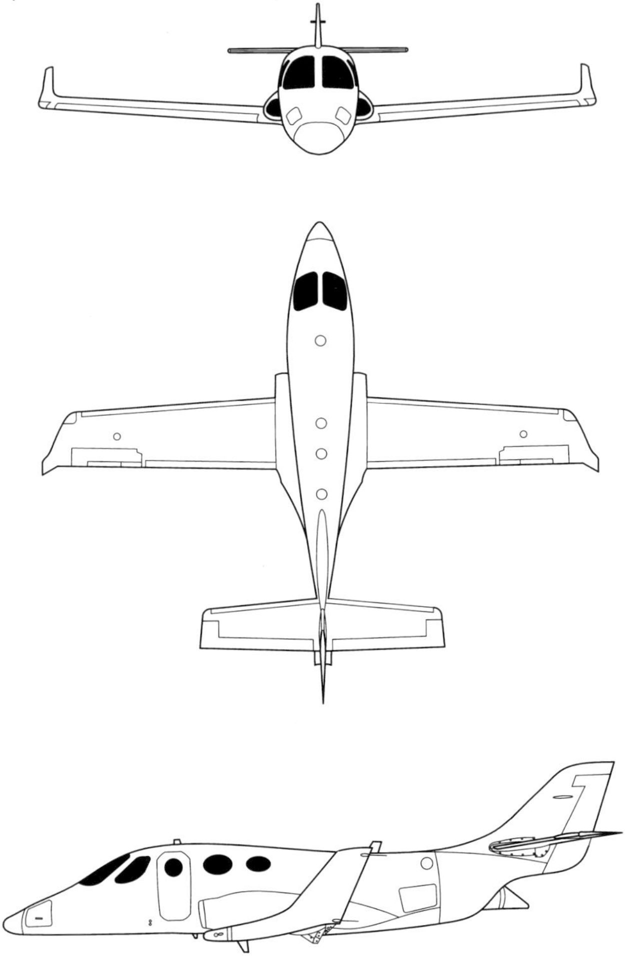

Abmessungen:
Spannweite 12,30 m
Länge 10,90 m
Höhe 3,00 m.

STRATOS AIRCRAFT STRATOS 714

Ursprungsland: USA
Kategorie: Leichtes düsengetriebenes Sport- und Reiseflugzeug.
Triebwerke: Ein Mantelstromtriebwerk Pratt & Whitney Canada JT15D-5 von 1315 kp (13,00 kN) Standschub.
Leistungen (prov. Angaben): Höchstgeschwindigkeit Mach 0,7; maximale Reisegeschwindigkeit 769 km/h; Dienstgipfelhöhe 12000 m; Reichweite mit IFR-Reserven 2778 km.
Gewichte: Rüstgewicht 1981 kg; max. Startgewicht 3272 kg.
Zuladung: Pilot und drei Passagiere; max. Zuladung 635 kg.
Entwicklungsstand: Ein erster Prototyp startete am 21. November 2016 zum Erstflug. Ein zweiter soll Ende 2018 folgen. Der Produktionsentscheid ist noch offen, die Zahl der Bestellungen noch nicht bekannt.
Bemerkungen: Mit der Stratos 714 will der neue Hersteller ein günstiges Modell mit Düsenantrieb anbieten, welches leistungsmäßig etwas höher positioniert ist als die Cirrus SF50 (siehe Seiten 124/125). Mit seiner maximalen Reisegeschwindigkeit soll sie auch die schnellste in ihrer Kategorie sein. Die ganze Struktur besteht aus Verbundwerkstoffen, der Tiefdecker-Flügel weist Winglets auf. Das Fahrwerk ist einziehbar. Im Cockpit ist eine heute übliche Avionik eines noch unbekannten Typs eingebaut. Die Triebwerkparameter werden durch eine sog. EEC-Elektronik (**E**lectronic **E**ngine **C**ontrol) überwacht. Dank eines großzügig angelegten Innenraums mit dem klassengrößten Querschnitt (146 cm hoch, 143 cm breit und 290 cm lang) soll der Reisekomfort besonders hoch sein. Die Stratos wird für US$ 2 Mio. angeboten. Derzeit stößt der Hersteller auf Schwierigkeiten, die nötigen finanziellen Mittel zur Zertifizierung und zur Aufnahme der Serienproduktion zu beschaffen. Somit ist noch nicht sicher, ob die Stratos mittelfristig zu einem kommerziellen Erfolg wird.
Hersteller: Stratos Aircraft, Redmond, Oregon, USA.

Abmessungen (Su-30MK):
Spannweite 14,70 m
Länge 21,93 m
Höhe 6,35 m
Flügelfläche 63,20 m².

SUCHOJ SU-30MKK/MKI/MK2

Ursprungsland: Russland.
Kategorie: Zweisitziges Mehrzweckkampfflugzeug.
Triebwerke: Zwei Mantelstromtriebwerke Saturn (Lyulka) AL-31F von je 8100 kp (79,43 kN) Standschub ohne und 12500 kp (122,60 kN) mit Nachbrenner.
Leistungen (Su-30MK): Höchstgeschwindigkeit Mach 2,0 in großer Höhe; 1350 km/h auf Meereshöhe (Mach 1,1); Anfangssteiggeschwindigkeit 330 m/Sek; Dienstgipfelhöhe 17300 m; Einsatzradius im Tiefflug 1270 km, Reichweite in großen Höhen 3000 km, mit einer Flugbetankung 5200 km.
Gewichte (Su-30MKK): Leergewicht 17700 kg; max. Startgewicht 34500 kg.
Bewaffnung: Eine 30-mm-Kanone GSh-301 und Waffen aller Art bis zu 8000 kg an zwölf Aufhängepunkten.
Entwicklungsstand: Die Mehrzweckversion Su-30M fliegt seit 30. Dezember 1989, gefolgt von der Su-30MKK 1993 und der Su-30MKI am 26. November 2000. Mehr als 200 Su-30MKK bzw. Su-30MK2 beschaffte die Chinesische Luftwaffe, 24 die Marine. Folgende weitere Luftwaffen setzen diese oder Unterversionen davon ein: Algerien 62 Su-30MKI, Angola 12 Su-30K, Indien 314 (Lizenzbau), Indonesien 18+ Su-30MK, Kazakhstan 36 Su-30SM, Malaysia 16 Su-30MKM, Russland: Luftwaffe 98 Su-30SM, Marine 20 Su-30SM, Venezuela 24 Su-30MKV, Vietnam 38 Su-30MK2, Uganda 8-12? Su-30MK2. Neuester Besteller: Belorussia 12 Su-30SM.
Bemerkungen: Die doppelsitzige Ausführung Su-30M ist vorwiegend für Jagdbomber-Einsätze vorgesehen. Entsprechend dem Aufgabenspektrum wurden anstelle des Abfangradars ein neues Kampfelektroniksystem sowie ein Navigationssystem Loran eingebaut. Besonders die Heckpartie wurde überarbeitet und verstärkt. Die neueste Ausführung heißt Su-30SM (Erstflug 31. September 2012) und ist ausschließlich für die Luftstreitkräfte Russlands bestimmt. Wesentliche Änderungen umfassen ein Bars-R-Radar, Weitwinkel-HUD und generell verbesserte Avionik. Die Triebwerke verfügen über Schubvektor-Steuerung analog der Suchoj Su-35 (siehe Seiten 292/293).
Hersteller: Suchoj Design Bureau/KnAAPO, Werke Komsomolsk-na-Amur und Irkutsk, Moskau, Russland.

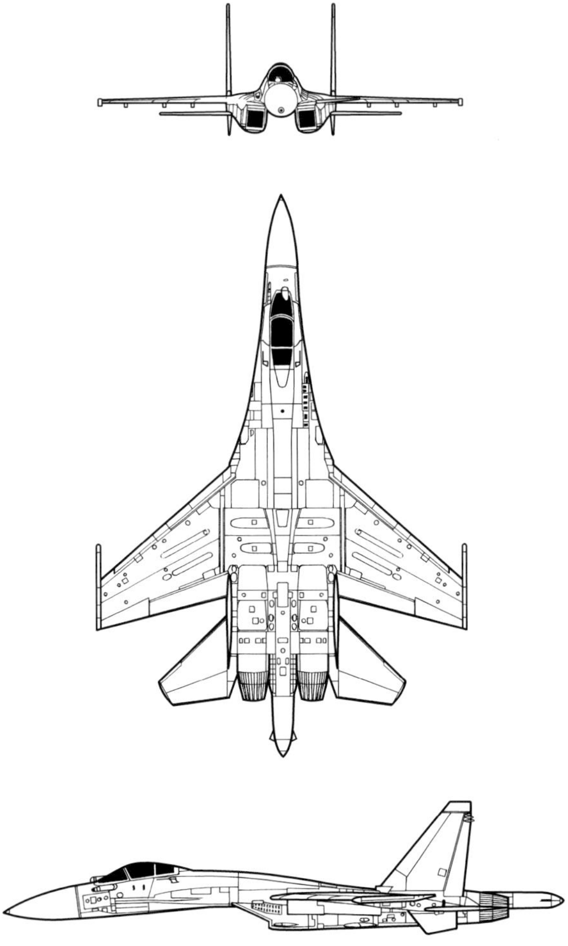

Abmessungen:
Spannweite 14,75 m
Länge 21,93 m
Höhe 5,90 m
Flügelfläche 62,00 m^2.

SUCHOJ SU-35M-1

Ursprungsland: Russland.
Kategorie: Einsitziger Luftüberlegenheits- und Mehrzweckjäger.
Triebwerke: Zwei Mantelstromtriebwerke NPO Saturn 117S mit Schubvektorsteuerung von je 8800 kp (86,27 kN) ohne und 14500 kp (142,97 kN) mit Nachbrenner.
Leistungen: Höchstgeschwindigkeit Mach 2,25 in großer Höhe; 1400 km/h auf Meereshöhe; Anfangssteiggeschwindigkeit 280 m/Sek; Dienstgipfelhöhe 18000 m; Einsatzradius im Tiefflug 1270 km, Reichweite auf Meereshöhe 1580 km, in großen Höhen 3400 km, mit Zusatztanks 4500 km.
Gewichte: Leergewicht 16500 kg; normales Startgewicht 25300 kg, mit Überlast 38800 kg.
Bewaffnung: Eine 30-mm-Kanone GSh-301 und Waffen aller Art bis zu 8000 kg an zwölf Aufhängepunkten.
Entwicklungsstand: Der erste Prototyp nahm die Flugerprobung am 19. Februar 2008 auf, gefolgt vom zweiten am 2. Oktober 2008. Das erste Serienflugzeug flog erstmals im Frühjahr 2011. Die Russische Luftwaffe bestellte 2009 48 Su-35M, 2016 weitere 50. Ende 2016 war die erste Tranche ausgeliefert. Die Einsatzbereitschaft erfolgte Ende 2012. China hat nach langen Verhandlungen mittlerweile 24 Su-35M-1 in Auftrag gegeben. Neuester Besteller ist Indonesien mit vorläufig 11 Einheiten.
Bemerkungen: Erste Bemühungen, die einsitzige Su-27 weiter zu entwickeln, gab es bereits Mitte der Neunziger Jahre. Immer wieder wurden weitere Varianten vorgestellt, die aber alle im Prototypstadium stecken blieben. Die neueste als Su-35-1 bezeichnete Ausführung der Generation 4++ ist in weiten Teilen eine Neukonstruktion und besitzt einen überarbeiteten Flügel. Dafür wurde auf die Vorflügel verzichtet. Eingebaut ist ein Fly-By-Wire-System, große Teile des Rumpfes sind aus Verbundwerkstoffen. Dank stärkerer Triebwerke mit Schubvektorsteuerung verbessern sich diverse Leistungsparameter. So besitzt die Su-35M-1 Supercruise-Fähigkeit. Eingebaut wird das derzeit modernste russische Kampfradar Tikhomirov NIIIP Irbis-E mit neuester Phased-Array-Funktion (= elektronische Strahlschwenkung). Weitere Elektroniksysteme, z. B. zur Suche via Infrarot und zur Verfolgung von Zielen sind vorgesehen. Völlig neu ist das Cockpit mit u. a. sog. HOTAS-Bedienung (**H**ands-**O**n-**T**hrottle-**A**nd-**S**tick). Angesichts des erhöhten Startgewichts wurde das Fahrwerk verstärkt und vorne mit Zwillingsrädern versehen.
Hersteller: Suchoj Design Bureau/KnAAPO, Werk Komsomolsk-na-Amur, Moskau, Russland.

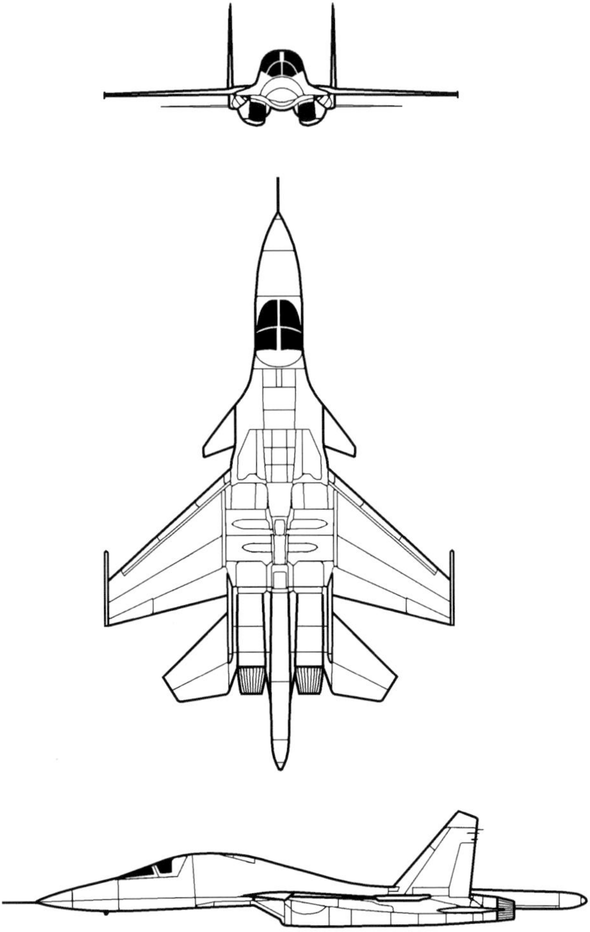

Abmessungen:
Spannweite Hauptflügel 14,70 m, Canards 6,40 m,
Länge 23,33 m
Höhe 6,08 m
Flügelfläche 62,00 m^2.

SUCHOJ SU-34

Ursprungsland: Russland.
Kategorie: Zweisitziger Jagdbomber.
Triebwerke: Zwei Mantelstromtriebwerke Saturn (Ljulka) AL-31F-M1 von je 7600 kp (74,56 kN) ohne und 12500 kp (122,60 kN) mit Nachbrenner.
Leistungen: Höchstgeschwindigkeit 1900 km/h auf 11000 m (Mach 1,8), auf Meereshöhe 1300 km/h (Mach 1,17); Dienstgipfelhöhe 15700 m; Aktionsradius mit 4000 kg Waffen 600 km; max. Reichweite 4000 km.
Gewichte: Leergewicht 22000 kg; max. Startgewicht 45100 kg.
Bewaffnung: Eine eingebaute 30-mm-Kanone und eine Waffenlast von 8000 kg, z.B. Luft-Boden-Lenkwaffen Kh-25M, Kh-29, Kh-58, Antiradar-Lenkwaffen Kh-31P oder Antischiffs-Raketen Kh-31A oder Kh-35 sowie gelenkte und frei fallende Bomben aller Art. Zudem können Luft-Luft-Lenkwaffen R-73 oder RVV-Ae (R-77) mitgeführt werden.
Entwicklungsstand: Der als Su-27IB bezeichnete Prototyp startete am 13. April 1990 zum Erstflug. Im September 1993 folgte der erste von drei auf Su-34 umbenannten Serienprototypen. Nachdem 2010 die Luftwaffe Russlands 32 Einheiten bestellt hatte, folgte 2012 ein weiterer Auftrag über 92 Maschinen. Mit den Auslieferungen wurde Anfang 2012 begonnen. Bisher sind rund 90 Su-34 gebaut worden. Neu prüft Algerien die Beschaffung von 12 Su-34.
Bemerkungen: Der augenfälligste Unterschied zum Ausgangsmuster Su-27 ist der völlig neu konstruierte Vorderrumpf mit Sitzen nebeneinander. Die Piloten verfügen über ein geräumiges, z.T. gepanzertes Cockpit. Die Su-34 ist mit kleinen Vorflügeln hinter dem Cockpit sowie mit bis an die Nase weiter gezogenen Vorflügelkanten ausgerüstet. Für den harten Erdkampfeinsatz ist sie zudem punktuell verstärkt und verfügt über ein neues Hauptfahrwerk mit Doppelrädern hintereinander. Gegenüber den Prototypen wurde der Heckkonus vergrößert, um Platz für einen Bremsfallschirm und ein rückwärts gerichtetes Radar zu schaffen. Zudem ist das Seitenleitwerk etwas kleiner. Einem Prototypen wurde ein modernstes Mehrzweckradar Leninetz mit hochauflösender Kartendarstellung sowie ein Trägheits-Navigationssystem mit GPS eingebaut. An den Flügelspitzen sind ECM-Pods Sorbtsiya-S montiert. Neu bietet der Hersteller mit der Su-34ME eine Exportversion an, ausschließlich mit russischer Ausrüstung.
Hersteller: Suchoj Design Bureau, Werk KnAAPO Nowosibirsk, Moskau, Russland.

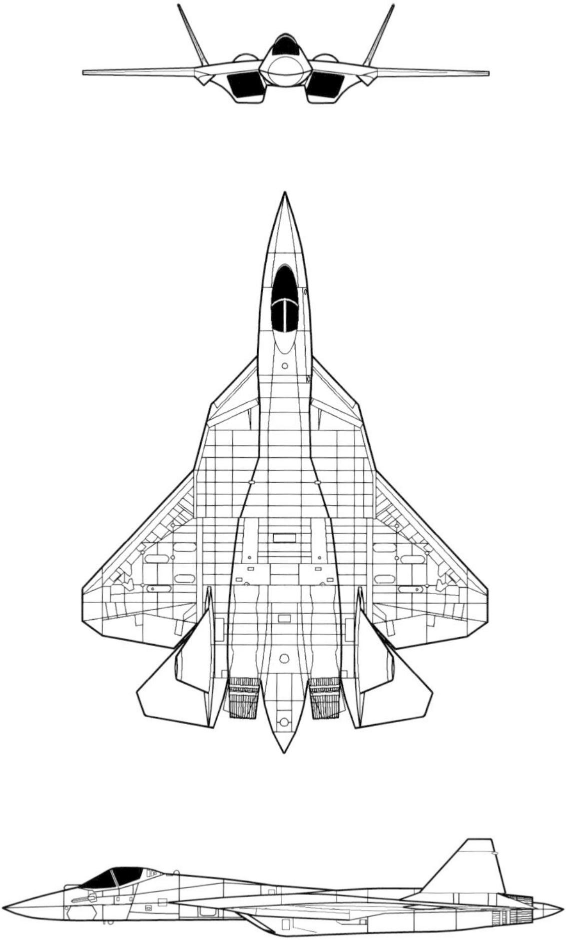

Abmessungen:
Spannweite 14,10 m
Rumpflänge 20,10 m
Höhe 4,60 m
Flügelfläche 78,80 m^2.

SUCHOJ T-50/SU-57

Ursprungsland: Russland.
Kategorie: Einsitziger Luftüberlegenheitsjäger und Mehrzweckkampfflugzeug.
Triebwerke (Prototypen): Zwei Mantelstromtriebwerke NPO Saturn AL-41F von je 9500 kp (93,16 kN) ohne und je 15000 kp (147,10 kN) mit Nachbrenner und Schub-Vektor-Steuerung.
Leistungen: Höchstgeschwindigkeit 2440 km/h (Mach 2,3); Supercruise-Geschwindigkeit auf optimaler Höhe rund Mach 1,3; Dienstgipfelhöhe 18000 m; Aktionsradius mit normaler Bewaffnung 1200 km; max. Reichweite ohne Zusatztanks 3500 km, mit Zusatztanks 7400 km.
Gewichte: Leergewicht 18500 kg; normales Startgewicht 25000 kg, max. 35000 kg.
Bewaffnung: Sechs intern in Waffenschächten mitgeführte Luft-Luft-Raketen, davon vier des Mittelstreckentyps R-77M sowie zwei Kurzstrecken Luft-Luft-Raketen R-73, R-74 oder R-30. Weiter können TV-, Laser- und Radar-gelenkte Luft-Boden-Waffen bis zu einem Gewicht von rund 7500 kg geladen werden. Später soll auch eine 30-mm-Kanone eingebaut werden.
Entwicklungsstand: Am 29. Januar 2010 hat der erste Prototyp die Flugerprobung aufgenommen. Mittlerweile fliegen an Prototypen und Vorserienflugzeugen rund zehn T-50. Vorerst will die Russische Luftwaffe nur zwölf als Su-57 bezeichnete Maschinen bestellen, um damit eine Staffel auszurüsten. Ab 2020 sollen allenfalls weitere Einheiten beschafft werden.
Bemerkungen: Mit der T-50 bzw. Su-57 wird die Russische Luftwaffe über ein Kampfflugzeug mit guten Stealth-Eigenschaften verfügen. Eine weitere Neuerung für russische Modelle ist die Fähigkeit, ohne Nachbrenner recht hohe Überschallgeschwindigkeit zu erreichen. Konkrete Informationen über Auslegung, Materialverwendung und Elektronik sind noch nicht im Detail bekannt. Man kann davon ausgehen, dass die T-50 alle der sog. fünften Generation entsprechenden Konstruktionsmerkmale und Systeme aufweist. Die Serienmuster sollen das in Entwicklung stehende neue Triebwerk NPO Saturn izdeliye 30 mit einer Leistung von 10900 kp (107 kN) ohne und 18000 kp (176 kN) mit Nachbrenner erhalten.
Hersteller: Suchoj Design Bureau/KnAAPO, Moskau, Werk Komsomolsk-na-Amur, Russland.

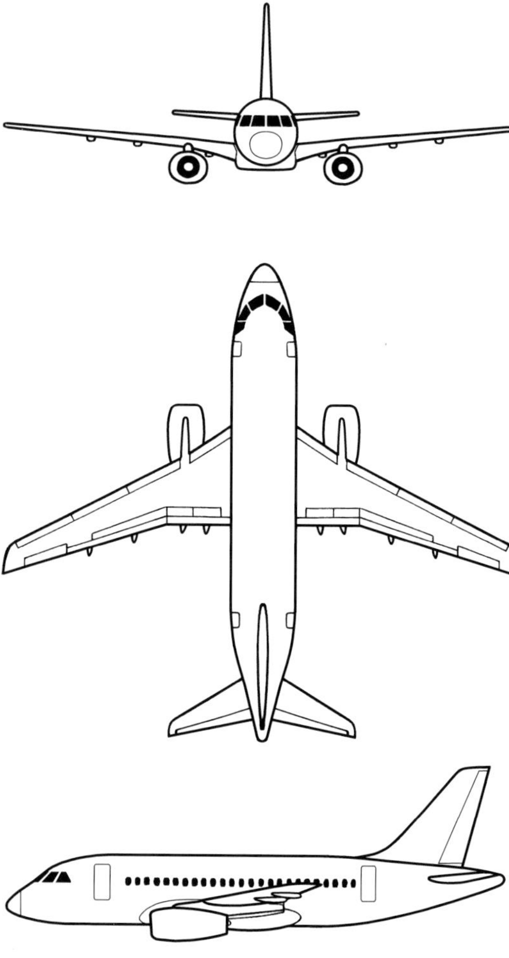

Abmessungen:
Spannweite 27,80 m
Länge (SSJ 100-75) 26,33 m, (SSJ 100-95) 29,83 m
Höhe 10,28 m
Flügelfläche 84,00 m^2.

SUCHOJ SUPERJET 100

Ursprungsland: Russland.
Kategorie: Kurz- und Mittelstrecken-Verkehrsflugzeug.
Triebwerke: Zwei Mantelstromtriebwerke Snecma/NPO Saturn SaM-146 von je (SSJ 100-75) 6985 kp (68,50 kN) bzw. (SSJ 100-95) von je 7937 kp (77,85 kN) Standschub.
Leistungen: Max. Reisegeschwindigkeit 870 km/h (Mach 0,81); Dienstgipfelhöhe 12497 m; Reichweite mit max. Nutzlast (SSJ 100-75/LR) 3040/4550 km, (SSJ 100-95/LR) 2950/4420 km, als Option bis zu 4550 km.
Gewichte: Leergewicht zwischen 21900 und 24715 kg; max. Startgewicht (SSJ 100-75/LR) 38820/42280 kg bzw. (SSJ 100-95/LR) 42500/45880 kg.
Zuladung: Zwei Mann Cockpitbesatzung und je nach Ausführung (SSJ 100-75) 75 bzw. (SSJ 100-95) 98 Passagiersitze in Viererreihen. Max. Nutzlast (SSJ 100-75) 9130 kg und (SSJ 100-95) 12245 kg.
Entwicklungsstand: Die erste Superjet 100 nahm am 19. Mai 2008 die Flugerprobung auf. Im April 2011 fand der erste kommerzielle Flug durch Armenia statt. Ende 2017 sind 167 Festbestellungen (+ Optionen) aller Versionen eingegangen, u. a. von Aeroflot 30+, AIRUnion 15, Dalavia 6, Interjet 30, Blue Panorama 12. Bisher wurden über 150 Su-100 ausgeliefert. Neueste Besteller: CityJet 15 SSJ-100, Rossiya 20 SSJ-100, Luftwaffe Thailands 2 VIP-Versionen. Die Version 100LR für längere Strecken absolvierte den Erstflug am 12. Februar 2013. Abhängig vom Bestellungseingang sollen jährlich bis zu 30 Maschinen gebaut werden.
Bemerkungen: Mit dieser neuen Familie von mittelgroßen Commuter-Flugzeugen versucht sich Russland im nationalen wie auch im internationalen Zivilflugzeugmarkt zu etablieren. Um dies zu erreichen, wurden mehrere internationale Kooperationen eingegangen, so u. a. mit der italienischen Leonardo. Beide Grundmuster der Superjet sind zu 95% baugleich. Ein besonderes Merkmal dieses Typs ist die robuste, möglichst einfach gehaltene Grundkonstruktion, welche eine sehr große Bandbreite von Bedürfnissen abdeckt. Die Superjet ist mit einem Fly-By-Wire-Steuersystem mit Sidesticks ausgerüstet. Sie kann auf nur teilweise vorbereiteten Pisten starten und landen. Auf die Wirtschaftlichkeit wurde besonderer Wert gelegt. Bisher sind ausschließlich die größeren Versionen SSJ 100-95 und SSJ 100-95LR bestellt worden Eine Corporate-Jet-Variante SBJ wird ebenfalls angeboten und ab 2020 eine für 130 Passagiere verlängerte Ausführung.
Hersteller: Suchoj Civil Aircraft Company, Moskau, Werk KnAAPO, Komsomolsk-na-Amur, Russland.

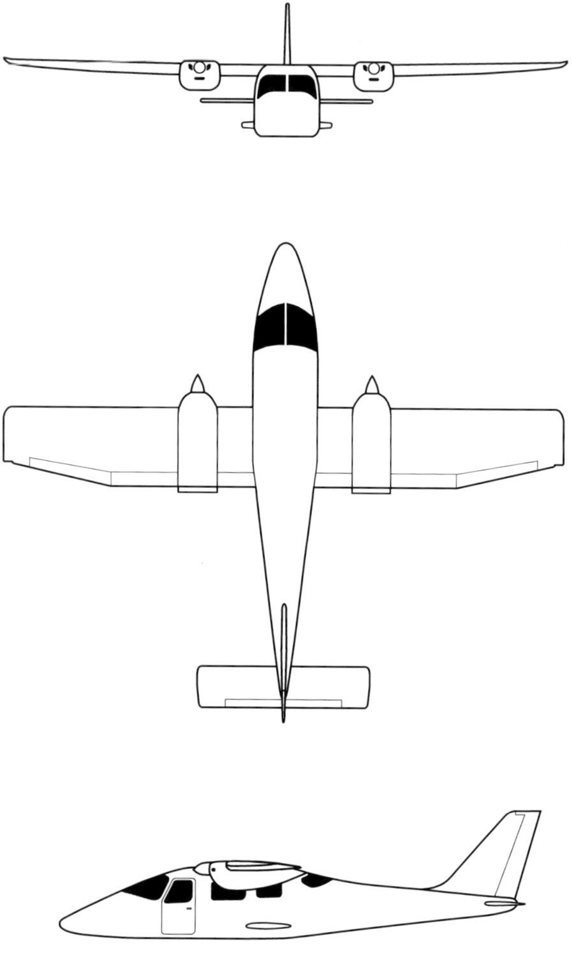

Abmessungen:
Spannweite 11,40 m
Länge 8,70 m
Höhe 2,85 m
Flügelfläche 14,80 m^2.

TECNAM P2006T

Ursprungsland: Italien.
Kategorie: Sport- und Reiseflugzeug.
Triebwerke: Zwei luftgekühlte Vierzylinder-Boxermotoren Rotax 912S3 von je 100 PS (74,50 kW) Leistung.
Leistungen: Höchstgeschwindigkeit auf Meereshöhe 287 km/h; Reisegeschwindigkeit bei 75% Leistung auf 3000 m 260 km/h; Anfangssteiggeschwindigkeit 6,1 m/Sek; Dienstgipfelhöhe 4220 m; Reichweite bei 65% Leistung und IFR-Reserven 1375 km.
Gewichte: Rüstgewicht 760 kg; max. Startgewicht 1230 kg.
Zuladung: Pilot und drei Passagiere, max. Nutzlast inkl. Treibstoff 420 kg.
Entwicklungsstand: Der Prototyp nahm die Flugerprobung am 13. September 2007 auf. Mit den Auslieferungen begann man 2009. Neu hat die Luftwaffe Italiens vorerst drei P2006T als Trainer bestellt. Ende 2017 waren über 200 Einheiten gebaut.
Bemerkungen: Bei der P2006T handelt es sich um eine völlige Neuentwicklung. Die ganze Struktur dieses Hochdeckers ist aus Aluminium und soll besonders robust sein. Ungewöhnlich für ein so leichtes Flugzeug ist die Verwendung von zwei Triebwerken. Hierbei handelt es sich um ein Muster, welches bisher hauptsächlich für unbemannte Drohnen verwendet wurde. Die Rotax-Motoren lassen sich sowohl mit Flugzeug- als auch mit Auto-Treibstoff betreiben, was die Versorgungslage erheblich verbessert. Damit verbunden sind ein sehr sparsamer Verbrauch und entsprechend geringe Betriebskosten. Die P2006T verfügt über ein Einziehfahrwerk. Wie heute üblich, ist auch in der P2006T ein Cockpit mit Flachbildschirmen vorhanden. Optional bestehen mehrere Aufrüstungsmöglichkeiten. Die meisten P2006T werden privat oder als Schulungsflugzeuge eingesetzt. Der Preis für die Basisausführung soll sich auf US$ 500000 Euro belaufen. Derzeit wird geprüft, eine Version mit den leistungsfähigeren Rotax 914-Motoren anzubieten. Tecnam bietet neu zusammen mit der spanischen INDRA eine Seeüberwachsungsvariante P2006T MRI an, ausgerüstet mit einem AESA-Radar Seaspray 5000E. Seit April 2017 ist die neue Version Mk. II im Angebot, ausgerüstet mit der neuen Avionik Garmin G1000NXi.
Hersteller: Costruzioni Aeronautiche TECNAM S.r.l., Werk Capua, Provinz Caserta, Italien.

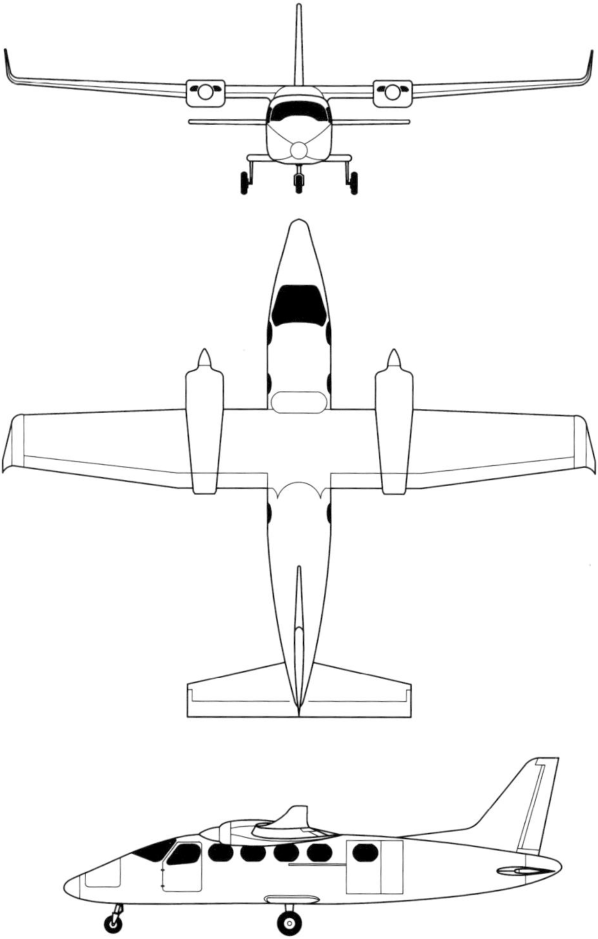

Abmessungen:
Spannweite 14,00 m
Länge 11,80 m
Höhe 4,40 m
Flügelfläche 22,00 m^2.

TECNAM P2012 TRAVELLER

Ursprungsland: Italien
Kategorie: Zweimotoriges Mehrzweckflugzeug.
Triebwerke: Zwei luftgekühlte Sechszylinder-Boxermotoren Lycoming TEO-540-A1A von je 375 PS (280 kW) Leistung.
Leistungen: Höchstgeschwindigkeit 444 km/h; normale Reisegeschwindigkeit bei 75% Leistung 352 km/h; Anfangssteiggeschwindigkeit 7,6 m/Sek; Dienstgipfelhöhe 4572 m; max. Reichweite 2105 km.
Gewichte: Leergewicht 2250 kg; max. Startgewicht 3600 kg.
Zuladung: Pilot und bis zu zehn Passagiere; max. Nutzlast 1350 kg, bei vollen Tanks 772 kg.
Entwicklungsstand: Der Prototyp P2012 absolvierte am 21. Juli 2016 den Erstflug, ein zweiter folgte am 22. Dezember 2017. Voraussichtlich soll die Auslieferung an Kunden Ende 2018 oder Anfang 2019 beginnen. Die US-Fluggesellschaft Cape Air hat mittelweile 20 Einheiten bestellt und für weitere 80 einen Letter of Intent unterzeichnet.
Bemerkungen: Mit der P2012 Traveller wagt sich der Hersteller in die Kategorie der leichten zweimotorigen Verbindungs- und Commuterflugzeuge. Sie ist das größte Vorhaben des noch kleinen Herstellers aus Italien. Als Partner in der Entwicklung und im Vertrieb ist die US-Fluggesellschaft Cape Air beteiligt. Mit diesem Typ soll eine ganze Anzahl von älteren zweimotorigen Verbindungsflugzeugen wie die Cessna-Familie 401/402/421 ersetzt werden. Der Hochdecker mit Festfahrwerk wird sehr einfach konstruiert und für günstige Anschaffungs- und Betriebskosten ausgelegt. Sein Einsatzspektrum werden Verbindungsflüge im Kurzstreckenbereich sein, wie sie beispielsweise in den USA sehr häufig vorkommen. Mit einem Tank von 621 Litern können bei max. Nutzlast Einsätze bis zu 2 Std. durchgeführt werden. Mehrere Versionen sind nebst der Passagierausführung vorgesehen, so beispielsweise ein Frachter, ein Transporter für Fallschirmspringer sowie eine Medevac-Maschine. Es ist geplant, auch eine Variante mit Schwimmern anzubieten. Der Kaufpreis für eine Basisversion wird mit US$ 2,3 Mio. angegeben.
Hersteller: Costruzioni Aeronautiche TECNAM S.r.l., Werk Capua, Provinz Caserta, Italien.

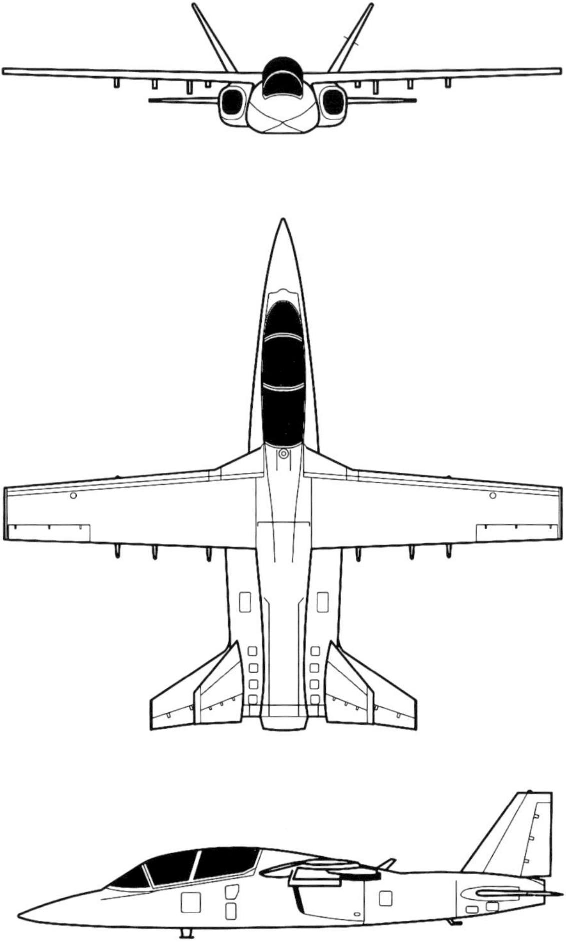

Abmessungen:
Spannweite 14,44 m
Länge 13,87 m
Höhe 4,06 m
Flügelfläche 26,29 m^2.

TEXTRON AIRLAND SCORPION

Ursprungsland: USA.
Kategorie: Leichtes Erdkampf- und Aufklärungsflugzeug.
Triebwerke: Zwei Mantelstromtriebwerke Honeywell TFE731-40AR-3S von je rund 1815 kp (17,65 kN) Standschub.
Leistungen: Höchstgeschwindigkeit 833 km/h; Dienstgipfelhöhe 13700 m; max. Reichweite 2960 km ohne, 4070 km mit Zusatztanks; max. Flugdauer 5 Std.
Gewichte: Leergewicht 5761 kg; max. Startgewicht 9979 kg.
Bewaffnung: Verschiedene Waffenlasten in einem Waffenbehälter im Rumpf und an sechs Stationen unter den Flügeln bis zu einem Gesamtgewicht von 2800 kg.
Entwicklungsstand: Überraschend wurde im September 2013 das bisher bei Cessna geheim entwickelte Muster des Mutterkonzerns von Cessna und Bell Helicopters, der Textron vorgestellt. Der Prototyp absolvierte den Erstflug am 12. Dezember 2013. Ein der Serienversion entsprechender weiterer Prototyp flog erstmals am 22. Dezember 2016. Bisher ist aber noch kein Besteller bekannt gegeben worden.
Bemerkungen: Mit der Scorpion versucht der Hersteller in den offenbar als attraktiv beurteilten Markt für leichte Erdkampf- und COIN-Flugzeuge einzusteigen. Das Modell ist für sog. „low-threat-missions" (= Tiefrisiko-Einsätze) optimiert. Die ganze Struktur besteht aus Composites-Werkstoffen. Sie ist entsprechend leicht und robust. Bei der Avionik hat man ein modulares Prinzip gewählt, welches eine spätere Integration von neuen Systemen wesentlich erleichtert und vergünstigt. Angetrieben ist die Scorpion von zwei Mantelstromtriebwerken ziviler Herkunft. Um Entwicklungs- und Herstellkosten zu sparen, wurden wo immer möglich kommerziell bereits erhältliche Teile verwendet. Dabei kommen viele Teile der Cessna Citation-Familie zur Anwendung. Speziell ist bei diesem relativ kleinen Muster, dass er über eine interne Waffenkammer verfügt. Diese lässt sich in verschiedene Bereiche aufteilen. Dank modularen Haltevorrichtungen kann eine Vielzahl von Waffen, Sensoren, Kommunikationsmitteln oder auch ein Zusatz-Treibstofftank bis zu einem Gesamtgewicht von 1360 kg mitgeführt werden. Der Serienprototyp hat ein vereinfachtes Fahrgestell, stärkere Flügelpfeilung und eine neue Avionik mit hands-on-throttle-and-stick controls.
Hersteller: Textron AirLand Inc. (Joint-Venture zwischen Textron LLC und AirLand Enterprises LLC), Wichita, Kansas, USA.

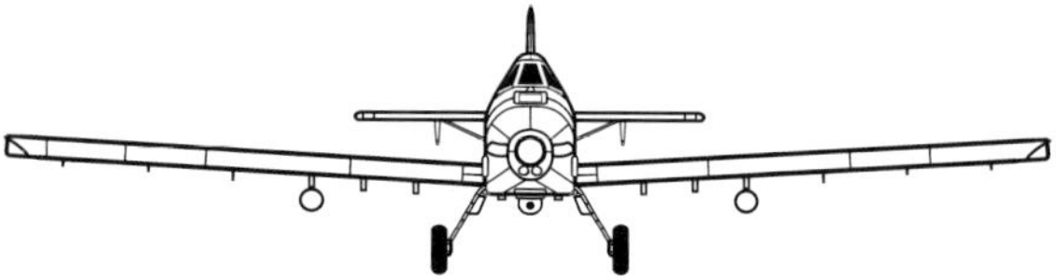

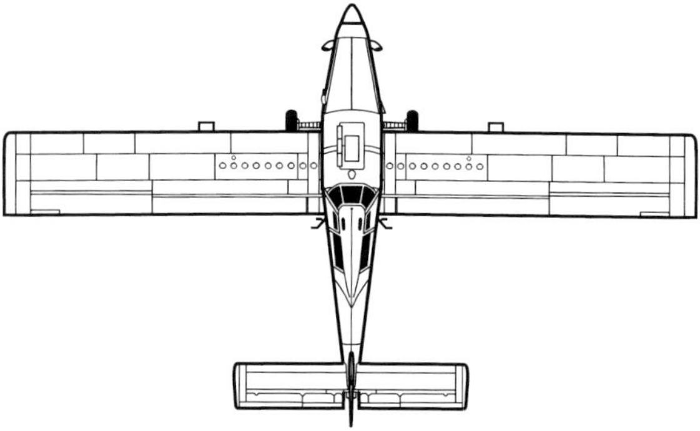

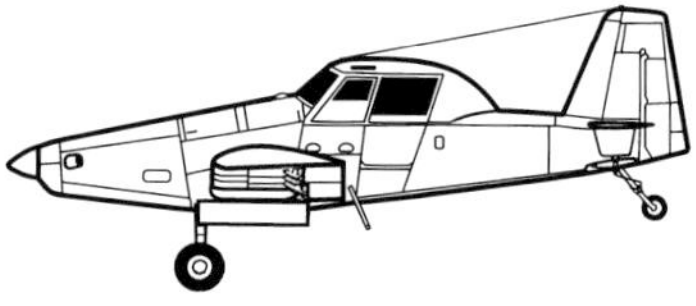

Abmessungen:
Spannweite 17,37 m
Länge 10,97 m
Höhe 3,81 m
Flügelfläche 37,25 m^2.

THRUSH AIRCRAFT SR710/IOMAX ARCHANGEL

Ursprungsland: USA.
Kategorie (SR710): Sprüh- und Löschflugzeug; (Archangel) Leichter Erdkämpfer und Patrouillenflugzeug.
Triebwerke: Eine Propellerturbine Pratt & Whitney PT6A-67F von 1700 WPS (1193 kW) Leistung.
Leistungen: Höchstgeschwindigkeit ohne externe Zuladung 389 km/h; Reisegeschwindigkeit mit externer Zuladung 333 km/h; Dienstgipfelhöhe 7620 m; max. Reichweite 2500 km; max. Flugdauer 10,4 Std.
Gewichte: (SR710) Leergewicht 2994 kg; normales Startgewicht 6418 kg; (Archangel) max. Startgewicht 6710 kg.
Bewaffnung (Archangel): Waffen und Aufklärungs- bzw. Beobachtungssysteme an sechs Stationen unter den Flügeln und einer unter dem Rumpf bis zu einem Gewicht von 2990 kg.
Zuladung (AT-802 bzw. Fire Boss): Ein bis zwei Personen im Cockpit und als Sprühflugzeug Chemikalien bzw. Saatgut bis zu 3000 kg, als Löschflugzeug 3100 l Wasser bzw. Löschmittel.
Entwicklungsstand: Ein erster Prototyp Archangel der Block-1-Version flog erstmals 2010, die neueste Block-3-Version im Juli 2014. Von den Ausführungen Block 1 und 2 beschaffte die Luftwaffe der UAE 24 Einheiten, gefolgt von weiteren 24 der Version Block-3. Jordanien erhielt zehn Einheiten, sechs davon ex. UAE Air Force. Neu erhält auch die Luftwaffe Kenyas zwölf Archangels. Die Ursprungsversionen AT-802A,F und U bzw. Fire Boss werden weiterhin gebaut. Letztere befindet sich als Löschflugzeug in über zehn Ländern im Einsatz. Der Erstflug der AT-802 fand 1990 statt.
Bemerkungen: Basierend auf dem Sprühflugzeug Ayres bzw. später Trush der Versionen AT-802 und S2R-660 bzw. SR710 (siehe Dreiseitenriss) entwickelte die IOMAX-Gesellschaft eine Ausführung als leichten Erdkämpfer, Aufklärer und Überwachungsflugzeug. Dazu wurden der Rumpf zum Einbau eines zusätzlichen Platzes für den Waffenoperator verlängert, Teile der Struktur gepanzert sowie ein stärkeres Triebwerk mit überarbeitetem Fünfblatt-Propeller eingebaut. In einem unter dem Rumpf mitgeführten Behälter sind modulare Systeme für ELINT- oder SIGINT-Aufgaben eingesetzt. Mit Hilfe des MX-15-Geräts, umfassend elektro-optische oder Laser gesteuerte Kameras, können Ziele erfasst werden. Im Cockpit ist die durch IOMAX selber entwickelte Avionik Cockpit 4000 eingebaut, ausgerüstet in beiden Sitzen mit Multifunktions-Anzeigen und im Frontsitz auch mit einem HUD-System. Die Feuerwehr-Version Fire Boss kann auch mit Schwimmern ausgestattet werden.
Hersteller: Thrush Aircraft, Albany, Georgia + IOMAX, Mooresville, North Carolina, USA.

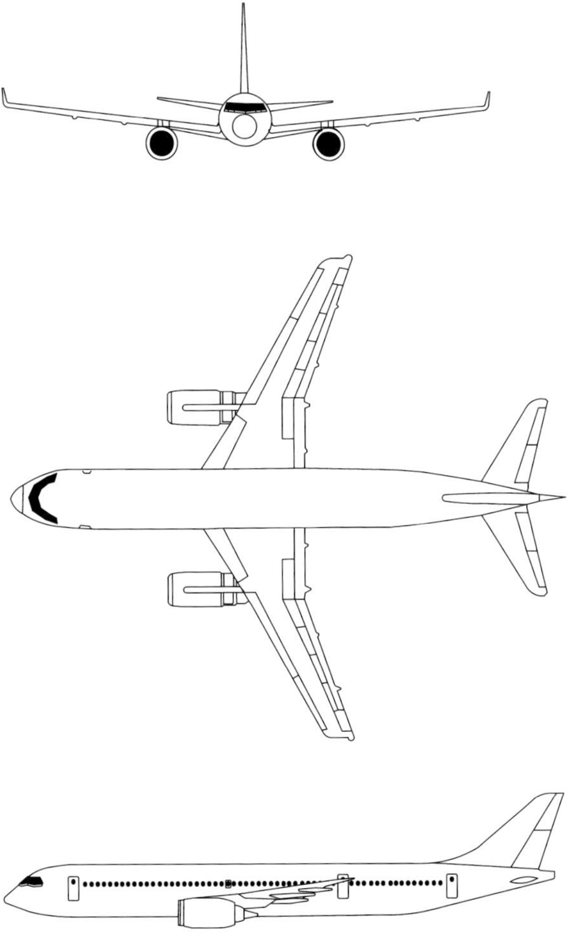

Abmessungen (MC-200/300/400):
Spannweite 35,90/35,90/36,80 m
Länge 36,80/42,30/46,70 m
Höhe 11,50/11,50/12,70 m.

UNITED AIRCRAFT MC-21

Ursprungsland: Russland.
Kategorie: Kurz- und Mittelstrecken-Verkehrsflugzeug.
Triebwerke: Wahlweise zwei Mantelstromtriebwerke Aviadvigatel PD-14 oder Pratt & Whitney PW1400G mit einer Leistung von (MC-200/300/400) 12500/14000/15600 kp (122,6/137,3/153,0 kN).
Leistungen (nach Angaben des Herstellers): Max. Reisegeschwindigkeit Mach 0,80; Dienstgipfelhöhe 11600 m; Reichweite (200/300/400): 6500/6000/5500 km.
Gewichte (MC-21-200/300/400, nach Angaben des Herstellers): Max. Startgewicht 72390/79250/87230 kg.
Zuladung: Zwei Mann Cockpitbesatzung und bei einer Standard-Zweiklassenbestuhlung (MC-200/300/400) 132/163/178 Passagiere in Sechserreihen. Maximal können 176/211/230 Passagiere mitgeführt werden; max. Nutzlast 17560/22600 kg.
Entwicklungsstand: Ein erster Prototyp MC-21-300 hob am 28. Mai 2017 zum Erstflug ab. Insgesamt sollen drei Erprobungsmuster gebaut werden. Mit den Ablieferungen an Kunden will der Hersteller frühestens Ende 2018 beginnen. Bisher sind 175 Festbestellungen (MC-21-200: 33; MC-21-300: 142) sowie Optionen für Maschinen der unterschiedlichen Versionen eingegangen, vorwiegend von Leasinggesellschaften. Die Aeroflot hat 50 MC-21 in Auftrag gegeben.
Bemerkungen: Dank der MC-21-Familie will Russland mit einem konkurrenzfähigen Muster in den heiß umkämpften Markt der 150- bis 200-plätzigen Mittelstreckenflugzeuge eindringen, welchen heute weitgehend Airbus und Boeing kontrollieren. Drei Varianten sollen gebaut werden, die MC-200, -300 und -400, die sich primär durch unterschiedliche Abmessungen, Gewichte und Triebwerke voneinander unterscheiden. Auf die kleinere Ausführung MC-100 wurde verzichtet. Besonders die längste Version dürfte auf ein größeres Interesse stoßen, da sie in die Kategorie der Boeing 757 fällt, für die es aktuell kein adäquates Nachfolgemuster auf dem Markt gibt. Ziel dieses Musters ist, gegenüber den heutigen Modellen ein bis zu 15% effizienteres Flugzeug anzubieten. Zwei Hauptfaktoren dafür sind die Triebwerke neuester Technologie sowie die Struktur, die zu rund einem Drittel aus Verbundwerkstoffen besteht. Die Avionik stammt von Rockwell Collins. Dank gegenüber Konkurrenzmustern breiterer Kabine kann ein besserer Passagierkomfort angeboten werden.
Hersteller: United Aircraft Corporation (UAC), Moskau, Werk Irkut Corp., Irkutsk, Russland.

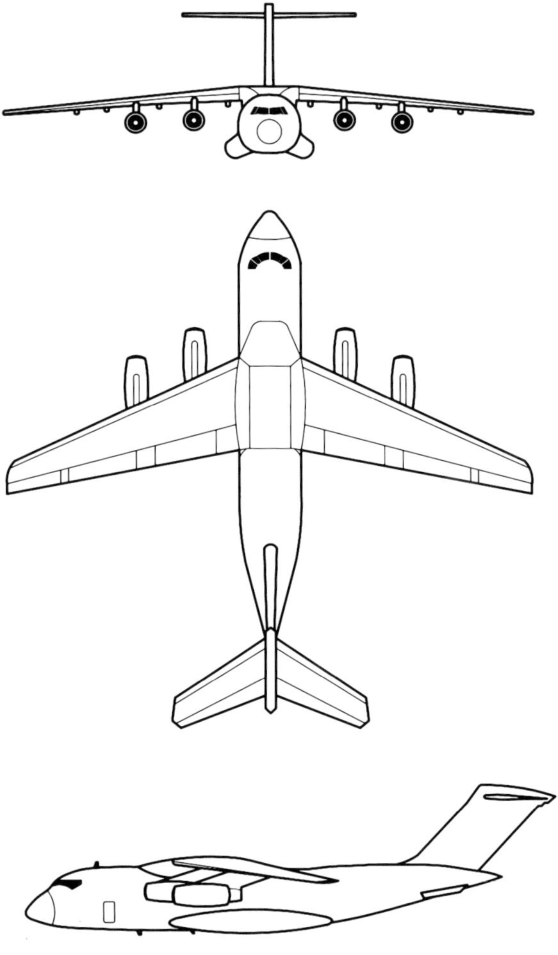

Abmessungen (provisorische Angaben):
Spannweite 45 m
Länge 47 m
Höhe 15 m
Flügelfläche 330 m^2.

XI'AN Y-20

Ursprungsland: Volksrepublik China.
Kategorie: Schwerer militärischer Langstreckentransporter.
Triebwerke: Vier Mantelstromtriebwerke NPO Saturn D-30KP-2 von je 12440 kp (122,00 kN) Leistung.
Leistungen (Schätzungen): Höchstgeschwindigkeit ca. 920 km/h; Dienstgipfelhöhe 13000 m; Reichweite mit max. Nutzlast 4500 km; max. Reichweite 10000 km.
Gewichte (Schätzungen): Leergewicht ca. 100000 kg; max. Startgewicht 220000 kg.
Zuladung: Zwei Piloten und je nach Quelle eine maximale Nutzlast von zwischen 50000 und 66000 kg.
Entwicklungsstand: Die erste Y-20 nahm die Erprobung am 26. Januar 2013 auf. Aktuell fliegen drei Prototypen. Zwei erste Serienmaschinen wurden Mitte 2016 von der Luftwaffe der Volksrepublik China in Dienst gestellt. Je nach Quelle sollen rund 100 Einheiten beschafft werden.
Bemerkungen: Gewisse Ähnlichkeiten mit der Il-76/476 (siehe Seiten 184/185) sind erkennbar. Trotzdem handelt es sich um ein eigenständiges Muster, welches anfänglich mit Unterstützung der ukrainischen Antonow entwickelt wurde. Die Y-20 weist die typischen Merkmale eines militärischen Transporters auf: Rumpf mit großem Querschnitt, Heckladerampe, Hochdecker, T-Leitwerk, robustes Fahrwerk. Heutigen Angaben zufolge dürfte die Y-20 größenmäßig (u.a. Rumpfquerschnitt) zwischen der Il-76 und der C-17 (siehe Ausgabe 2015) liegen. Obwohl rund 2 m kürzer als die Il-76, soll das Ladevolumen deutlich größer sein. Leistungsmäßig sind mindestens die Prototypen und die allfälligen Vorserienmaschinen durch die eher schwachen russischen Triebwerke D-30 eingeschränkt. Es ist zu vermuten, dass eine spätere Serienausführung über neue stärkere chinesische Triebwerke WS-20 Huanghe mit größerem Nebenstromverhältnis verfügen wird. Dank einem Flügel mit superkritischem Profil und Auftriebshilfen sollen gute Startleistungen und hohe Reichweiten möglich sein. Die Avionik entspricht dem heutigen Standard. Jedes Rad des Fahrwerks weist eine eigene Aufhängung auf und die Y-20 ist damit geeignet, auch auf Naturpisten zu operieren. Ganz neu plant der Hersteller eine zivile Frachtversion Y20F-100 zu entwickeln, ausgerüstet mit neuen Triebwerken.
Hersteller: Xi'an Aircraft Industrial Corporation, Xi'an, Volksrepublik China.

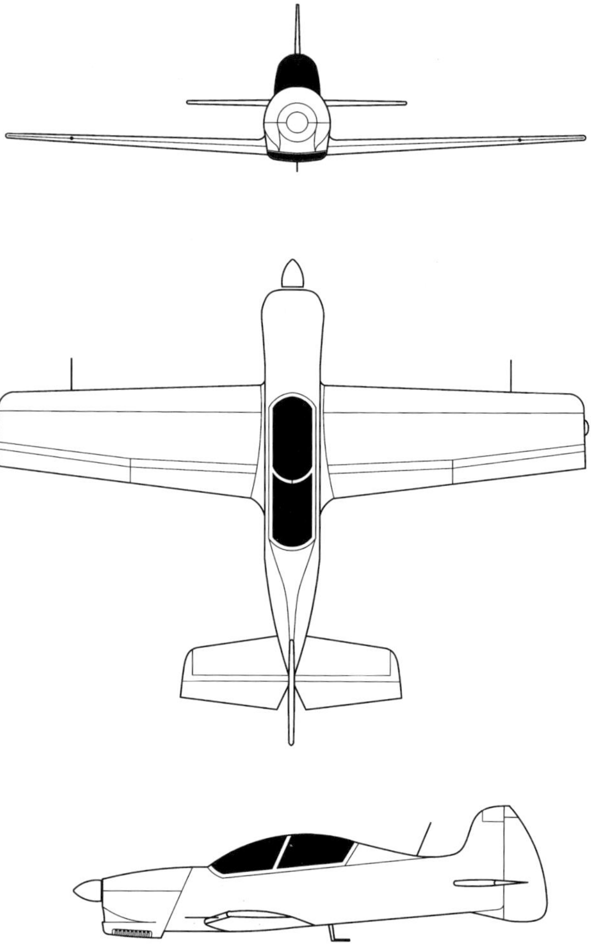

Abmessungen:
Spannweite 8,82 m
Länge 7,72 m
Höhe 3,11 m
Fügelfläche 12,90 m^2.

YAKOWLEW YAK-152

Ursprungsland: Russland.
Kategorie: Zweisitziger Basistrainer.
Triebwerke: Ein luftgekühltes Sechszylinder-Dieseltriebwerk RED Aircraft A03 von 500 PS (370 kW) Leistung.
Leistungen: Höchstgeschwindigkeit 500 km/h; normale Reisegeschwindigkeit 370 km/h; Anfangssteiggeschwindigkeit 12 m/Sek; Dienstgipfelhöhe 4000 m; max. Reichweite 1500 km.
Gewichte: Max. Startgewicht 1490 kg.
Entwicklungsstand: Nach einer langen Entwicklungszeit, welche wegen fehlender finanzieller Mittel mehrfach unterbrochen wurde, erhob sich am 29. September 2016 der erste von zwei Prototypen erstmals in die Lüfte. Die Russische Luftwaffe hat 150 Einheiten dieses Typs bestellt. Sie ersetzt dort die seit vielen Jahren eingesetzte Yak-52. Mit Exportaufträgen wird gerechnet, auch von zivilen Aeroclubs.
Bemerkungen: Wie heute üblich, wird auch die Yak-152 Teil eines gesamten Trainings-Systems sein, welches u.a. ein Ausbildungskonzept und Simulatoren umfasst. Von der Auslegung her ist dieses Muster konventionell ausgelegt. Der Tiefdecker besteht fast vollständig aus Aluminium. Das Fahrwerk ist einziehbar. Dank Niedrigdruckreifen kann die Yak-152 auch von Graspisten aus operieren. Dies ermöglicht sehr kurze Start- und Landeeigenschaften. Der Doppelsitzer kann von beiden Sitzen aus gesteuert werden und verfügt über redundante LCD-Multifunktionsanzeigen. Eingebaut sind im nicht druckbelüfteten Cockpit zwei SKS-94M-Schleudersitze. Um günstige Betriebskosten zu erzielen, ist die ganze Konstruktion auf Robustheit und Wirtschaftlichkeit ausgelegt. Auf gutmütige Flugeigenschaften wurde besonders Wert gelegt. Die Yak-152 wird auch Akrobatik-Einsätze fliegen können. Sie ist daher hoch manövrierbar und kann G-Belastungen von +9/-7 aushalten.
Hersteller: OKB Alexander S. Yakowlew, Irkut Corporation, Werk Irkutsk, Sibirien, Russland.

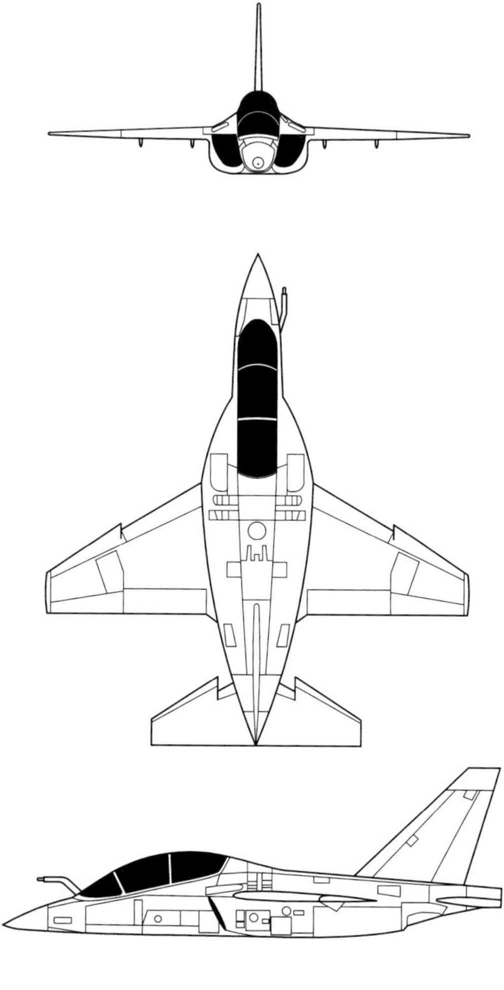

Abmessungen:
Spannweite 9,84 m
Länge 11,49 m
Höhe 4,76 m
Flügelfläche 23,52 m^2.

YAKOWLEW YAK-130

Ursprungsland: Russland.
Kategorie: Zweisitziger Fortgeschrittenentrainer und leichtes Erdkampfflugzeug.
Triebwerke: Zwei Mantelstromtriebwerke Progress AI-222-25 von je 2500 kp (24,50 kN) Standschub.
Leistungen: Höchstgeschwindigkeit auf Meereshöhe 1060 km/h (Mach 0,92); Anfangssteiggeschwindigkeit 75 m/Sek; Dienstgipfelhöhe 12500 m; Aktionsradius mit zwei 500-kg-Bomben (Einsatzprofil hoch-tief-tief-hoch) 850 km; Überführungsreichweite mit Außentanks 2300 km.
Gewichte: Leergewicht 4600 kg; normales Startgewicht 7230 kg; max. Startgewicht 10290 kg.
Bewaffnung: Waffen aller Art bis zu einem Gewicht von 3000 kg.
Entwicklungsstand: Ein Prototyp startete mit großer Verspätung am 25. April 1996 zum Erstflug. Das erste Serienmuster flog erstmals Ende 2003, das zweite im April 2005. Der Gesamtbedarf der Russischen Luftwaffe beläuft sich auf 300 Maschinen, 119 davon sind bisher bestellt und rund 90 bereits ausgeliefert. Die Einsatzfähigkeit wurde Mitte 2012 erreicht. Weitere Bestellter: Algerien 16, Bangladesh 16, Myanmar 6+, Weißrussland 8. Offenbar soll der Auftrag seitens Syriens über 36 Einheiten doch abgewickelt werden.
Bemerkungen: Die Yak-130 tritt die Nachfolge der heutigen Trainingsflugzeuge Aero L 29 Delfin und L 39 Albatros bei der Russischen Luftwaffe an. Da sie besonders wendig ist, kann die Yak-130 alle wichtigen Flugmanöver der heutigen Kampfflugzeuggeneration Su-27 und MiG-29 ausführen. Die Konstruktion ist von konventioneller Art und besonders robust ausgelegt. Ungewöhnlich ist der komplexe Deltaflügel mit den ovalen Triebwerkeinläufen. Das Triebwerkmanagement (FADEC) ist vollständig digitalisiert, ebenso die übrige Avionik. Die Flugsteuerung stützt sich auf ein vierfach redundantes Fly-By-Wire-System ab. Das Cockpit umfasst u. a. drei große LCD-Bildschirme. Eine verbesserte Variante Yak-130M ist in Planung, ausgerüstet mit einer neuen Avionik und einem Head-Up-Display. Später ist geplant, auch eine Erdkampfversion von der Yak-130 abzuleiten.
Hersteller: OKB Alexander S. Yakowlew, Irkut Corporation, Werk Irkutsk, Sibirien bzw. Sokol, Nizhny Novgorod, Russland.

VERZEICHNIS DER FLUGZEUGTYPEN

ABKÜRZUNGEN IM TEXT

Aéronavale = Französische Marineluftwaffe
AESA-Radar = **A**cive **E**lectronically **S**canned **A**rray, Radar mit aktiver elektronischer Strahlschwenkung
AEW/C = **A**irborne **E**arly **W**arning/**C**ommand, fliegende Radarfrühwarn- und Kommandoflugzeuge
ALAT = **A**viation **L**égère de l'**A**rmée de **T**erre, französische Heeresluftwaffe
Armée de l'Air = Französische Luftwaffe
ASW = **A**nti-**S**ubmarine **W**arfare, U-Boot-Bekämpfung
AWACS = **A**irborne **W**arning **A**nd **C**ontrol **S**ystem, Frühwarnflugzeug
COMINT = **COM**munications **INT**elligence, Nachrichtenaufklärung
CTOL = **C**onventional **T**ake-**O**ff and **L**anding, Start und Landung konventionell
CRT = **C**athode-**R**ay-**T**ube, Kathodenröhren-Anzeigen
ECM = **E**lectronic **C**ounter **M**easures, Sammelbegriff für alle Massnahmen zur Störung feindlicher, Funk- und Radareinrichtungen auf elektronischem Weg
EFIS = **E**lectronic **F**light **I**nstrument **S**ystem, Elektronische Bildschirmanzeige-instrumente
Elint = **El**ectronics **Int**elligence, elektronische Aufklärung
FADEC = **F**ull **A**uthority **D**igital **E**ngine **C**ontrol, Digitales Triebwerkmanagement-System
FBW = **F**ly-**B**y-**W**ire, Steuerung des Flugzeuges mittels elektrischen Impulsen
FLIR = **F**orward-**L**ooking **I**nfra**R**ed, Infrarot-Nachtsichtgerät
GFK = **G**las**f**aserverstärkter **K**unststoff
GPS = **G**lobal **P**ositioning **S**ystem, präzise Navigationshilfe mittels Satelliten
HOTAS = **H**ands-**O**n-**T**hrottle-**A**nd-**S**tick, alle wichtigen Bedienungsfunktionen sind im Schubhebel und Steuerknüppel vereinigt
HUD = **H**ead-**U**p **D**isplay, Blickfelddarstellungsgerät. Die wichtigsten Flugdaten werden auf die Frontscheibe projiziert
IFR = **I**nstrument **F**light **R**ules, Instrumentenflugregeln
LANTIRN = **L**ow-**A**ltitude **N**avigation **T**argeting **IR** for **N**ight, Tiefflugnavigations- und Infrarot-Angriffssystem für Nachteinsätze
MAD = **M**agnetic **A**nomaly **D**etection, Magnetometer, Gerät zum Aufspüren magnetischer Unregelmässigkeiten (Einsatz zur U-Boot-Bekämpfung)
NVG = **N**ight **V**ision **G**oggles, Sammelbegriff für Nachsichtgeräte/-brillen am Kopf des Piloten befestigt
RAAF = **R**oyal **A**ustralien **A**ir **F**orce, australische Luftwaffe
RAF = **R**oyal **A**ir **F**orce, britische Luftwaffe
RN = **R**oyal **N**avy, britische Marineluftwaffe
SAR = **S**earch **A**nd **R**escue, Such- und Rettungseinsätze
SAR = **S**ynthetic **A**perture **R**adar, Sythetisches Breitband-Aufklärungsradar
SIGINT = **SIG**nals **INT**ellingence, Funkaufklärung
STOL = **S**hort **T**ake-**O**ff and **L**anding, Kurzstart und -landung
STOVL = **S**hort **T**ake-**O**ff and **V**ertical **L**anding, Kurzstart und Senkrechtlandung
USAF = **U**nited **S**tates **A**ir **F**orce, Luftwaffe der USA
USCG = **U**nited **S**tates **C**oast **G**uard, Küstenwache der USA
USMC = **U**nited **S**tates **M**arine **C**orps, Marineinfanterie der USA
USN = **U**nited **S**tates **N**avy, Marine der USA
VFR = **V**isual **F**light **R**ules, Sichtflugregeln
VTOL = **V**ertical **T**ake-**O**ff and **L**anding, Senkrechtstart und -landung
WPS = **W**ellen-**PS**, Leistung einer Propeller- oder Gasturbine, gemessen an der Welle; der Restschub wird nicht berücksichtigt, Englisch: shp (Shaft Horse Power)